Der Kondensator
in der Starkstromtechnik

Von

Dipl.-Ing. Fr. Bauer

Mit 234 Textabbildungen

Berlin
Verlag von Julius Springer
1934

ISBN-13: 978-3-642-89515-9 e-ISBN-13: 978-3-642-91371-6
DOI: 10.1007/978-3-642-91371-6

Vorwort.

Der Kondensator ist mit der einfachste Apparat, den die Elektrotechnik kennt. Trotzdem konnte er sich in der Starkstromtechnik nur zögernd Eingang verschaffen, da ihm lange Zeit die wichtigsten Eigenschaften fehlten: Betriebssicherheit und niedriger Preis.

Die letzten Jahre brachten in der Herstellung und Anwendung des Kondensators eine stürmische Entwicklung und haben dem Kondensator in zahlreichen Industrieanlagen sowie vielen Verteilungsnetzen Eingang verschafft. Bei der raschen und zielbewußten Weiterentwicklung des Kondensators konnte man sich auf die Erfahrungen aus verwandten Fabrikationsgebieten stützen. Vom Hochspannungskabel hat man die Kenntnisse über Durchschlagsfestigkeit von Papier und Öl entlehnt, vom Gleichrichterbau bewährte Evakuierungsmethoden übernommen. Die Frage der Blindleistungskompensation wurde durch den Kondensator neu aufgerollt und hat ihm Aufgaben zugewiesen, die über den Rahmen der Kompensation weit hinausgehen.

Das Verhalten von Strom und Spannung im Wechselstromkreis wird durch die Art der Widerstände entscheidend beeinflußt. Während bisher die Übertragungsnetze meist nur mit geringen Kapazitäten behaftet waren, die durch den natürlichen Aufbau der Maschinen und Verteilungsapparate entstehen, bringt die weitgehende Anwendung des Kondensators eine Veränderung des Netzcharakters, die zum Studium neuer Aufgaben zwingt.

Das vorliegende Buch behandelt deshalb in erster Linie die Fragen, die mit dem Betrieb des Kondensators zusammenhängen und gibt über die Herstellung und die verschiedenen Arten von Kondensatoren nur einen kurzen Überblick, soweit er für den Betriebsmann von Interesse ist. Lediglich die Herstellung des Ölkondensators wird etwas ausführlicher geschildert, da heute in der Starkstromtechnik der Ölkondensator dominiert. Die allgemein gültigen Gesetze über den Kondensator im Wechselstromkreis, wie Schaltvorgänge, Resonanzverhalten, Einfluß der Spannungskurve usw., wurden in einem Kapitel zusammengefaßt, während die speziellen technischen und wirtschaftlichen Fragen, die in Industrieanlagen und Übertragungsnetzen sehr verschieden liegen, in getrennten Abschnitten behandelt sind. Diese Unterteilung ist schon deshalb zweckmäßig, da auch der Interessentenkreis eine ähnliche Gliederung zeigt.

Bei den Kapiteln, die sich mit der Physik und der Wirtschaftlichkeit des Kondensators befassen, wurde Wert darauf gelegt, den Text durch möglichst einfache Diagramme und Kurven zu ergänzen und auch graphische Methoden mit aufzunehmen, da diese gerade bei der Behandlung des vorliegenden Stoffes häufig wertvolle Vorteile bieten und wesentlich zur Anschaulichkeit beitragen. Bei der Sammlung von Unterlagen, insbesondere von Lichtbildern, stand mir das gesamte Material der Siemens-Schuckertwerke A.-G. zur Verfügung. Auch bei anderen Firmen, die sich mit dem Bau von Kondensatoren befassen, fand ich größtes Entgegenkommen. Es ist mir deshalb eine angenehme Pflicht, auch an dieser Stelle den Siemens-Schuckertwerken, sowie allen, die mich bei der Ausarbeitung des Buches unterstützt haben, meinen besonderen Dank auszusprechen.

Berlin-Haselhorst, im Dezember 1933.

Fr. Bauer.

Inhaltsverzeichnis.

Einleitung.

Nach dem Kriege war eine weitgehende Umgestaltung sowie in vielen Anlagen ein praktisch vollkommener Neuaufbau unserer technischen Produktionsmittel notwendig geworden. Das Streben nach erhöhter Wirtschaftlichkeit und Sparsamkeit zwang in vielen Fällen zu einer völligen Umgestaltung der Betriebsweise. Die wirtschaftlichen und technischen Nachteile, die mit dem Verbrauch großer Blindleistungsenergien verbunden sind, forderten gebieterisch nach Abhilfemaßnahmen. Es ist deshalb begreiflich, daß man auf diesem Gebiet in rasch vorwärtsstrebender Entwicklung Maschinen und Apparate baute, die es gestatten, Netze sowie Verbraucher vom Blindstrom zu befreien. Es handelt sich dabei in erster Linie um die Entwicklung kompensierter Motoren, um die Durchbildung von Drehstrom-Erregermaschinen und um die Schaffung von Blindleistungsmaschinen zur Erzeugung großer Blindleistungsenergien.

Unter dem Druck der Verhältnisse wurden die verschiedensten Varianten kompensierter Motoren neu geschaffen, und es war verzeihlich, wenn man bei der rasch vorwärts treibenden Entwicklung bisweilen erheblich über das Ziel hinausging. Man baute Maschinen mit Ständer- und Läuferspeisung, mit angebautem Kommutator, eingebauter oder getrennter Erregermaschine, Motoren mit synchronem und asynchronem Betriebsverhalten. Bei einem Teil der Maschinen wurde die Kompensation lediglich auf $\cos\varphi = 1$ getrieben, in anderen Fällen ging man auf Voreilung über. Es wurden Modelle entwickelt, die nicht nur eine Verbesserung des Leistungsfaktors, sondern gleichzeitig eine Regelung desselben gestatten.

Auch bei den Drehstrom-Erregermaschinen bescherte uns die Entwicklung eine große Anzahl der verschiedensten Typen, die sowohl hinsichtlich ihres Aufbaus wie ihres Betriebsverhaltens allen auftretenden Forderungen gerecht werden konnten. Bei den Blindleistungsmaschinen entstand neben der Maschine synchroner Bauart die asynchrone Blindleistungsmaschine mit Drehstromerregung, die für viele Fälle wegen ihrer besonderen Betriebseigenschaften der Synchronmaschine vorgezogen wurde.

Vor einigen Jahren war die Entwicklung bis zu einem gewissen Abschluß gekommen. Es hatten sich allgemeine Richtlinien herausgeschält, die sowohl im Kreise der Stromkonsumenten wie der Elektrofirmen allgemeine Anerkennung fanden. Zu dieser Zeit trat der Kondensator nur schüchtern und bescheiden in Erscheinung. Er konnte sich gegen die übrigen Wettbewerber nicht durchsetzen, zum Teil weil seine Gestehungskosten zu hoch lagen, zum Teil weil man die Betriebssicherheit nicht für ausreichend erachtete. Während dieser Wirtschaftsperiode traten neue Probleme auf den Plan. Man befaßte sich mit den Fragen der Energieübertragung auf große Entfernungen und entwickelte Hochleistungskabel für hohe Spannungen, die es gestatten, große Energiemengen mit 100 und 200 kV über Kabelleitungen zu übertragen. Durch die Forschungs- und Entwicklungsarbeiten, die in der Kabeltechnik notwendig geworden waren, erhielt gleichzeitig die Konstruktion und Fabrikation des Ölkondensators neuen Antrieb, da man wertvolle Forschungsergebnisse und Erkenntnisse sinngemäß auf den Bau von Ölkondensatoren übertragen konnte. Das Haupthindernis bei der Verwendung von Kondensatoren, ihre hohen Anschaffungskosten, konnte beseitigt werden, während der Beweis der Betriebssicherheit durch den Einbau in zahlreichen Anlagen erbracht wurde. Durch das Vordringen des Kondensators erscheint uns heute die gesamte Blindleistungsfrage in einem neuen Licht. Bei der Planung von Kompensationseinrichtungen war es früher nicht immer leicht und einfach, unter der großen Anzahl von Varianten die richtige Wahl zu treffen. Heute wissen wir, daß der Kondensator praktisch in allen Fällen das gegebene Kompensationsmittel darstellt und haben uns nur in gewissen Grenzfällen zu überlegen, ob wir unter Umständen Motoren mit Erregermaschinen anwenden oder ob aus besonderen Gründen bei sehr hohen Leistungen vielleicht die umlaufende Blindleistungsmaschine den Vorzug verdient.

Der Kondensator hat jedoch nicht nur als Kompensationsmittel Bedeutung erlangt, er beginnt darüber hinaus auch an der Lösung derjenigen Aufgaben mitzuwirken, die früher ausschließlich den umlaufenden Maschinen zufielen. Man diskutiert heute die Verwendung des Kondensators im Rahmen von Stabilitätsaufgaben, und es ist heute noch umstritten, ob die Übertragung großer Energiemengen durch Gleichstrom oder durch kompensierte Drehstromleitungen wirtschaftlich gelöst werden kann. Schon hieraus geht hervor, daß der Kondensator heute zu einem bedeutenden Faktor der Starkstromtechnik geworden ist, der mehr als früher Beachtung verdient.

Betrachtet man die Entwicklung in den verschiedenen Industrieländern der Erde, dann kann man feststellen, daß bisher nur diejenigen Länder, die über eine sehr hochentwickelte Industrie verfügen, in nennenswertem Umfang sich des Kondensators bedienen.

Industriell weniger fortgeschrittene Länder bringen dem Kondensator in der Regel geringes Interesse entgegen. Dies hat seinen Grund darin, daß diese Länder nicht nur in der Elektrifizierung stärker zurück sind, sondern vielfach auch die Tarifpolitik zur Kompensation nicht genügend Anreiz bietet und häufig die Industrie mit niedrigen Spannungen arbeitet, wobei die Anschaffungskosten des Kondensators weit ungünstiger sind als bei höheren Spannungen. Während in Deutschland 380 und 500 Volt die gebräuchlichen Spannungen sind, werden in vielen anderen Ländern Europas noch zahlreiche Anlagen mit 110 und 220 Volt betrieben. Selbstverständlich spielt die Tarifpolitik die Hauptrolle, jedoch ist auch festzustellen, daß die Verrechnung der Blindleistung neben der Wirkleistung in erster Linie in modernen Verteilungsnetzen zur Anwendung kommt, bei denen infolge genauester Erfassung aller Kostenkomponenten eine gerechte Behandlung der großen und kleinen Wirk- und Blindstromkonsumenten angestrebt wird. Neben den Kompensations- und den verwandten Aufgaben der Spannungsregelung und Stabilität findet der Kondensator noch Anwendung zum Schutz von Maschinen und Apparaten gegen Überspannungen, zum Anlassen kleiner Einphaseninduktionsmotoren und zum Glätten des Stromes in Gleichstromanlagen, die durch Gleichrichter versorgt werden. Wegen der geringeren Bedeutung dieser Gebiete wurden diese Fragen zum Schluß in einem gemeinsamen Kapitel behandelt.

I. Der Kondensator im Wechselstromkreis.

Während im Gleichstromkreis induktive und kapazitive Widerstände meist nur vorübergehend bei sehr raschen Zustandsänderungen entscheidend eingreifen, ist das Verhalten des Wechselstromkreises dauernd durch die Art der Widerstände vorgeschrieben. Wechselstromleitungen haben bei den in der Starkstromtechnik üblichen Frequenzen nur geringen induktiven Widerstand, ebenso macht sich die Kapazität paralleler Leiter nur bei sehr langen Leitungen bemerkbar. Größere induktive Widerstände findet man bei Maschinen und Transformatorenwicklungen, während merkliche Kapazitäten fast ausschließlich bei ausgedehnten Kabelnetzen vorhanden sind. Der Einbau von Kondensatoren kann durch die Zusammenballung großer Kapazitäten an einzelnen Netzpunkten eine entscheidende Wandlung herbeiführen, da die elektrostatische Speicherkraft des Kondensators zusammen mit der Feldwirkung der Induktivität ein Energiependel darstellt, das uns alle Erscheinungen der Schwingungstechnik in ihrer Buntheit und Mannigfaltigkeit vor Augen führt. Alle Vorgänge der erzwungenen Schwingung, der Dämpfung und Resonanz können im elektrischen Schwingungskreis verfolgt werden; es ergeben sich beim Schalten, Entladen, bei der Sicherung, der Regelung überall interessante technische Aufgaben, deren wirtschaftliche Bedeutung dauernd im Wachsen begriffen ist, da der Kondensator in der Starkstromtechnik stetig vordringt. Für den Techniker sind die Aufgaben nicht nur deshalb reizvoll, weil sich überall Analogien mit mechanischen Effekten vorfinden, sondern auch darum, weil sich praktisch alle Vorgänge mit beliebiger Exaktheit verfolgen lassen.

1. Kapazität, Strom, Spannung und Leistung.

Der Kondensator ist ein Speicher für elektrische Energie, sein Fassungsvermögen ist die elektrostatische Kapazität. Jeder elektrische Leiter, der von seiner Umgebung isoliert ist, kann elektrischer Ladungsträger sein. Das Verhältnis von Ladung Q zu der hierdurch hervorgerufenen Spannung E ist seine Kapazität C.

$$C = \frac{Q}{E}.$$

Ändert sich die an den Kondensatorbelägen wirksame Spannung, dann ändert sich die Ladung und erzeugt einen Transport elektrischer Energie.

Es fließt ein Strom i, welcher der zeitlichen Spannungsänderung de proportional ist,

$$i = C\frac{de}{dt}.$$

In Wechselstromnetzen ändert sich die Spannung nach dem sin-Gesetz, man mißt den Rhythmus, mit dem die Spannung pulsiert, durch die Kreisfrequenz ω, welche die Zahl der vollen Spannungswellen in 2π sec angibt. Hiermit erhält man für den Strom J eines Kondensators mit der Kapazität C, der an eine Wechselspannung mit dem Effektivwert E gelegt wird:

$$J = E\omega C.$$

Der Kondensator liefert demnach den gleichen Strom, den ein Ohmscher Widerstand vom Wert $R = \frac{1}{\omega C}$ ergeben würde. Trotzdem bestehen zwischen dem Strom, der über den Kondensator fließt, und dem Strom eines äquivalenten induktionsfreien Widerstandes grundsätzliche Unterschiede.

Drückt man einem geschlossenen Stromkreis eine Wechselspannung auf, dann fließt ein Strom, der sich nach den Gesetzen der Wechselstromtechnik berechnen läßt. Ändert sich die aufgezwungene Spannung nach dem Sinusgesetz, dann wird der Strom im allgemeinen dem gleichen Gesetz folgen. Über die Größe des Stromes kann man nur dann Aussagen machen, wenn die Widerstände des gesamten Schließungskreises bekannt sind. Besteht die Belastung aus rein Ohmschen Widerständen, so ist der Strom in jedem Augenblick der Spannung proportional, für die Berechnung des Stromes und der Leistung haben die Gesetze der Gleichstromtechnik Gültigkeit. Etwas verwickelter werden jedoch die Verhältnisse, wenn nicht nur Ohmsche, sondern auch kapazitive oder induktive Widerstände in der Strombahn liegen. Abb. 1 zeigt einen einfachen Stromkreis, bei dem die Maschinenspannung an eine Drosselspule mit in Serie geschaltetem Ohmschen Widerstand gelegt ist. Untersucht man in diesem Schließungskreis den Verlauf von Strom und Spannung, so zeigt sich, daß zwar auch hier der Strom proportional der Spannung verläuft. Zwischen Strom und Spannung ist jedoch eine zeitliche Verschiebung eingetreten (Abb. 2). Die Induktivität der Spule setzt den Stromänderungen einen Widerstand entgegen, so daß der Strom eine gewisse Nacheilung oder Phasenverschiebung erleidet. Die Induktivität spielt in der Wechselstromtechnik eine ähnliche Rolle wie die Masse in der Mechanik, und die Gesetze, die zwischen Spannung, Induktivität und Strom bestehen, sind analog den Gesetzen zwischen Kraft, Masse und Beschleunigung. Bezeichnet 2π

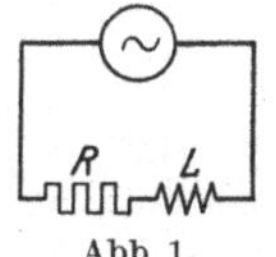

Abb. 1.

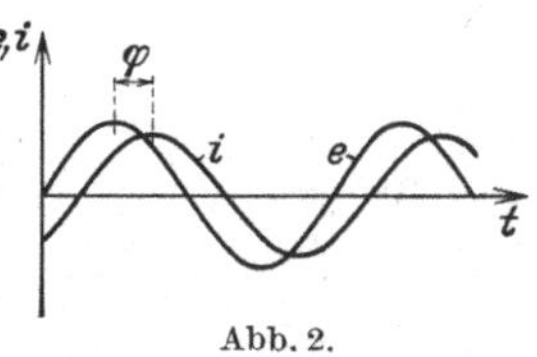

Abb. 2.

die Dauer einer vollen Sinuswelle, dann wird die größte Phasenverschiebung, die zwischen Strom und Spannung eintreten kann, $\pi/2$ oder $90°$ betragen. Bei einem Stromkreis mit rein induktiver Belastung eilt demnach der Strom der Spannung um $90°$ nach. Schaltet man an Stelle der Drosselspule einen Kondensator in den Kreis, dann erhält man Voreilung des Stromes, und zwar beträgt die größte Voreilung bei rein kapazitiver Last ebenfalls $90°$.

Während man in einem Gleichstromkreis die Leistung aus Strom und Spannung eindeutig bestimmen kann, ist im Wechselstromkreis außer der Kenntnis von Strom und Spannung auch die Größe des Phasenwinkels φ notwendig. Es gilt zwar auch im Wechselstromkreis, daß das Produkt aus Strom und Spannung die Leistung liefert, jedoch nur dann, wenn man den Leistungsfluß in einem bestimmten Augenblick aus den gerade vorhandenen Werten von Strom und Spannung errechnet. Führt man die Rechnung für aufeinanderfolgende Strom- und Spannungswerte aus, dann erhält man eine Kurve, die für jeden Augenblick die Größe und Richtung des Leistungsflusses angibt. In Abb. 3 sind die Verhältnisse, die sich im Stromkreis nach Abb. 1 ergeben, dargestellt. Die Kurve zeigt den Verlauf der Augenblickswerte des Leistungsflusses. Wenn die über der Abszissenachse aufgetragenen Flächen die von der Stromquelle zum Verbraucher fließenden Leistungen darstellen, geben die Ordinaten unterhalb der Abszissenachse die vom Verbraucher zur Stromquelle zurückflutenden Leistungen an. Das Bild zeigt, daß außer dem gleichgerichteten Leistungsfluß, der durch die Flächen A gegeben ist, eine gewisse Energiemenge B dauernd zwischen Stromquelle und Verbraucher hin und her pendelt. Der pendelnde Energiefluß wird auch als Blindleistung bezeichnet, da er für die Wirkleistungsbilanz des Stromkreises ohne Bedeutung ist. Die Blindleistung stellt jedoch ebenfalls einen bestimmten Wirkleistungsfluß dar, der sich dauernd nach Größe und Richtung ändert und den Aufbau des Feldes in der Drossel bzw. im Generator besorgt. Diese Verhältnisse treten besonders klar in Erscheinung, wenn man einen Stromkreis mit nur induktiven oder kapazitiven Widerständen betrachtet. Abb. 4a zeigt den Leistungsverlauf in einem derartigen Kreis. Die Leistungskurve liegt symmetrisch zur Abszissenachse, die Gesamtleistung ist Blind- oder Feldleistung und pulsiert zwischen Generator und Drossel. Die Pulsationsfrequenz ist das Doppelte der Frequenz der aufgedrückten Spannung. Zahlenmäßig erhält man die

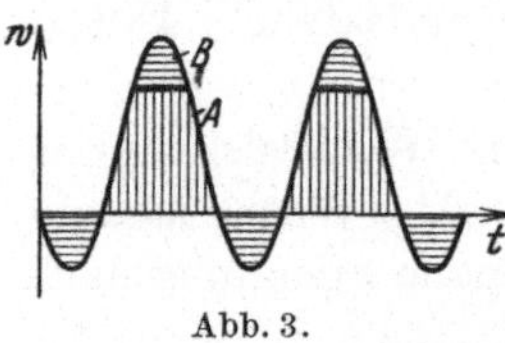

Abb. 3.

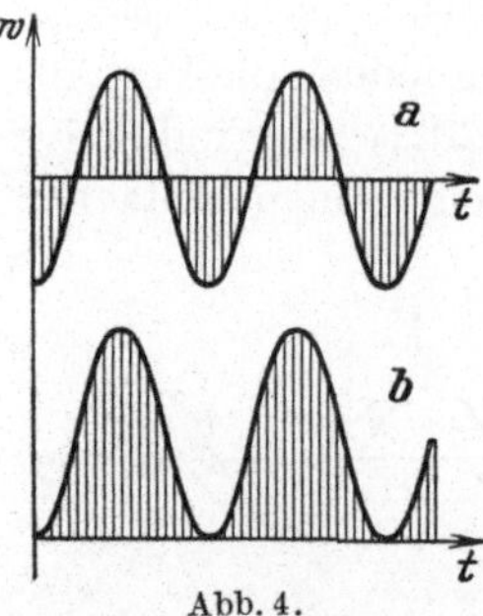

Abb. 4.

Blindleistung als Produkt von Strom und Spannung; sie beträgt für den Kondensator:

$$W_k = E \cdot J = \frac{J^2}{\omega C} = E^2 \omega C .$$

Bei rein Ohmscher Last, also bei Phasengleichheit zwischen Strom und Spannung erhält man als Leistungskurve eine Sinuslinie, die stets über der Abszissenachse verläuft (Abb. 4b). Die Leistungsbezeichnung in der Wechselstromtechnik könnte zu Irrtümern Veranlassung geben, wenn man sich nicht über die Art und das Wesen der Leistungsflüsse völlige Klarheit verschafft. Man bezeichnet mit Wirkleistung denjenigen Leistungsfluß, der Nutzarbeit verrichtet. Dem oszillierenden Leistungsfluß legt man die Bezeichnung Blindleistung bei, trotzdem auch dieser Leistungsfluß unverfälschte Wirkleistung, also Leistung im Sinne des mechanischen Leistungsbegriffes darstellt. Mit Scheinleistung bezeichnet man das Produkt aus Strom und Spannung; die Scheinleistung wird sich im allgemeinen aus Wirk- und Blindleistung zusammensetzen. Wollte man der Eigenart dieser Leistungskomponenten schon durch die Bezeichnungsweise Rechnung tragen, dann könnte man die Wirkleistung als „Richtleistung", die Blindleistung als „Pendelleistung" und die Scheinleistung als „Mischleistung" bezeichnen. Diese Überlegungen sollen lediglich dazu verhelfen, ein möglichst klares Bild über die verschiedenen Leistungszustände in der Wechselstromtechnik zu schaffen. Bei den späteren Betrachtungen werden die üblichen Begriffe der Wirk-, Blind- und Scheinleistung beibehalten.

2. Energieinhalt des Kondensators.

In einem kapazitiven Stromkreis ist die Stromwelle zur Spannungswelle um 90° versetzt. Das Produkt der Augenblickswerte von e und i liefert die Leistungskurve w_p. Würde der Kondensator durch einen Ohmschen Widerstand ersetzt, der den gleichen Strom i aufnimmt, dann entsteht die Leistungskurve w_r. Nach den in der Starkstromtechnik üblichen Rechnungs- und Bezeichnungsmethoden liefert in beiden Fällen das Produkt aus Effektivwert von Strom und Spannung die Leistung. Da die Ströme bei beiden Belastungsarten gleich groß sein sollen, müssen auch die Leistungen W_r und W_l zahlenmäßig einander gleich sein. Im Zeitdiagramm (Abb. 5) wurden die Leistungskurven durch flächengleiche Rechtecke ersetzt und die Höchstwerte von e und $i = 1$ gesetzt. Es ist nun ganz offensichtlich, daß bei der Einschaltung des Kondensators wesentlich andere Leistungsflüsse zirkulieren, als bei Ohmscher Belastung, so daß die übliche Leistungsbezeich-

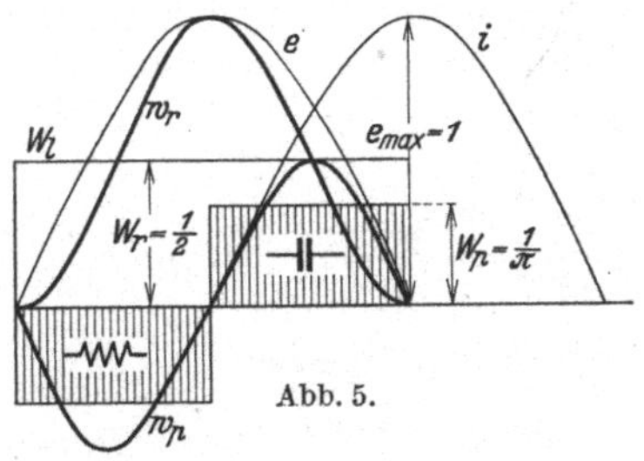

Abb. 5.

nung leicht zu Trugschlüssen führen kann. Die Größe der Blindleistung, die sich als Produkt von e und i errechnet, ist durch die Ordinate W_l dargestellt. Bezieht man den tatsächlichen Leistungsfluß W_p auf die Blindleistung, dann stellt man fest, daß

$$W_p = W_l \frac{2}{\pi} = 0{,}64\, W_i\,;$$

es fließt also im Mittel eine Wirkleistung, die nur 64% desjenigen Leistungsflusses beträgt, den man allgemein als Blindleistung bezeichnet. Das Leistungsdiagramm gestattet gleichzeitig eine sehr einfache Ableitung des Energieinhaltes des Kondensators.

Während der Dauer einer Spannungsviertelwelle würde der mittlere Leistungsfluß vom Kondensator zur Drosselspule den Wert W_p annehmen. Der Energieinhalt läßt sich nun leicht als Produkt von Leistung und Zeit errechnen, wenn man berücksichtigt, daß an der Aufrechterhaltung des Leistungsflusses W_p Drossel und Kondensator in genau gleicher Weise beteiligt sind. Diese Tatsache geht am einfachsten daraus hervor, daß bei der Spannung $e = 0$ noch der volle Strom fließt, da die Drossel das Bestreben hat, sich allen Stromänderungen zu widersetzen. Bezeichnet man den Energieinhalt des Kondensators mit A, dann ist:

$$2A = W_p \cdot t\,.$$

Da die Dauer einer vollen Spannungswelle $^1/_{50}$ Sekunde beträgt, ist für $t = {^1/_{200}}$ einzusetzen. W_p kann durch W_l aus obiger Gleichung eingesetzt werden:

$$A = \frac{1}{2} W_l \cdot \frac{2}{\pi} \cdot \frac{1}{200} = \frac{E^2 \omega C}{\pi \cdot 200} = \frac{1}{2} C E^2.$$

Für den Energieinhalt des elektromagnetischen Feldes im Generator würde man die analoge Form erhalten:

$$A = \tfrac{1}{2} L J^2.$$

Um die Rechnung in der Wechselstromtechnik zu erleichtern, bedient man sich vielfach der Vektorendarstellung. Handelt es sich um einen induktiven Stromkreis, in dem der Strom der Spannung um den Winkel φ nacheilt, dann läßt sich ein geometrisches Bild entwerfen, bei dem die Größe von Strom und Spannung durch die Länge der Vektoren, ihre gegenseitige Lage durch den Winkel φ bestimmt ist (Abb. 6). Durch Zerlegung des Stromvektors in seine Blind- und Wirkkomponenten erhält man den mit der Spannung in Phase liegenden Wirkstrom sowie den um 90° nacheilenden Blindstrom. Das Produkt aus Strom und Spannung liefert die Leistungskomponenten. Auch Wirk- und Blindleistung stehen aufeinander senkrecht. Verbindet man die Endpunkte der Vektoren zu einem geschlossenen Dreieck, dann gibt die Größe der Hypotenuse die Scheinleistung an.

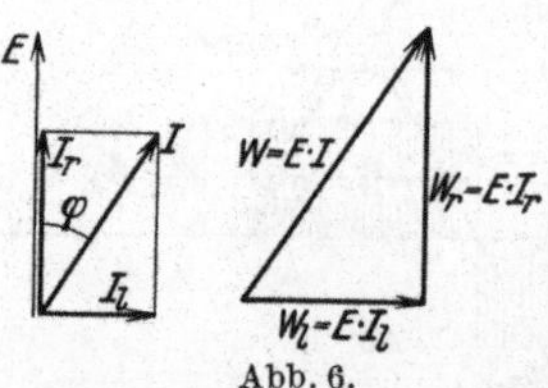

Abb. 6.

3. Kapazitiver Widerstand.

Jeder elektrische Apparat kann durch einen Ersatzstromkreis dargestellt werden, der durch die Art und die gegenseitige Verkettung der Widerstände die charakteristischen Eigenschaften des betreffenden Apparates zum Ausdruck bringt. Abb. 7 zeigt einen Teil eines Drehstromnetzes, wobei an den dreiphasigen Generator Kondensatoren, ein Asynchronmotor, ein leerlaufender Transformator sowie verschiedene Glühlampen angeschlossen sind. Es wurde also aus der großen Anzahl der Stromkonsumenten je einer der wichtigsten Vertreter herausgegriffen. Verfolgt man eine Phase des Netzes von den Generatorklemmen ausgehend, dann ergibt sich das Widerstandsschema Abb. 8. Der Widerstand der Leitung wurde durch die Reihenschaltung eines Wirk- und eines induktiven Blindwiderstandes angedeutet. Der Kondensator stellt einen kapazitiven Blindwiderstand dar, der parallel zu den Klemmen des Generators angeschlossen ist. Für den Asynchronmotor wurde der bekannte Ersatzstromkreis gewählt, der aus einer kombinierten Reihen- und Parallelschaltung induktiver und Ohmscher Widerstände entsteht. Der leerlaufende Transformator läßt sich durch einen induktiven, die Glühlampen durch einen Ohmschen Widerstand versinnbildlichen.

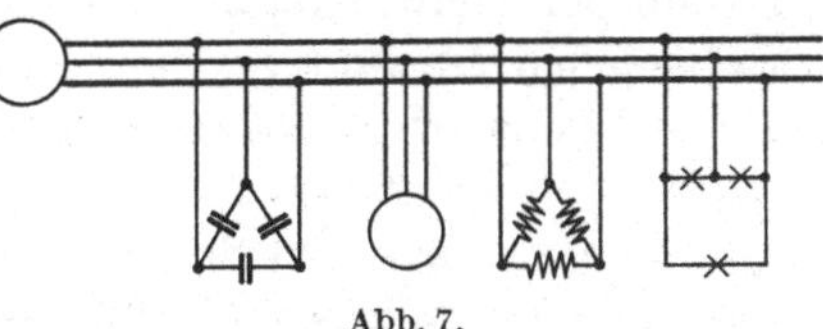
Abb. 7.

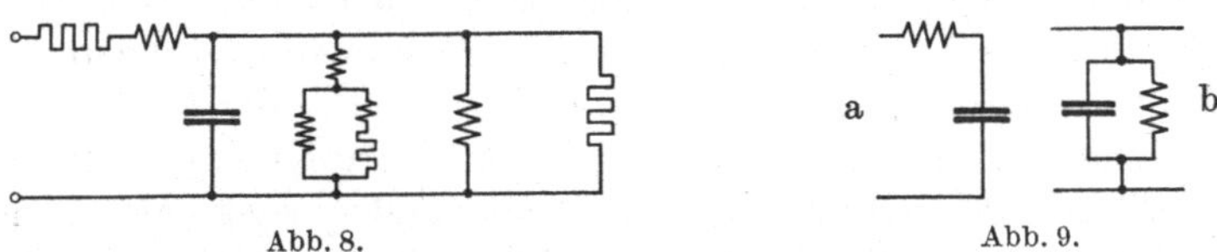

Abb. 8. Abb. 9.

Um das Verhalten des Kondensators zu untersuchen, wurden zwei besonders wichtige Stromkreise (Abb. 9) herausgeschält. Der Stromkreis (Abb. 9a) stellt die Reihenschaltung, Abb. 9b die Parallelschaltung eines induktiven mit einem kapazitiven Widerstand dar. Die Reihenschaltung der beiden Blindwiderstände ist beim Anschluß von Kondensatoren stets vorhanden, da der Strompfad von den Generatorklemmen bis zum Kondensator unvermeidliche Reaktanzen enthält, die meist wesentlich höher sind als die Wirkwiderstände des betreffenden Stromkreises; der induktive Widerstand wird im allgemeinen etwa 5- bis 10mal größer sein als der Wirkwiderstand. Auch die Parallelschaltung ist fast immer vorhanden, da ja der Zweck des Kondensators darin besteht, die Blindleistung gewisser Verbraucher durch Parallelkondensatoren zu kompensieren. Bei der Parallelschaltung liegen die Verhältnisse meist so, daß die Leistung des induktiven Zweiges gleich der kapazitiven Leistung ist, da in diesem Fall völlige Kompensation erzielt wird. Es wird später noch gezeigt, daß diese beiden Widerstandskombinationen für das Zustandekommen praktisch aller erwünschten und gefürchteten Erscheinungen in Kondensatoranlagen verantwortlich sind.

Um Größe und Richtung des Stromes zu ermitteln, muß der Gesamtwiderstand dieser Stromkreise aufgesucht werden. Bei gleichartigem Widerstand erhält man den Gesamtwiderstand äußerst bequem durch Addition der Teilwiderstände. Handelt es sich jedoch um Widerstände verschiedenen Charakters, dann sind besondere rechnerische oder graphische Operationen notwendig, um den Gesamtwiderstand oder die Impedanz zu ermitteln.

Ähnlich wie man den Strom durch Vektoren darstellen und eine Zerlegung in seine Wirk- und Blindkomponente vornehmen kann, lassen sich auch Widerstände durch Vektoren versinnbildlichen. Die Art der Widerstände kommt dabei durch den Winkel, den die Vektoren miteinander bilden, zum Ausdruck. Dieses geometrische Abbild der Widerstände führt zwangsläufig zur graphischen Behandlungsweise. Die Untersuchung geometrischer Figuren kann auch nach den Grundsätzen der analytischen Geometrie erfolgen und führt damit zur rechnerischen Untersuchungsmethode. Neben der graphischen und analytischen Behandlung hat sich in der Wechselstromtechnik auch die sog. symbolische Methode durchgesetzt, die besonders bei verwickelten Widerstandsgebilden manche Rechenarbeit erspart.

Bei der Serienschaltung gleichartiger Widerstände, also beispielsweise zweier Drosselspulen, erhält man den Gesamtwiderstand als Summe der Teilwiderstände. Die beiden Strecken, welche die Größe der Teilwiderstände angeben, werden auf einer Geraden aufgetragen und addiert.

Auch bei der Serienschaltung aufeinander senkrecht stehender Widerstände, beispielsweise eines Kondensators und eines Wirkwiderstandes, ist das Aufsuchen des resultierenden Widerstandes sehr einfach. Man zeichnet ein rechtwinkliges Dreieck, dessen Katheten proportional den Widerstandskomponenten sind; die Hypotenuse liefert den resultierenden Gesamtwiderstand oder die Impedanz (Abb. 10).

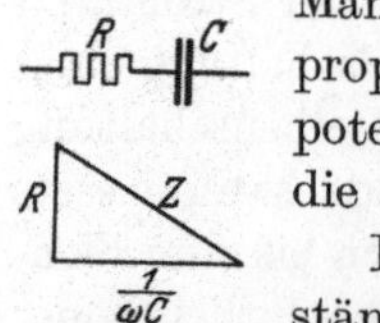

Abb. 10.

Die Serienschaltung entgegengesetzt gerichteter Widerstände führt zu einer graphischen Subtraktion. Der größere Vektor ist bestimmend für den resultierenden Widerstand, der bei überwiegender Kapazität voreilende, im anderen Fall nacheilende Ströme ergibt.

Bei der Parallelschaltung von Widerständen sind die Leitwerte geometrisch zu addieren. Der reziproke Wert des resultierenden Leitwertes liefert die Impedanz des Parallelzweiges. Da diese Reziprokaddition die gleiche Aufgabe darstellt, die auch beim Aufsuchen des harmonischen Mittels zweier Vektoren vorliegt, wird das Ergebnis auch als harmonischer Vektor bezeichnet.

Bei der Parallelschaltung gleichartiger Widerstände zieht man durch die Endpunkte der Vektoren parallele Geraden a und b. Die Diagonale

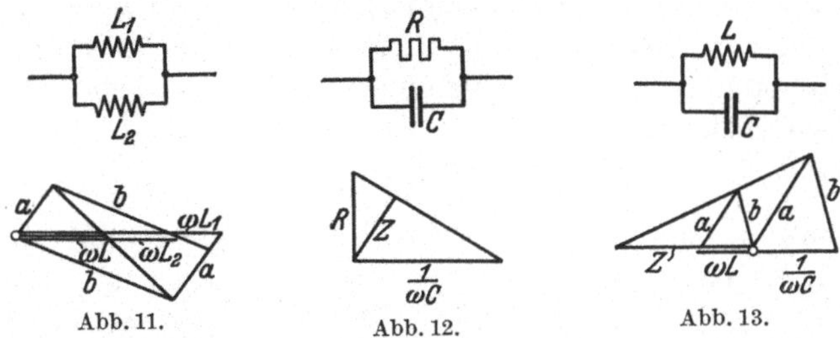

Abb. 11. Abb. 12. Abb. 13.

des so gebildeten Parallelogramms liefert durch den Schnittpunkt mit den Ausgangsvektoren den harmonischen Widerstand (Abb. 11). Besonders einfach wird die Aufgabe bei aufeinander senkrecht stehenden Widerständen (Abb. 12). Hier ist die Impedanz gleich der Höhe eines rechtwinkligen Dreiecks, dessen Katheten die Widerstandskomponenten bilden. Bei entgegengesetzt gerichteten Widerständen zieht man durch die Schnittpunkte der parallelen Geraden a und b die Verbindungslinie, die auf der Vektorgeraden den harmonischen Vektor Z abschneidet (Abb. 13).

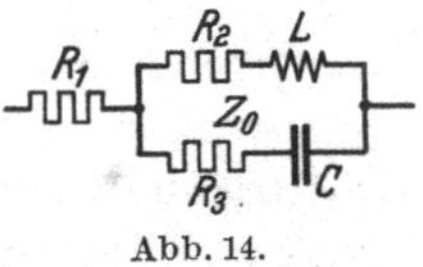

Abb. 14.

In der Praxis hat man es selten mit derartig einfachen und übersichtlichen Stromkreisen zu tun. Besonders wenn es sich um den Anschluß von Kondensatoren handelt, ist stets mit dem kapazitiven Widerstand Ohmscher Widerstand in Reihe geschaltet, wobei parallel hierzu induktive Widerstände (Abb. 14) liegen. Auch für eine solche Strombahn wurde die Ermittlung des resultierenden Widerstandes durchgeführt (Abb. 15). Zunächst bildet man den resultierenden Widerstand beider Parallelzweige und errichtet in den Endpunkten auf den resultierenden Vektoren die Senkrechten a. Parallel zu a werden durch die gegenüberliegenden Endpunkte die Geraden b gezogen. Die Senkrechte auf die Verbindungslinie zwischen den Schnittpunkten der Hilfsgeraden a und b liefert den Gesamtwiderstand der Parallelschaltung Z_0. Durch geometrische Addition von R_1 wird der Summenwiderstand Z der Reihenparallelschaltung nach Größe und Richtung gewonnen.

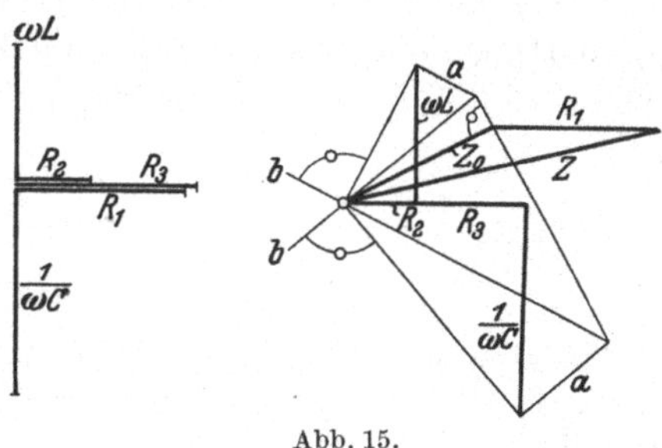

Abb. 15.

Die oben ausgeführten Konstruktionen lassen sich auch nach den Gesetzen der analytischen Geometrie, also rein rechnerisch verfolgen, so daß jegliche Zeichenarbeit vermieden wird.

Bei der Reihenschaltung gleichartiger Widerstände genügt die Addition des Absolutbetrages der Widerstandswerte. Aufeinander senkrecht stehende Widerstandskomponenten liefern den resultierenden Widerstand als Hypotenuse eines rechtwinkligen Dreiecks. Nach Abb. 10 gilt deshalb die Gleichung:

$$Z = \sqrt{R^2 + \left(\frac{1}{\omega C}\right)^2}.$$

Reihenschaltung entgegengesetzt gerichteter Widerstände führt zur Subtraktion, es ist:

$$Z = \frac{1}{\omega C} - \omega L.$$

Die Parallelschaltung macht stets zunächst die Addition der Leitwerte notwendig. Der reziproke Wert des Summenleitwertes ergibt den Widerstand, nach Abb. 11 ist:

$$L = \frac{L_1 \cdot L_2}{L_1 + L_2}.$$

Bei aufeinander senkrecht stehenden Widerstandskomponenten wird man auf einen Wurzelausdruck geführt. Die Impedanz ist entsprechend dem früheren Diagramm (Abb. 12)

$$Z = \sqrt{\frac{R^2 \left(\frac{1}{\omega C}\right)^2}{R^2 + \left(\frac{1}{\omega C}\right)^2}}.$$

Die Parallelschaltung entgegengesetzt gerichteter Widerstände (Abb. 13) kann ähnlich behandelt werden wie die Parallelschaltung gleichartiger Widerstände. Es sind lediglich die Leitwerte zu subtrahieren, so daß für den harmonischen Widerstandsvektor die Beziehung gilt:

$$Z = \frac{\frac{L}{C}}{\frac{1}{\omega C} - \omega L}.$$

Wenn man in dem bereits früher besprochenen Widerstandsdiagramm (Abb. 15) die Wirkwiderstände R_2 und R_3 vernachlässigt, was meist unbedenklich geschehen kann, da sowohl Kondensatoren wie Drosselspulen sehr kleine Verluste haben, dann läßt sich für diesen Stromkreis der Summenwiderstand leicht ausrechnen. Der resultierende Widerstand erhält die Form:

$$Z = \sqrt{R_1^2 + \left(\frac{\frac{L}{C}}{\frac{1}{\omega C} - \omega L}\right)^2}.$$

Aus der geometrischen Ableitung der Gesamtimpedanz, unter Berücksichtigung von R_2 und R_3, erkennt man bereits, daß hier die Rechnung zu sehr verwickelten Formen führen wird, so daß das graphische Verfahren den Vorzug verdient. Trotzdem sei auch für diesen Stromkreis der Gesamtwiderstand angegeben. Der besseren Übersicht wegen ist nachstehend die Blind- und Wirkkomponente des Widerstandes getrennt angeschrieben:

$$R_r = R_1 + \frac{R_3(R_2^2 + (\omega L)^2) + R_2\left(R_3^2 + \left(\frac{1}{\omega C}\right)^2\right)}{(R_2 + R_3)^2 + \left(\omega L - \frac{1}{\omega C}\right)^2},$$

$$R_l = \frac{\frac{1}{\omega C}\left(\frac{L}{C} - R_2^2\right) - \omega L\left(\frac{L}{C} - R_3^2\right)}{(R_2 + R_3)^2 + \left(\omega L - \frac{1}{\omega C}\right)^2}.$$

Aus den beiden Widerstandskomponenten ergibt sich dann der resultierende Widerstand zu:

$$Z = \sqrt{R_r^2 + R_l^2}.$$

Besonders diese letzten Formeln beweisen, daß die analytische Methode gerade bei verwickelten Stromkreisen einen großen Aufwand an mechanischer Rechenarbeit notwendig macht.

Den Bedürfnissen der Wechselstromtechnik trägt besonders die symbolische Methode Rechnung. Die Tatsache, daß zwei Widerstände aufeinander senkrecht stehen, wird bei der symbolischen Methode dadurch zum Ausdruck gebracht, daß ein Widerstandssummand mit dem Faktor „j“ versehen wird. Beispielsweise beträgt die Impedanz der Reihenschaltung zwischen R und ωL: $Z = R + j \cdot \omega L$. Durch diese Schreibweise erhält man eine bedeutende Vereinfachung sowie wesentliche Ersparnisse an mechanischer Rechenarbeit. Wendet man die symbolische Methode auf den Stromkreis der Abb. 14 an, dann erhält man für die Impedanz der Parallelschaltung unter Vernachlässigung von R_1:

$$Z = \frac{R_2 R_3 + \frac{L}{C} + j\left(\omega L R_3 - R_2 \frac{1}{\omega C}\right)}{R_2 + R_3 + j\left(\omega L - \frac{1}{\omega C}\right)}.$$

Dieses Resultat läßt sich also äußerst einfach darstellen und kann durch wenige Umwandlungen in dieser Endformel erhalten werden. Es sei jedoch ausdrücklich betont, daß die symbolische Methode physikalisch wenig anschaulich ist und sich deshalb nur dann empfiehlt, wenn man sich häufig mit Wechselstromaufgaben zu befassen hat. Für die Behandlung der im Rahmen des Starkstromkondensators zu lösenden Probleme soll für die Zukunft ausschließlich die analytische Methode verwendet werden und nur in manchen Fällen auf die graphische Methode zurückgegriffen werden, wenn das Resultat in einer besonders anschaulichen Form gewünscht wird.

Wenn es sich nicht allein darum handelt, aus bestimmten, festgelegten Widerstandswerten den resultierenden Widerstand zu finden, sondern wenn darüber hinaus auch der Widerstandsverlauf bei variabler Frequenz zu suchen ist, hat die analytische Behandlung im allgemeinen Vorteile. Es gibt jedoch auch Fälle, bei denen selbst unter diesen erschwerten Verhältnissen die graphische Behandlung einfacher ist, ja sogar die einzig mögliche Lösungsmethode darstellt. Dies trifft besonders für Stromkreise zu, die dem Proportionalitätsgesetz nicht gehorchen, also für alle Kreise mit Lichtbogenwiderständen oder Sättigungserscheinungen.

Nur die induktionsfreien Widerstände sind von der Frequenz unabhängig. Alle Blindwiderstände, also Drosselspulen und Kondensatoren, ändern ihren Wechselstromwiderstand mit der Frequenz erheblich. Der Widerstand einer Drosselspule wird durch das Produkt aus Kreisfrequenz und Induktivität dargestellt und nimmt demnach proportional mit der Frequenz zu. Kondensatoren zeigen das umgekehrte Verhalten, ihr Widerstand ist bei hohen Frequenzen sehr klein, bei geringen Frequenzen dagegen sehr hoch; bei $\omega = 0$ wird der Widerstand unendlich groß, der Stromkreis ist unterbrochen.

Die Frequenzabhängigkeit der Blindwiderstände trägt wesentlich dazu bei, daß sich die Aufgaben der Wechselstromtechnik nur dann einfach und übersichtlich gestalten, wenn man es mit rein sinusförmigen Spannungen zu tun hat, die im Takt der Arbeitsfrequenz pulsieren. Leider sind diese Voraussetzungen nicht immer erfüllt, da viele unserer Verteilungsnetze Spannungen führen, die von der Sinusform stark abweichen, so daß es notwendig ist, das Verhalten dieser Stromkreise auch für diesen Fall zu untersuchen.

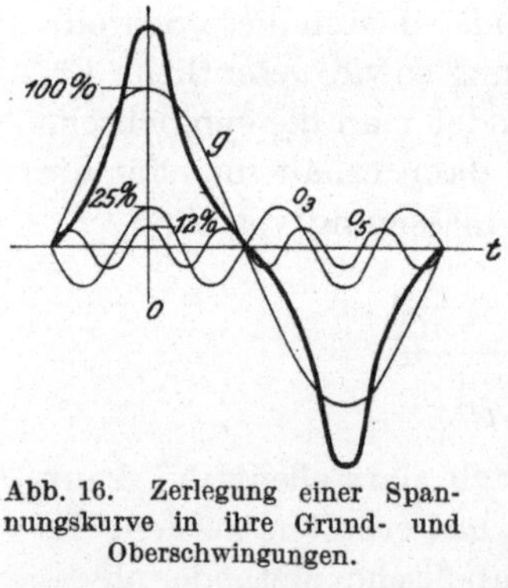

Abb. 16. Zerlegung einer Spannungskurve in ihre Grund- und Oberschwingungen.

Alle Kurven mit periodischem Verlauf lassen sich nach einem Lehrsatz von Fourier durch eine Summe von sin- und cos-Wellen darstellen. Die Zerlegung einer Kurve in ihre Grundwelle und die harmonischen Teilwellen stellt lediglich eine mathematische Operation dar, die in vielen Fällen, besonders wenn es sich um die Untersuchung von Schwingungskreisen handelt, die Rechnung erleichtert. Es sei jedoch ausdrücklich bemerkt, daß diese Zerlegung einer periodischen Funktion mit der Entstehungsgeschichte keinen physikalischen Zusammenhang hat. Abb. 16 zeigt eine stark verzerrte Spannungskurve, bei der die

Zerlegung in ihre harmonischen Komponenten durchgeführt wurde. Man erkennt, daß neben der Grundwelle mit einer Amplitude von 100% eine Oberschwingung der 3fachen (Amplitude 25%) und eine solche der 5fachen Frequenz (Amplitude 12%) auftritt. Die noch höheren Frequenzen haben in der Regel so kleine Amplituden, daß sie nicht mehr in der Lage sind, Störerscheinungen hervorzurufen. Die Kurvenform der Spannung zeigt die typischen Merkmale, die allen Spannungskurven, die durch Sättigungserscheinungen verzerrt werden, eigen ist. In der Praxis bezeichnet man die Oberschwingungen häufig kurz als höhere Harmonische und bringt durch Vorsetzen der Ordnungszahl die Frequenz der betreffenden Oberschwingung zum Ausdruck. Beispielsweise bedeutet die 5. Harmonische eine Oberschwingung von 5facher Frequenz der Grundschwingung.

Verzerrungen der Spannungskurve und ihre Ursachen. Die Ursache zu verzerrten Spannungskurven kann sowohl in den Generatoren wie auch in den Übertragungsorganen oder bei den Verbrauchern zu suchen sein. Neuzeitliche Stromerzeuger, insbesondere Turbogeneratoren, haben im allgemeinen sehr günstige Spannungskurven. Stark ausgeprägte Harmonische findet man häufiger bei alten Maschinen, vorzugsweise bei älteren Langsamläufern. Abb. 17 zeigt den Verlauf der verketteten Klemmenspannung eines feingenuteten Turboläufers. Durch die endliche Zahl der Nuten überlagern sich der Grundwelle Oberschwingungen beträchtlicher Frequenz. Abb. 18 gibt den Spannungsverlauf an einem ungünstig gebauten

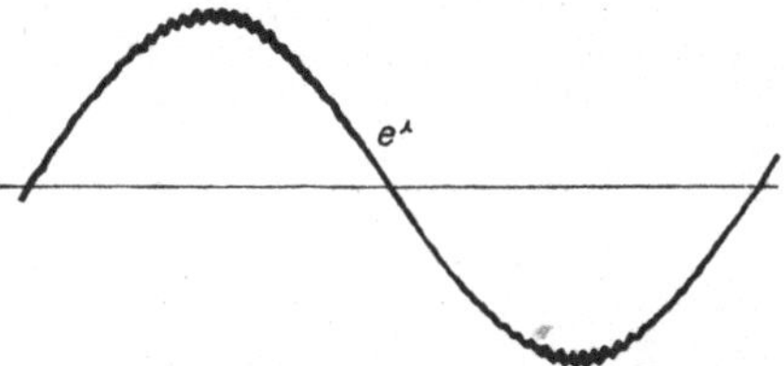

Abb. 17. Klemmenspannung eines feingenuteten Turboläufers.

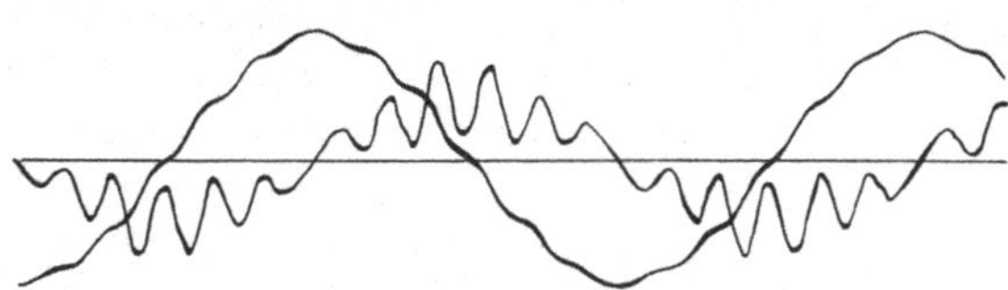

Abb. 18. Klemmenspannung eines Schenkelpolläufers sowie Stromverlauf bei kapazitiver Belastung.

Schenkelpolläufer mit grober Nutenteilung. Auch hier überlagern sich Oberwellen, die jedoch infolge der groben Nutung nur geringe Frequenz zeigen. Durch entsprechende Wahl der Wicklung, der Polform, Schrägung der Nuten usw. liefern neuzeitliche Synchrongeneratoren im allgemeinen sehr reine Spannungskurven. Oszillographische Aufnahmen an Asynchrongeneratoren (Abb. 19) mit Drehstrom-Erregermaschinen beweisen, daß auch Asynchrongeneratoren allen Anforderungen, die man an die Spannungskurven stellen kann, genügen, wenn beim Bau dieser Maschinen mit der nötigen Sorgfalt vorgegangen wird.

Es ist im übrigen zu beachten, daß für die Spannungskurve auch der Belastungszustand der Maschine eine Rolle spielt. Bei Synchrongeneratoren gelingt es in der Regel, durch einfache Maßnahmen für sinusförmige Feldverteilung im Leerlauf zu sorgen. Wird jedoch die Maschine belastet, so bewirken die verketteten Ströme im Ständer eine Verzerrung des Feldes, die besonders bei starken Überlastungen oder Kurzschlüssen außerordentlich stark in Erscheinung treten kann. Aus diesem Grunde muß man bei Untersuchungen über den Verlauf der Spannungskurve in Überlandnetzen die Messungen über längere Zeitabschnitte ausdehnen, um auch anormale Betriebszustände zu erfassen.

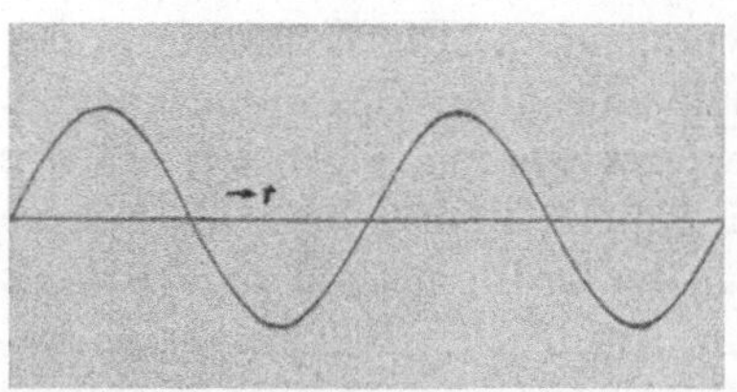

Abb. 19. Klemmenspannung eines Asynchron-Generators mit Drehstrom-Erregermaschine.

Die Erfahrung zeigt, daß Verteilungsnetze besonders zuzeiten geringer Belastung zur Oberwellenbildung neigen. Mit abnehmender Netzlast steigt in der Regel die Netzspannung an und begünstigt infolge von Sättigungserscheinungen in Transformatoren und Maschinen die Ausbildung von Oberschwingungen. Durch Sättigung des Transformatoreneisens erhält man meist die 3., 5. und 7. Oberwelle stark ausgeprägt. Das Zustandekommen von Oberwellen läßt sich aus Abb. 20 leicht erkennen. Erregt man die Primärwicklung eines Transformators mit Wechselstrom von sinusförmigem Verlauf, so wird auch die Feldkurve dem Sinusgesetz folgen, solange man unterhalb des Sättigungsknies der Magnetisierungskurve arbeitet. Kommt man jedoch in das Sättigungsgebiet, so entsteht eine Feldkurve, bei der die Spitzen stark abgeflacht erscheinen. Die Spannung in der Sekundärwicklung des Transformators ist gleich dem Differentialquotienten der Feldkurve, da die Spannung der zeitlichen

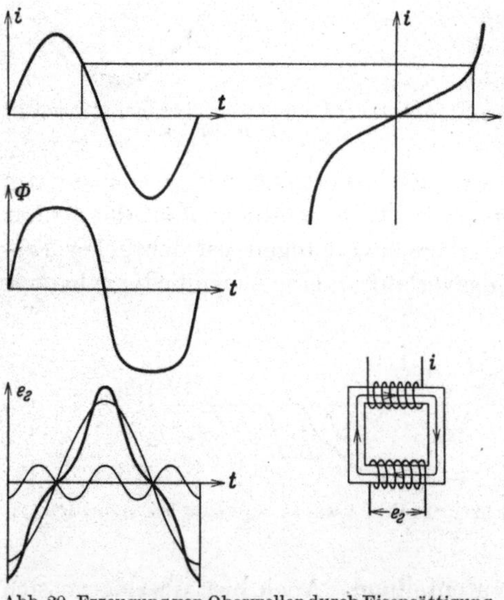

Abb. 20. Erzeugung von Oberwellen durch Eisensättigung.

Feldänderung proportional ist. Man erhält deshalb einen Spannungsverlauf e_2, der von der Sinusform bereits erheblich abweicht und starke Oberschwingungen zeigt. Erwähnt sei hier, daß man durch besondere Hilfsmittel auch bei gesättigtem Eisen sinusförmigen Verlauf der Sekundärspannung erzwingen kann, daß jedoch in diesem Fall die Oberschwingungen im Verlauf des Magnetisierungsstromes in Erscheinung treten.

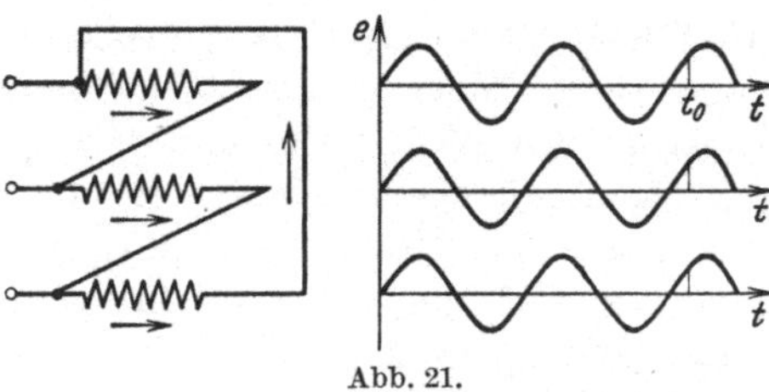

Abb. 21.

In Drehstromanlagen verdient die Oberschwingung mit 3facher Frequenz der Grundschwingung besonderes Interesse. Da die Grundschwingungen um die Dauer einer Drittelperiode gegeneinander versetzt sind und die Relativlage zugehöriger Grund- und Oberschwingungen in allen Phasen gleich ist, müssen die 3. Harmonischen einen zeitlich gleichphasigen Verlauf aufweisen. Je nachdem man die Wicklungszweige in Dreieck oder Stern schaltet, erhält man verschiedene Wirkungen auf das Gesamtstromsystem. Abb. 21 zeigt eine in Dreieck geschaltete Transformatorwicklung, das Diagramm den Verlauf der Oberschwingungen 3facher Frequenz. In jedem Augenblick ist Größe und Richtung der einzelnen Phasenspannungen genau gleich groß, so daß man zur Zeit t_0, das gezeichnete Stromlaufbild erhält. Man hat also ein geschlossenes Stromsystem, wobei die dritte Oberschwingung nach außen nicht in Erscheinung tritt.

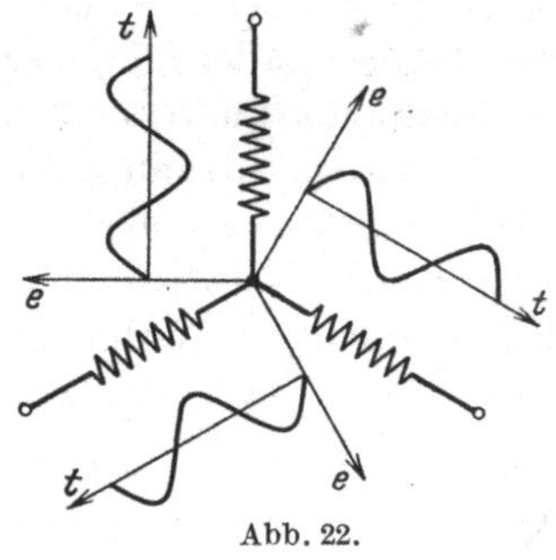

Abb. 22.

Wesentlich anders liegen die Verhältnisse bei Sternschaltung (Abb. 22). Die 3. Oberschwingung pulsiert gleichphasig in den Wicklungszweigen und verändert die Sternpunktsspannung im Takt der 3fachen Netzfrequenz. Die verkettete Spannung zwischen 2 Phasen bleibt von der 3. Oberwelle völlig unberührt. Solange das System von der Erde vollständig isoliert ist, treten keinerlei Störerscheinungen auf. Erdet man jedoch den Sternpunkt, dann können sich infolge der Kapazität Ströme entwickeln, die unter ungünstigen Verhältnissen gefährliche Werte annehmen können, und zwar dann, wenn die Eigenfrequenz des so gebildeten Stromkreises gleich der Frequenz der 3. Oberwelle ist.

Ähnlich wie bei Transformatoren durch die Eisensättigung Oberschwingungen erzeugt werden, hat man bei allen Stromverbrauchern, bei denen das Feld zum großen Teil im Eisen verläuft, Kurvenverzerrungen zu gewärtigen. Ganz allgemein kann man feststellen, daß alle

Stromkreise, für die das Ohmsche Gesetz nicht gilt, dazu neigen, die Strom- und Spannungskurven des Netzes zu verschlechtern. Es können demnach sämtliche Motoren, insbesondere die Asynchronmotoren als Erreger von Oberschwingungen auftreten. Genaue Untersuchungen sowie die Analyse verschiedener Netzkurven beweisen, daß Motoren nur in seltenen Fällen an einer Verschlechterung der Spannungskurven beteiligt sind. Meist werden die Oberschwingungen durch Lichtbogenapparate, wie große elektrische Öfen, häufig auch durch Quecksilberdampfgleichrichter ausgelöst. Bei Gleichrichtern spielt die Phasenzahl eine wesentliche Rolle. Im übrigen dürfte gerade die neueste Entwicklung auf dem Gleichrichtergebiet mehr als früher dazu beitragen, die Spannungskurven zu verzerren. Alle Stromrichter arbeiten mit starken Schwankungen der Anodenströme, so daß sich auf der Gleichstromseite Spannungen mit stark ausgeprägten Oberwellen ergeben, die sich selbstverständlich auch im Drehstromnetz bemerkbar machen. Es ist deshalb besondere Vorsicht geboten, wenn Kondensatoren in der Nähe derartiger Anlagen Aufstellung finden.

Man kann demnach feststellen, daß viele und verschiedenartige Ursachen den glatten Verlauf der Netzspannungskurve beeinträchtigen können, so daß es nicht immer einfach ist, die Quelle der Störungen zu erkennen. Gewisse Anhaltspunkte über die mutmaßlichen Störer erhält man jedoch aus der Frequenz und der Form der überlagerten Schwingungen.

Spannungskurve und Kondensatorstrom. Der Kondensator ist für die Form der Spannungskurve überaus empfindlich. Abweichungen der Spannungskurve von der sin-Welle, die für das Auge kaum erkennbar sind, werden von Kondensatoren durch starke Stromänderungen deutlich gemacht. Für den Kondensator im Wechselstromkreis gilt:

$$i = C \cdot \frac{de}{dt}.$$

Der Strom ist also proportional der Spannungsänderung der Stromquelle. Um aus der gegebenen Spannungskurve des Netzes den Strom abzuleiten, ist es notwendig, die Gleichung der Spannungskurve zu differenzieren, für den Idealfall gilt:

$$e = \sin \omega t,$$

$$i = C \frac{de}{dt} = \cos \omega t.$$

Bei reinem Sinusverlauf der Spannungswelle muß der Kondensatorstrom eine unverfälschte cos-Welle liefern. Daß schon kleine Ungenauigkeiten der Spannungskurve den Stromverlauf beträchtlich verzerren, soll folgendes Beispiel zeigen. Die Spannungskurve enthält eine 3. Oberwelle mit 25% Ampl. der Grundschwingung, sie gehorcht der Gleichung

$$e = \sin \omega t - \tfrac{1}{4} \sin 3 \omega t.$$

Der Kondensatorstrom muß nun gleich dem ersten Differentialquotienten sein, also

$$i = \frac{de}{dt} = \cos\omega t - \frac{3}{4}\cos 3\omega t\,.$$

In Abb. 23 sind die Strom- und Spannungskomponenten und der Verlauf von e und i dargestellt. Der Kondensatorstrom enthält außer der Grundwelle noch eine überlagerte Welle 3facher Frequenz, die einen Amplitudenwert von 75% der Grundwelle erreicht. Durch Bildung des Differentialquotienten tritt die Ordnungszahl als Ordinatenfaktor auf, so daß auch Oberschwingungen der Spannungskurven mit sehr kleinen Amplituden stark in Erscheinung treten können, wenn nur ihre Frequenz hoch genug liegt. Beispielsweise würde die 7. Harmonische mit einer Spannungsamplitude von 5% einen Oberwellenstrom 7facher Frequenz mit einer Amplitude von 35% erzeugen.

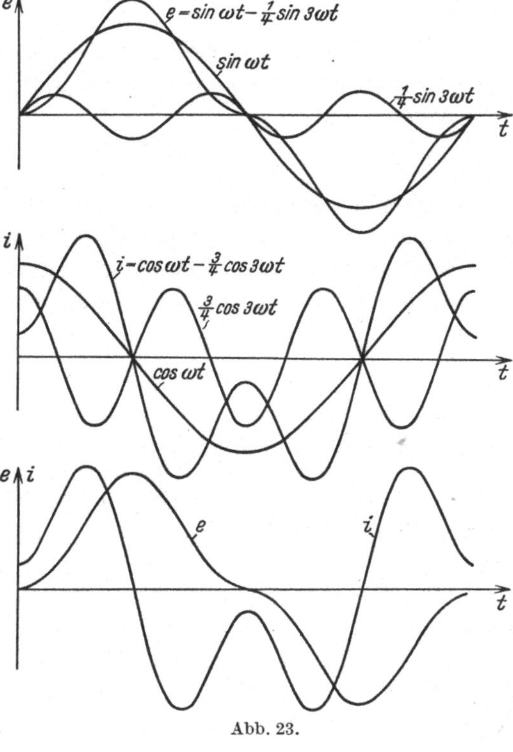

Abb. 23.

Die Berechnung des Kondensatorstromes aus der Spannungskurve hat zur Voraussetzung, daß es sich um ein völlig starres Netz handelt und daß zwischen Generator und Kondensator keinerlei Blindwiderstände liegen. Auch geringe induktive Widerstände im Leitungszug können den vom Kondensator aufgenommenen Strom stark verzerren, wenn der Schwingungskreis mit der aufgezwungenen Frequenz in Resonanz gerät. Das Oszillogramm (Abb. 18) zeigt bereits Spannung und Kondensatorstrom in einem Netz, bei dem die Eigenfrequenz des durch den Kondensator gebildeten Stromkreises nahe der Netzfrequenz liegt, wodurch eine starke Verzerrung des Stromes herbeigeführt wird. Diese Verhältnisse werden später noch eingehend untersucht.

4. Resonanzverhalten.

Induktivität und Kapazität stellen stets ein elektrisch schwingungsfähiges System dar, dem eine bestimmte Schwingungsdauer, also eine bestimmte Frequenz eigen ist, ähnlich wie ein mechanisches Pendel freie Schwingungen ausführen kann, deren Zeitdauer einzig und allein durch die Konstanten des Pendels festgelegt sind. Diese Frequenz, die man auch mit Eigenfrequenz bezeichnet, beträgt für einen elektrischen Kreis aus Drosselspule, Kondensator und einem induktionsfreien Widerstand:

$$\nu = \sqrt{\frac{1}{LC} - \left(\frac{R}{2L}\right)^2}\,.$$

Da man den Ohmschen Widerstand meist vernachlässigen kann, ist es bei Wechselstromkreisen üblich, die Eigenfrequenz durch die Näherungsformel anzugeben:

$$\nu = \frac{1}{\sqrt{LC}}\,.$$

Ausgezeichnete Betriebszustände sind dann zu erwarten, wenn die Spannungen, Ströme oder Widerstände einem Grenzwert zustreben. Bei der Serienschaltung einer Drossel mit einem Kondensator ist der resultierende Widerstand $= 0$, wenn der kapazitive Widerstand gleich dem induktiven Widerstand wird, wenn also die Bedingung $\omega L = \frac{1}{\omega C}$ erfüllt ist. Betrachtet man die Werte von C und L als fest und gegeben und sucht die Frequenz aus dieser Bedingungsgleichung, dann erhält man:

$$\omega = \frac{1}{\sqrt{LC}}\,.$$

Der resultierende Widerstand wird also nur dann vollständig verschwinden, wenn $\nu = \omega$, d. h. wenn die dem Stromkreis vom Generator aufgezwungene Frequenz gleich seiner Eigenfrequenz ist. Diesen Zustand bezeichnet man mit Spannungsresonanz, wobei die Ströme und die Spannungen am Kondensator sowie an der Drossel unendlich groß werden. Demnach stellt die elektrische Resonanz ein naturgetreues Abbild der mechanischen Resonanz dar. In beiden Fällen muß die Bedingung erfüllt sein, daß die aufgezwungene Frequenz im Rhythmus der Eigenfrequenz pulsiert.

Stromresonanz. Die früher abgeleitete Beziehung für den resultierenden Widerstand einer Drossel mit parallelgeschaltetem Kondensator zeigt, daß bei einem gewissen Widerstandsverhältnis zwischen Kapazität und Reaktanz die Impedanz unendlich groß wird. Dieser Zustand wird mit Stromresonanz bezeichnet. Die Leitungen zwischen Generator und den parallelen Widerstandszweigen sind völlig stromlos, die elektrische Energie pendelt lediglich zwischen Kondensator und Drossel. Voraussetzung für diesen Zustand ist, daß der induktive Widerstand gleich dem kapazitiven ist, also:

$$\omega L = \frac{1}{\omega C}\,.$$

Da der Blindwiderstand unendlich groß ist, kann kein Blindstrom vom Generator zum Widerstand fließen. Dieser Zustand ist identisch mit der Kompensation auf $\cos\varphi = 1$. Stromresonanz ist demnach der Idealzustand der Kompensation, den man beim Einbau von Kondensatoren zur Leistungsfaktorverbesserung anstrebt. Stromresonanz bedingt ferner Gleichgewicht zwischen der Blindleistung des Kondensators und derjenigen der Drosselspule. Man kann die Bedingungen hierfür durch folgende Beziehung zum Ausdruck bringen:

$$W_l = W_k; \quad \frac{E^2}{\omega L} = E^2 \omega C.$$

Die Stromquelle hat im Resonanzzustand nur die Verluste von Kondensator und Drossel zu decken. Diese Verluste sind in jedem Falle so klein, daß sie unbedenklich vernachlässigt werden können. Die Parallelschaltung entgegengesetzt gerichteter Blindwiderstände ist im übrigen auch durch die Rundfunktechnik bekannt geworden. Der Sperrkreis stellt genau das gleiche Widerstandsgebilde dar, seine Aufgabe besteht darin, bei einer festgelegten Frequenz die Stromzirkulation völlig zu unterbinden. Er erfüllt diese Aufgabe bei $\cos\varphi = 1$, also bei Stromresonanz. In Abb. 24 ist der Verlauf von Widerstand und Strom als Funktion der Frequenz aufgetragen. Bei der Frequenz ω_0 wird der Blindwiderstand unendlich groß, die Stromkurve schneidet die Abszissenachse. Bei größeren Frequenzen erhält man ein Anwachsen des Stromes, wobei der Strom der Spannung um 90° voreilt. Bei kleinen Frequenzen erfolgt ebenfalls ein zunächst mäßiges, später ein sehr starkes Anwachsen des Stromes mit einer Nacheilung von 90°. Bei $f = 0$ ist der Widerstand des Kondensators unendlich groß, die Drossel stellt einen Kurzschluß der Stromquelle dar, der Strom würde nur durch den Wirkwiderstand der Strombahn begrenzt werden.

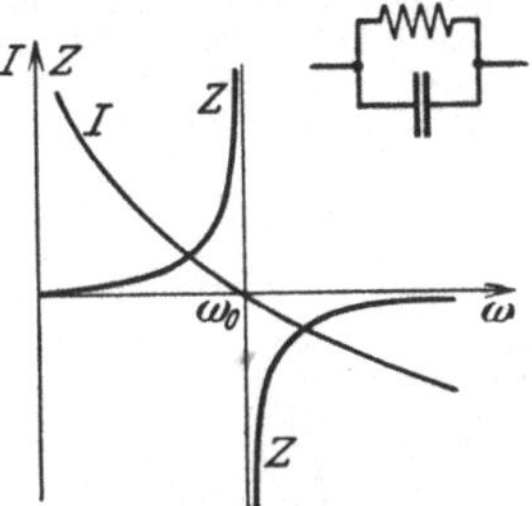

Abb. 24. Strom und Widerstand bei veränderlicher Frequenz (Parallelschaltung von Drosselspule und Kondensator).

Spannungsresonanz. Während Stromresonanz zwischen parallelen Zweigen einen idealen Betriebszustand verwirklicht, kann die Spannungsresonanz höchst unliebsame Stromsteigerungen auslösen. Im Resonanzfall eliminieren sich die Wirkungen der Blindwiderstände, so daß nur der Wirkwiderstand dem Anwachsen des Stromes eine Grenze zieht. Es sei zunächst der Stromverlauf als Funktion der Frequenz bei konstanter Generatorspannung ermittelt. Aus den früher angegebenen Beziehungen erhält man den Strom aus folgender Gleichung:

$$J = \frac{E}{\omega L - \frac{1}{\omega C}}.$$

Bei gleichen Widerständen verschwindet der Nenner und der Strom wird unendlich groß. Überwiegt der kapazitive Widerstand, dann ergeben sich voreilende Ströme (Abb. 25), überschreitet die Frequenz den Wert ω_0, dann ist der induktive Widerstand vorherrschend, so daß die Ströme der Spannung nacheilen. Wenn außer den entgegengesetzt gerichteten Blindwiderständen auch Ohmsche Widerstände vorhanden sind, erhält man den Stromverlauf aus folgender Beziehung:

$$J = \frac{E}{\sqrt{R^2 + \left(\omega L - \frac{1}{\omega C}\right)^2}}.$$

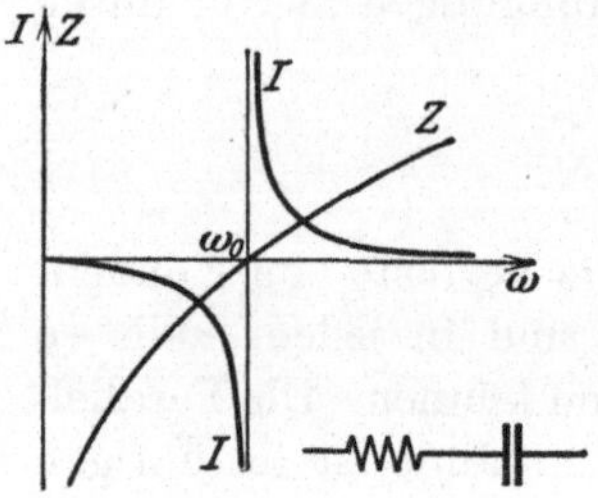

Abb. 25. Strom und Widerstand bei veränderlicher Frequenz (Reihenschaltung von Drosselspule und Kondensator).

Im Resonanzfall steigt der Strom auf seinen Höchstwert an $J = \frac{E}{R}$. Bei größeren und kleineren Frequenzen erhält man bald ein starkes Abklingen der Stromkurve (Abb. 26). Die Stromkurve wurde für 3 verschiedene Widerstandswerte R_1, R_2, R_3 entworfen. Es zeigt sich, daß mit wachsendem R nicht nur der Resonanzstrom stark zurückgeht, sondern auch die Resonanzspitze stark abgeschliffen wird. Würde man den Stromkreis mit konstanter Frequenz speisen, jedoch L oder C verändern, so kommt man auf ähnliche Kurven. Die Resonanzspitzen würden jedoch weniger stark in Erscheinung treten.

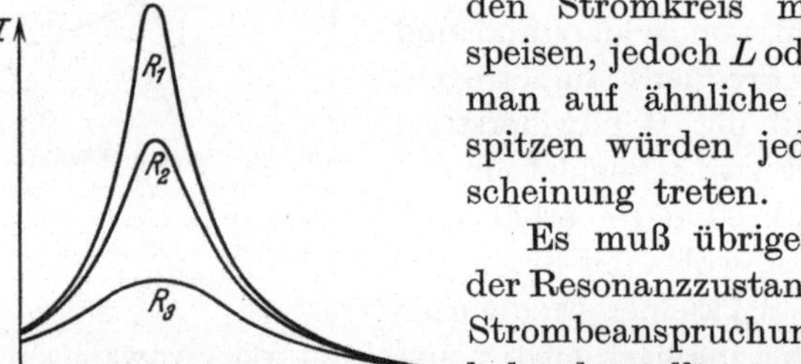

Abb. 26. Stromverlauf bei verschiedenen Dämpfungswiderständen.

Es muß übrigens beachtet werden, daß der Resonanzzustand nicht nur eine gewaltige Strombeanspruchung der gesamten Strombahn darstellt, sondern auch beträchtliche Überspannungen auslösen kann. Die Spannung, die am Kondensator bzw. an der Drossel auftritt, ist durch das Produkt aus Strom und Widerstand gegeben. Man erhält demnach für die Spannung am Kondensator:

$$E_k = \frac{J}{\omega C} = \frac{E}{\omega C \sqrt{R^2 + \left(\omega L - \frac{1}{\omega C}\right)^2}}.$$

Aus dieser Gleichung folgt, daß die Spannung am Kondensator als Funktion der Frequenz genau den gleichen Verlauf zeigen muß wie der Strom, daß also im Resonanzfall ebenfalls extrem hohe Werte für die Spannung zu erwarten sind. Wenn man in diese Gleichung die Resonanzbedingung einsetzt, dann erhält man die Resonanzspannung am Kondensator zu:

$$E_k' = \frac{E}{R}\sqrt{\frac{L}{C}}.$$

Die Generatorspannung ist also mit einem Faktor zu multiplizieren, der für kleine Werte von R sehr hohe Beträge annehmen kann. Den Quotienten $\sqrt{L/C}$ bezeichnet man auch als Schwingungswiderstand, da er nicht nur die Dimension eines Widerstandes aufweist, sondern auch ähnliche Funktionen wie ein normaler Widerstand übernimmt.

Wechselstromnetze zeichnen sich im allgemeinen durch sehr geringe Ohmsche Widerstände aus. Im Vergleich zum induktiven Leitungswiderstand können die Wirkwiderstände vielfach vernachlässigt werden. Man wird bei mittleren Übertragungsleitungen mit einem Ohmschen Spannungsverlust $J \cdot R$ von 1 bis 2% zu rechnen haben, bei einem Blindverlust $J\omega L$ zwischen 5 und 10%. Im Kurzschlußfall wird der Strom in erster Linie durch die Blindwiderstände in beherrschbaren Grenzen gehalten, so daß der Kurzschlußstrom vielleicht das 10- bis 20fache des Normalstromes ausmacht. Beim Einbau von Kondensatoren und Spannungsresonanz würde der Resonanzstrom bis auf das 100- bis 200fache des Vollaststromes anwachsen. Selbstverständlich würden derartige Ströme eine ungeheure Gefährdung der Wechselstromnetze bedeuten, die den Einbau von Kondensatoren verbieten. Selbst die modernsten Schaltgeräte würden nicht in der Lage sein, diese Resonanzleistungen zu bewältigen. Glücklicherweise liegen die Verhältnisse in Starkstromanlagen quantitativ derart, daß Spannungsresonanz bei der Grundwelle von 50 Hertz oder $16^2/_3$ Hertz völlig ausgeschlossen ist.

Als Beweis für diese Behauptung sei ein einfacher Stromkreis untersucht, in dem sich die Verhältnisse leicht überblicken lassen. Ein Motor wird über eine längere Freileitung durch einen Drehstromgenerator gespeist. Die Gefahr der Spannungsresonanz ist selbstverständlich nur dann vorhanden, wenn der Motor abgeschaltet ist, da er während des Betriebs eine induktive Parallellast zum Kondensator darstellt und demnach Spannungsresonanz unmöglich macht. Um nach dem Abschalten des Motors Spannungsresonanz zwischen der Leitungsinduktivität und der Kapazität zu erzeugen, muß die bekannte Resonanzbedingung erfüllt sein. Der Leitungsblindwiderstand soll gleichzeitig sämtliche Blindwiderstände zwischen Generator und Verbraucher einschließen. Der Widerstand darf eine gewisse Größe nicht überschreiten, da sonst im normalen Betrieb eine zu geringe Spannung beim Verbraucher ankommen würde. Der induktive Spannungsabfall bei Vollast des Motors beträgt:

$$\Delta E = J_n \cdot \omega L .$$

Der Strom J_k, den der Kondensator liefert, ist durch Spannung, Frequenz und Kapazität gegeben.

$$J_k = E_n \cdot \omega C .$$

Wenn man die Werte für C und L aus den letzten beiden Gleichungen in die Resonanzbedingungen einsetzt, erhält man:

$$\frac{\Delta E}{E_n} = \frac{1}{J_k/J_n}.$$

Die linke Seite der Gleichung stellt den prozentualen Spannungsabfall dar, die rechte Seite das Verhältnis des Kondensatorstromes zum Nennstrom der Leitung. In Abb. 27 sind für alle möglichen Spannungsabfälle zwischen 0 und 100% die Werte für das Verhältnis J_k/J_n aufgetragen. Mit Rücksicht auf einen geregelten Betrieb wird man mit induktiven Abfällen von höchstens 30% rechnen. Man wird ferner selten mit Kondensatorströmen arbeiten, die größer sind als der Nennstrom der Leitung. Grenzt man die Fläche für $\Delta E = 30\%$ und $J_k/J_n = 2$ ab, so erkennt man, daß das Resonanzgebiet weit außerhalb der schraffierten Fläche für den normalen Betrieb liegt. Um Resonanznähe zu erzielen, müßte man extrem große induktive Spannungsabfälle in Kauf nehmen oder Kapazitäten einbauen, für die betriebsmäßig keine Verwendung vorhanden ist.

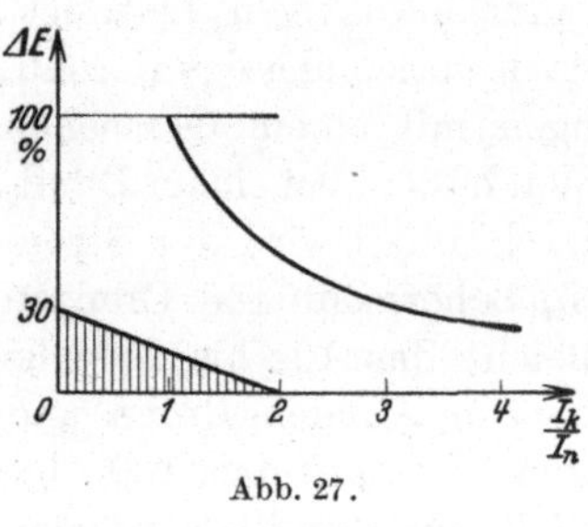

Abb. 27.

Es muß hinzugefügt werden, daß das Diagramm nur für den Sonderfall Berechtigung hat, daß außer dem Kondensator keinerlei Verbraucher am Netz liegen. Auch diese Voraussetzung ist in der Praxis fast nie erfüllt, da man den Kondensator meist mit dem Verbraucher abtrennt und fast stets mit parallelen Stromkreisen rechnen kann.

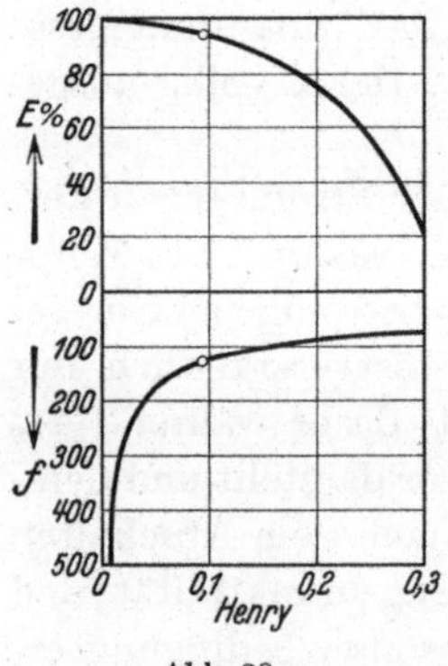

Abb. 28.

Das folgende Beispiel gibt noch weitergehende Aufschlüsse über die möglichen Resonanzzonen unter Berücksichtigung der im Leitungszug vorhandenen Blindwiderstände, unter denen die Streureaktanz des Generators eine wichtige Rolle spielt.

Ein Verbraucher bezieht über eine 20 km lange Leitung eine Leistung von 100 kW bei 3000 Volt. Durch die Induktivität des Generators, der Transformatoren und Leitungen ergibt sich eine Gesamtinduktivität von 0,0968 Henry je Phase. Der Kondensator soll zur Kompensation für $\cos\varphi = 1$ ausreichen und hat demnach eine Kapazität von 15,8 μF je Phase. Im Diagramm (Abb. 28) wurde in Abhängigkeit des induktiven Widerstandes der prozentuale Spannungsabfall sowie die Eigenfrequenz des Netzes aufgetragen. Der normale Betriebspunkt ist dabei besonders markiert. Man erkennt, daß bei Nennlast ein Spannungsabfall von etwa 6% vorhanden ist und die Eigenschwingungszahl des Netzes etwa 130 Hertz beträgt. Es wurde nun angenommen, daß durch zusätzliche Blindwiderstände der Spannungsabfall vergrößert wird. Beim Anwachsen der Induktivität erhöht sich der Spannungsabfall zunächst proportional, um dann stärker zuzunehmen. Ist die Induktivität so groß, daß der Spannungsabfall 40% erreicht, dann beträgt die Eigenfrequenz des Netzes immer noch etwa 80 Hertz. Bei einem Spannungsabfall von 80%, wenn also die Verbraucherspannung auf 20% der Generatorspannung abgedrosselt ist, würde die Eigenfrequenz immer noch weit über 50 Hertz liegen. Diese Rechnung zeigt, daß man praktisch in keinem Fall auf so tiefe Eigenfrequenzen kommen kann, daß sich Spannungsresonanz mit der Betriebsfrequenz einstellen könnte.

Spannungsresonanz mit Oberwellen. Die Eigenfrequenzen von Starkstromnetzen liegen beim Anschluß von Kondensatoren zwischen Werten von vielleicht 150 Hertz bis 600 Hertz, wobei man mit den niedrigeren Werten vorzugsweise in Niederspannungsnetzen, mit den höheren in Hochspannungsnetzen zu rechnen hat. Für Stromkreise mit sehr kleinen Kapazitäten oder verschwindend kleinen Reaktanzen können auch noch höhere Eigenfrequenzen vorkommen. Wenn man jedoch die typischen Erscheinungen der Resonanz- oder Ausgleichsvorgänge beim Schalten der Kondensatoren untersucht, dann kann man mit dem Frequenzband zwischen 150 und 600 Hertz praktisch alle möglichen Betriebszustände erfassen.

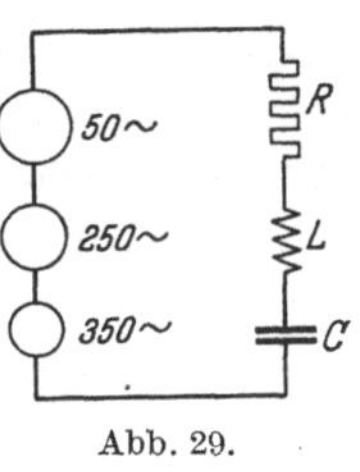

Abb. 29.

Das Zustandekommen einer verzerrten Generatorspannung kann man sich auch so vorstellen, daß mehrere Wechselstromgeneratoren in Reihe geschaltet sind, die alle rein sinusförmige Spannungen, jedoch mit verschiedenen Frequenzen, abgeben (Abb. 29). Die resultierende Spannung entsteht dann durch Superposition der Teilspannungen, die beispielsweise mit 50, 250 und 350 Hertz pulsieren und gleichzeitig verschiedene Spannungsamplituden aufweisen. Wenn die Amplitude der Grundschwingung mit 50 Hertz 100% ist, kann beispielsweise der Generator mit 5facher Frequenz 10% und der mit 7facher Frequenz 3% Spannung abgeben. Diese Überlegung geht demnach den umgekehrten Weg, den man bei der Analyse vorhandener Spannungskurven beschreitet.

Um in diesem Stromkreis den resultierenden Strom zu finden, wird man die Teilströme berechnen, die durch die einzelnen Generatoren geliefert werden und am Schluß die Ströme superponieren. Es sind also lediglich die Resonanzbetrachtungen, die bereits früher für die Grundwelle angestellt wurden, für die neuen Frequenzwerte zu wiederholen und die Ergebnisse zu superponieren.

Wenn man in die Frequenzgleichung $\nu = \frac{1}{\sqrt{LC}}$ die Werte für den induktiven Spannungsabfall und den prozentualen Kondensatorstrom einsetzt, erhält man für das Verhältnis der Eigenfrequenz ν zur aufgezwungenen Frequenz ω:

$$\frac{\nu}{\omega} = \sqrt{\frac{\Delta E}{E} \cdot \frac{J_k}{J_n}}\,.$$

In dieser Gleichung wurde für verschiedene Spannungsabfälle der Wert von J_k/J_n variiert. Man erhält dann eine Kurvenschar (Abb. 30), die eine bequeme Übersicht über die möglichen Resonanzzonen gewährt. Der Bereich zwischen 5 und 20% Spannungsabfall und 20 bis 100% Kondensatorstrom wurde durch Schraffieren besonders hervorgehoben, da er fast alle praktisch vorkommenden Netzzustände umschließt. Dieses Bild beweist, daß sehr wohl Resonanz mit der 5. und 7. Oberschwingung möglich ist. Auch mit der 3. Oberwelle würde Resonanzgefahr bestehen. Die 3. Harmonische ist jedoch in Drehstromnetzen aus Gründen der Symmetrie vernachlässigbar klein.

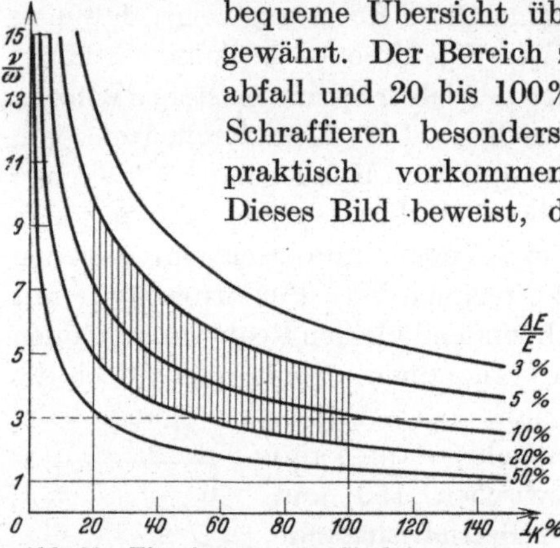

Abb. 30. Eigenfrequenz von Starkstromnetzen.

Bei scharfer Resonanz mit einer Oberwelle würden, trotz der geringen Spannungsamplituden, immer noch beträchtliche Ströme auftreten können. Im Resonanzfalle gilt:

$$J = \frac{E_5}{R} = \frac{0{,}1}{0{,}01} = 10\,.$$

Wenn R beim Normalstrom 1% Spannungsabfall verursacht, so würde die 5. Oberwelle mit 10% Spannungsamplitude immer noch etwa 10fachen Normalstrom liefern. Der Oberwellenresonanzstrom würde also in der Größenordnung der Kurzschlußströme der Grundwelle liegen.

Glücklicherweise treffen nun in Starkstromnetzen stets eine Reihe von Erscheinungen zusammen, die eine derartig starke Ausbildung höherfrequenter Resonanzströme verhindern. Soweit Literaturangaben vorliegen, hat man selbst bei ungünstigen Voraussetzungen keine größeren Ströme festgestellt, als etwa das Doppelte des Kondensatornennstromes. Selbstverständlich ist auch eine Stromerhöhung am Kondensator um diesen Betrag eine gewisse Gefahr, da man für die Kondensatoren im Dauerbetrieb höchstens Überströme von vielleicht 10—20% zulassen wird. Es ist deshalb nötig, die Überströme zu bekämpfen, selbst wenn sie den Nennstrom nur wenig überschreiten.

Dämpfung durch Parallellast. Das nebengezeichnete Schaltschema (Abb. 31) stellt eine normale Drehstromübertragung dar, bei der ein induktiver Verbraucher durch einen parallelgeschalteten Kondensator kompensiert wird. Der besseren Übersicht halber wurde außer dem dreiphasigen Schaltbild auch die Strombahn einer Netzphase dargestellt. Die Kapazität C und die Reaktanz L_2 bilde einen Parallelstromzweig, der in Serie zur Reaktanz L_1 an die Generatorklemmen angeschlossen ist. Die Reaktanz L_1 möge dabei die gesamten Blindwiderstände des Generators, der Transformatoren und Leitungen in sich schließen. Die Gesamtimpedanz dieses Stromkreises, die zwischen den Generatorklemmen angeschlossen ist, läßt sich einfach berechnen, sie beträgt:

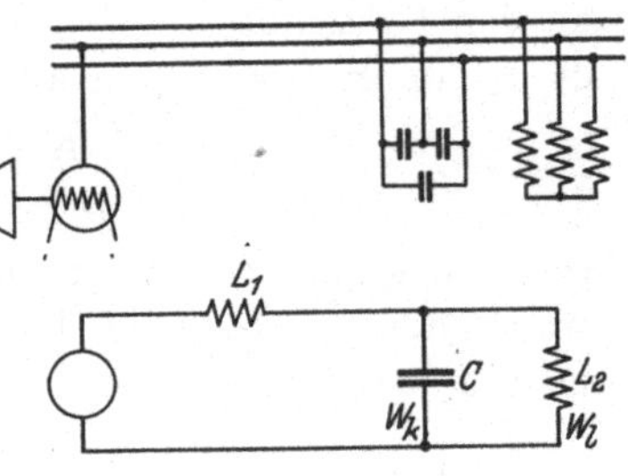

Abb. 31.

$$Z = \omega L_1 + \frac{\frac{L_2}{C}}{\frac{1}{\omega C} - \omega L_2}.$$

Für die weitere Rechnung sei die Annahme gemacht, daß bei abgeschaltetem Verbraucher zwischen der Leitungsreaktanz und dem Kondensator Spannungsresonanz bestehe, daß also die Bedingung erfüllt sei: $\omega L_1 = \frac{1}{\omega C}$. Um ferner die Wirkung verschieden großer Parallelbelastungen besser studieren zu können, sei ein Faktor x eingeführt, der das Verhältnis des kapazitiven zum induktiven Widerstand zum Ausdruck bringt:

$$x = \frac{\frac{1}{\omega C}}{\omega L_2}.$$

Durch diese Annahme geht der Wert der Impedanz in die Form über:

$$Z = \frac{1}{\omega C} \cdot \frac{x}{x-1}.$$

Der Faktor x hat im übrigen nicht nur die Bedeutung eines Widerstandsverhältnisses, er stellt gleichzeitig das Verhältnis der induktiven zur kapazitiven Blindleistung dar. Dies läßt sich ohne weiteres nachweisen, da die induktive Blindleistung, die durch den Widerstand L_2 hervorgerufen wird, den Wert $W_l = \frac{E^2}{\omega L_2}$ hat, während die Kondensatorleistung durch das Produkt: $W_k = E^2 \cdot \omega C$ gegeben ist. Dividiert man die beiden letzten Ausdrücke und führt für x das Widerstandsverhältnis ein, dann erhält man

$$x = \frac{W_l}{W_k}.$$

Die Formel für die Gesamtimpedanz des Stromkreises läßt sich deshalb auch als Funktion der Leistungen zum Ausdruck bringen, man erhält:

$$Z = \frac{1}{\omega C} \cdot \frac{W_l}{W_l - W_k}.$$

Die Impedanz des Kreises ist demnach von 2 Faktoren abhängig. Der erste Faktor stellt den kapazitiven Widerstand des Kondensators dar, der zweite Faktor gibt ein Maß an, das die Erhöhung des Gesamtwiderstandes durch die parallelgeschaltete Belastung zum Ausdruck bringt. Bezeichnet man den Normalstrom des Kondensators mit J_k und den Gesamtstrom, den der Generator über die Impedanz Z treibt, mit J_0, dann erhält man als Verhältnis beider Stromwerte:

$$\frac{J_0}{J_k} = \frac{W_l - W_k}{W_l} = D.$$

Dieser Quotient D sei als Dämpfungsfaktor bezeichnet. Unter der Voraussetzung, daß die Kondensatorleistung gleich der induktiven Leistung des Verbrauchers ist, wird vom Generator kein Strom geliefert. Der Widerstand wird in diesem Fall unendlich groß, und man erhält das erstaunliche Ergebnis, daß trotz des Vorhandenseins von Spannungsresonanz der Generator völlig stromlos bleibt. Der Zustand der Spannungsresonanz tritt erst dann in Erscheinung, wenn $W_l = 0$, also die induktive Last abgeschaltet ist. Für alle Zwischenwerte erhält man Stromsteigerungen, die vom Dämpfungsfaktor abhängig sind.

Um die Untersuchungen möglichst allgemein zu halten, wird ein weiteres Widerstandsverhältnis eingeführt, und zwar

$$y = \frac{\omega L_1}{\frac{1}{\omega C}}.$$

Während bisher angenommen wurde, daß bei abgeschaltetem Verbraucher Spannungsresonanz vorhanden sei, können nun beliebige Betriebszustände verwirklicht werden, da nur für $y = 1$ Spannungsresonanz erhalten wird. Führt man den Wert y in den Ausdruck für die Gesamtimpedanz ein, dann erhält man:

$$Z = \frac{1}{\omega C}\left(y + \frac{1}{x - 1}\right).$$

Alle bisherigen Rechnungen gelten nur für einen Stromkreis, der mit einer ganz bestimmten Frequenz gespeist wird. Um den Bedürfnissen der Praxis Rechnung zu tragen, muß jedoch der Stromkreis auch für den Fall untersucht werden, daß außer der Grundwelle verschiedene Oberwellen vorhanden sind. Die nebenstehende Abb. 32 zeigt einen Stromkreis, bei dem eine Reihe von Generatoren in Reihe geschaltet sind. Der Generator mit der Spannung E_0 liefert die Grundwelle mit der Frequenz ω_0. Die übrigen Generatoren erzeugen zusätzliche Spannungskomponenten mit höherer Frequenz, also beispielsweise der Generator mit der Spannung E_5 das 5fache der Grundfrequenz, der Generator mit der Spannung E_7 das 7fache usw. Die resultierende Spannungskurve sämtlicher Generatoren ergibt dann die Netzspannung mit einem verzerrten Kurvenverlauf, wie man ihn in der Praxis des öfteren vorfinden kann. Es sei noch hinzugefügt, daß die Oberwellengeneratoren mit wachsender Nennfrequenz geringere Spannungsamplituden liefern, so daß die Oberwellen mit noch höherer Frequenz, also 11facher bis 13facher Frequenz bereits vernachlässigt werden können. Um die früher abgeleiteten Gleichungen auch für diesen mehrwelligen Stromkreis anwenden zu können, müssen neue Widerstandsverhältnisse für x und y gebildet werden. Der Index 0 soll hierbei die Werte für die Grundwellen berücksichtigen, der Index n die Werte für die $n$te Oberwelle. Man erhält demnach:

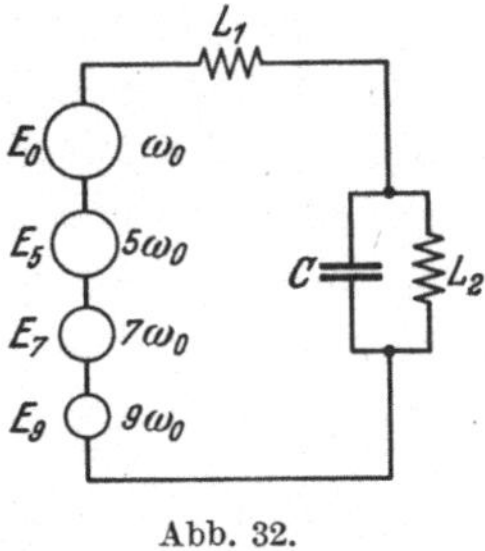

Abb. 32.

$$x_n = \frac{x_0}{n^2},$$

$$y_n = y_0 \cdot n^2.$$

Die Widerstandsverhältnisse ändern sich also, bezogen auf die parallelliegenden Widerstände, umgekehrt proportional mit dem Quadrat der Ordnungszahl der Oberwelle, bei den in Reihe geschalteten Widerständen proportional dem Quadrat der Ordnungszahl der Oberwelle.

Die früher abgeleitete Form des Dämpfungsfaktors bezog sich auf die Leistungen eines einwelligen Stromkreises. Sucht man die Dämpfungswirkung, die auf den höher frequenten Strom durch die Parallellast ausgeübt wird, dann erhält man für D_n folgende Beziehungen:

$$D_n = \frac{W_{l_0} - n^2 W_{k_0}}{W_{l_0}}.$$

Um Stromerhöhungen völlig zu unterbinden, muß $D_n = 0$, also $W_{l_0} = n^2 W_{k_0}$ sein. Bezogen auf die 5. Oberwelle muß demnach die 25fache Parallellast, bei der 7. Oberwelle sogar die 49fache induktive Blindleistung parallel geschaltet werden. Mit zunehmender Oberwellenfrequenz ist demnach auch das Vorhandensein beträchtlicher Blindleistungen notwendig, um eine starke Dämpfung zu erzeugen. Unter Anwendung der neuen Bezugsgrößen erhält man für den Kondensatorstrom, der durch die Grundwelle ausgelöst wird:

$$J_{k_0} = \frac{E_{k_0}}{\frac{1}{\omega_0 C}\left(y_0 + \frac{1}{x_0 - 1}\right)}.$$

Ebenso wird der Kondensatorstrom für eine beliebige Oberwelle durch den Quotienten zum Ausdruck gebracht:

$$J_{k_n} = \frac{E_{k_n}}{\frac{1}{\omega_n C}\left(\frac{y_n}{n^2} + \frac{1}{x_n \cdot n^2 - 1}\right)}.$$

Um die Stromsteigerungen genau berechnen zu können, müssen auch Annahmen über die Spannungshöhe der Oberwellengeneratoren gemacht werden. Da mit E_0 die Spannung des Grundwellengenerators bezeichnet ist, können die Spannungswerte der übrigen Generatoren auf die Grundwellenspannung bezogen werden und deren Spannungsamplitude durch den Faktor f zum Ausdruck kommen:

$$E_n = f \cdot E_0 .$$

f gibt also den prozentualen Spannungsanteil der Oberwellen an. Die Spannung, die an den Kondensatorklemmen vorhanden ist, ist in jedem Fall um den Spannungsabfall in der Reaktanz L_1 geringer als die Klemmenspannung der Generatoren. Es ergeben sich also die Bedingungsgleichungen:

$$E_{k_0} = E_0 - J_0 \cdot \omega_0 L_1 ,$$
$$E_{k_n} = f E_0 - J_n \cdot \omega_n L_1 .$$

Die Stromerhöhungen, die der Kondensator durch die verzerrten Spannungskurven zu ertragen hat, können durch das Verhältnis J_{k_g}/J_{k_0} zum Ausdruck gebracht werden, wobei mit J_{k_g} der Gesamtstrom, der über den Kondensator fließt, bezeichnet ist, mit J_{k_0} diejenige Stromkomponente, die der Grundwellengenerator im Kondensator auslöst. Der Wert für J_{k_g} wird als quadratischer Mittelwert aller Teilströme erhalten, also:

$$J_{k_g} = \sqrt{J_{k_0}^2 + J_{k_5}^2 + \cdots + J_{k_n}^2}$$

oder wenn es sich lediglich darum handelt, die prozentuale Stromerhöhung kennenzulernen:

$$\frac{J_{k_g}}{J_{k_0}} = \sqrt{1 + \sum \frac{J_{k_n}^2}{J_{k_0}^2}} .$$

Mit Hilfe der früher abgeleiteten Beziehungen erhält man die unter dem Wurzelzeichen stehenden Quotienten zu:

$$\frac{J_{k_n}}{J_{k_0}} = f \cdot n \frac{x_0 y_0 + 1}{x_0 y_0 - y_0 n^2 + 1} .$$

Diese Formeln ermöglichen eine bequeme Berechnung der voraussichtlichen Stromsteigerungen bei beliebigen Netzverhältnissen, da y die Resonanznähe mißt, während x das Verhältnis zwischen kapazitiver und induktiver Blindleistung angibt. Diese Gleichung wurde für einen ganz bestimmten Fall ausgewertet, und zwar für $n = 5$ und verschiedene y-Werte. Das Ergebnis ist in dem Diagramm Abb. 33 aufgetragen für $f = 0{,}2$, also eine überlagerte 5. Oberwelle mit 20% Amplitudenwert. Als Abszisse wurde das Verhältnis W_l/W_k gewählt, so daß sich die Stromerhöhung bequem als Funktion der parallelgeschalteten Belastung ablesen läßt. Das Diagramm beweist, daß man merkliche Stromsteigerungen nur für y-Werte, die in der Nähe von 1 liegen, erhält. Alle Kurven zeigen erst im Gebiet von $\frac{W_l}{W_k} = 10$ bis 20 einen starken Anstieg. Beträgt also die parallelgeschaltete Belastung mehr als das 20fache der Kondensatorleistung, dann erhält man trotz

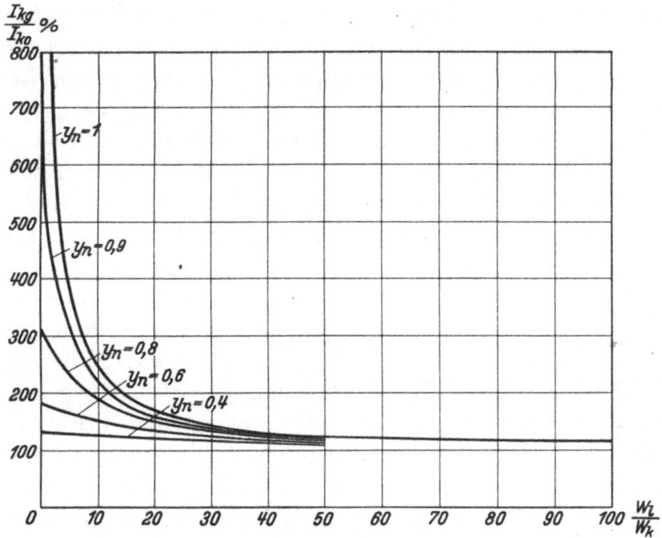

Abb. 33. Dämpfung der durch Oberwellen ausgelösten Überströme durch parallelgeschaltete Blindleistungsverbraucher.

Resonanznähe kaum merkliche Stromsteigerungen. Dieses Ergebnis ist insofern überaus interessant und wertvoll, als es beweist, daß unsere Netze gegen Oberwellen ziemlich unempfindlich sind, solange nur geringe Kondensatorleistungen im Betriebe sind. Die Oberwellen treten jedoch stark in Erscheinung, wenn man mehr und mehr dazu übergeht, die Blindleistung der Verbraucher zu kompensieren. Dies ist auch der Grund dafür, daß man beim Einbau von Kondensatoren zunächst auf die Form der Spannungskurven kaum Rücksicht zu nehmen hat und daß Störerscheinungen erst dann häufiger in Erscheinung treten, wenn man mehr und mehr dazu übergeht, die freie Blindlast durch Kondensatoren zu eliminieren. Um sich gegen Überströme, die durch Oberwellen ausgelöst werden, zu schützen, ist es deshalb zweckmäßig, die Kondensatoren nur dann und nur solange im Betrieb zu lassen, als sie tatsächlich zur Kompensation benötigt werden. In schwach belasteten

Netzen können Kondensatoren sehr viel leichter und sehr viel höhere Stromsteigerungen hervorrufen als in stark belasteten Netzen.

Aus diesem Ergebnis lassen sich auch insofern Nutzanwendungen ziehen, als es darauf hinweist, daß eine stärkere Verflechtung und Verkettung vorhandener Netzteile, insbesondere längerer Ausläuferleitungen auf die Oberwellenströme, stark dämpfend wirkt.

Schutzwiderstände. Man hat häufig vorgeschlagen, zur Bekämpfung von Oberwellenströmen Schutzwiderstände oder Schutzdrosseln, bisweilen auch Kombinationen von beiden vor die Kondensatoren zu schalten. Schutzwiderstände sind zwar in der Lage, die Überströme auf ein für den Kondensator ungefährliches Maß herabzusetzen; es ist jedoch dabei zu berücksichtigen, daß ihre Anwendbarkeit begrenzt ist, und zwar zum Teil aus technischen, zum Teil aus wirtschaftlichen Erwägungen. Ohmsche Widerstände dürfen auf keinen Fall einen größeren Verlust verursachen, als durch die Kompensation Gewinn entsteht. Der Spannungsverlust im Vorschaltwiderstand muß also auf 1%, allerhöchstens 2% der Netzspannung beschränkt bleiben. Schon 1% Widerstandsverlust bringt zusätzliche Verlustquellen, die das 4fache des Kondensatoreigenverlusts erreichen. Eine einfache Rechnung zeigt, daß Ohmsche Widerstände nur in sehr beschränktem Maße dämpfend wirken und vor allem nur in nächster Nähe des Resonanzgebietes einen merklichen Erfolg bringen. Im nebengezeichneten Stromlaufschema (Abb. 34) soll L die Gesamtreaktanz, R_1 den natürlichen Widerstand der gesamten Strombahn darstellen. R_2 berücksichtigt den zusätzlichen Widerstand zur Bekämpfung des Oberwellenstromes. Für die Betrachtung sei der Grundstrom außer acht gelassen, um möglichst übersichtliche und klare Verhältnisse zu schaffen. Die Oberwellenspannung E_n treibt nun einen höherfrequenten Strom über den Widerstandskreis, dessen Größe wesentlich von der Eigenfrequenz des Kreises und der Oberwellenfrequenz abhängt. Bezeichnet man die Gesamtimpedanz ohne Dämpfungswiderstand mit Z_n und den Oberwellenstrom, der hierbei fließt, mit J_n und die entsprechenden Werte bei eingeschaltetem Schutzwiderstand mit Z_x und J_x, dann beträgt der Stromrückgang durch den Widerstand:

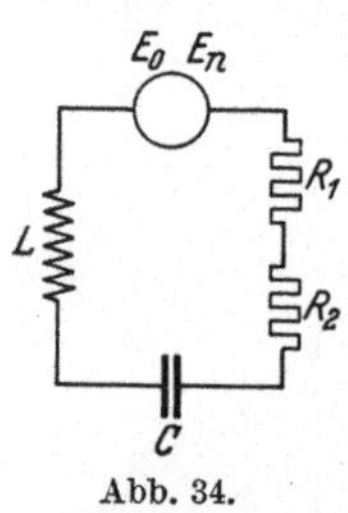

Abb. 34.

$$\frac{J_x}{J_n} = \frac{Z_n}{Z_x}.$$

Z_x und Z_n lassen sich leicht als resultierende Widerstände der gesamten Strombahn berechnen:

$$Z = \sqrt{(R_1 + R_2)^2 + \left(\frac{1}{\omega C} - \omega L\right)^2}.$$

Unter der Annahme, daß der natürliche Widerstand der Leitung 1% des kapazitiven Widerstands beträgt, wurden verschiedene Werte für J_x/J_n berechnet und im Diagramm Abb. 35 aufgetragen. Als Abszisse wurde dabei das Verhältnis $\frac{\omega L}{\frac{1}{\omega C}} = \omega^2 LC$ gewählt, und das Resonanzgebiet zwischen $\omega^2 LC = 0{,}9$ bis 1,1 genauer untersucht. Der Stromrückgang ist selbstverständlich abhängig von der Höhe des Vorschaltwiderstandes. Er tritt besonders im engeren Resonanzbereich stark in Erscheinung. Macht man den zusätzlichen Widerstand gleich dem natürlichen Leitungswiderstand, dann erhält man bei vollkommener Resonanz einen Stromrückgang auf 50%. Bei einer Verstimmung des Kreises um 10% geht jedoch die Wirkung des Widerstandes bereits auf 2% zurück. Wählt man kleinere Schutzwiderstände, beispielsweise gleich 10%, dann erhält man bei 2% Verstimmung nur mehr 1% Stromverringerung. Nur bei sehr hohen Werten für den Schutzwiderstand, wie die Kurve mit 400% andeutet, erhält man auch bei einem Resonanzverhältnis von 0,9 noch eine 10proz. Stromdämpfung.

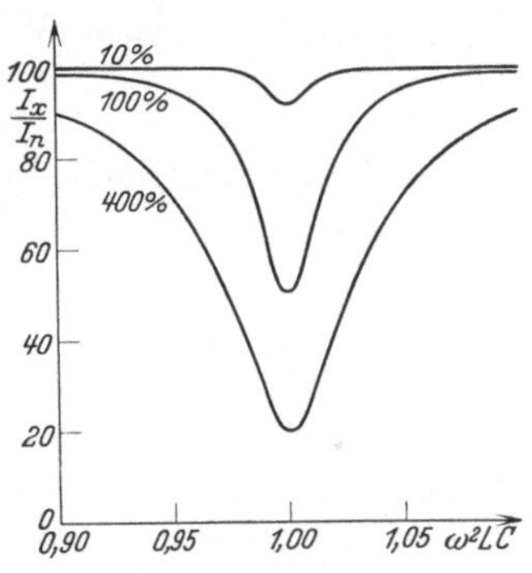

Abb. 35. Überstromdämpfung durch Ohmsche Widerstände.

Wirkwiderstände zur Dämpfung von Resonanzströmen höherer Frequenz sind also nur in einem ganz beschränkten Frequenzgebiet wirksam. Sie müssen ein Mehrfaches des Leitungswiderstandes betragen, wenn sie über einen breiten Frequenzbereich Schutzwirkung ausüben sollen. Da jedoch wirtschaftliche Überlegungen eine derartige Bemessung des Widerstandes nicht zulassen, haben Ohmsche Widerstände für diesen Aufgabenkreis keine praktische Bedeutung.

Schutzdrosselspulen. Induktive Vorschaltwiderstände gestatten eine wirtschaftliche Bekämpfung des Oberwellenstromes, jedoch ist auch hier eine gewisse Beschränkung und Vorsicht geboten. Die Wirkungen, die man durch Seriendrosseln erzielt, lassen sich nur dann genau überblicken, wenn die Werte der natürlichen Reaktanzen einigermaßen genau bekannt sind. Während man durch induktionsfreie Widerstände mit wachsendem Widerstand auf jeden Fall auch bessere Dämpfung erzielt, kann man durch Zuschalten von Reaktanzen unter Umständen das Übel vergrößern. Gleichzeitig ist zu berücksichtigen, daß vorgeschaltete Drosselspulen die Kondensatorspannung steigern, daß sie also die Strombeanspruchungen zurücksetzen, dafür jedoch die Spannungslast erhöhen. In der folgenden Abb. 36 soll E die Netzspannung sein, die mit der Spannung am Kondensator, an der Drossel und am Widerstand ein geschlossenes Spannungspolygon ergeben muß. E_r wird in der Regel sehr klein sein, so daß die Kondensatorspannung um die Spannung an der Drossel erhöht wird. Da man Spannungssteigerungen an den Kondensatoren nur in sehr beschränktem Umfang zulassen wird, ist hiermit auch der Schutzdrossel ein Höchstwert vorgeschrieben, der vielleicht einer Spannungserhöhung um etwa 10% entspricht.

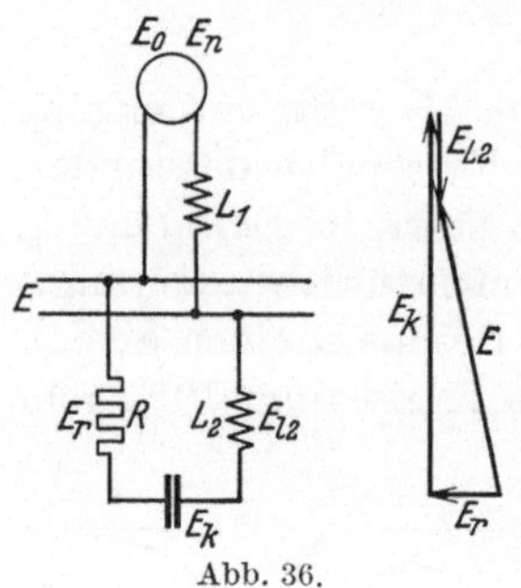

Abb. 36.

In dem gezeichneten Stromkreis bedeutet L_1 die natürliche Leitungsreaktanz, L_2 den induktiven Widerstand der Schutzdrossel. Die Wirkwiderstände seien zunächst vernachlässigt. Die Generatorspannung soll keine reine Sinusspannung sein, sondern außer der Grundwelle mit der Spannung E_0 eine Oberwelle E_n führen, so daß der Gesamtstrom durch folgende Beziehung gegeben ist:

$$J_g = \sqrt{J_0^2 + J_n^2}.$$

Um ein Maß für die Stromerhöhung durch die überlagerte Oberschwingung zu erhalten, wird der Gesamtstrom durch den Grundwellenstrom dividiert:

$$\frac{J_g}{J_0} = \sqrt{1 + \left(\frac{J_n}{J_0}\right)^2}.$$

Falls man für den Quotienten unter dem Wurzelzeichen eine Beziehung ableitet, die nur die Widerstandskonstanten des Stromkreises enthält, dann läßt sich leicht der Schutzwert und die Wirkung der Zusatzreaktanz diskutieren. Ersetzt man die Ströme durch Spannung und Impedanz, dann ergibt sich:

$$\frac{J_n}{J_0} = \frac{E_n}{E_0} \cdot \frac{\frac{1}{\omega_0 C} - \omega_0 (L_1 + L_2)}{\frac{1}{\omega_n C} - \omega_n (L_1 + L_2)}.$$

Da die Stromsteigerungen ausschließlich vom Verhältnis der in Serie liegenden kapazitiven und induktiven Widerstände abhängen, sei das Verhältnis dieser Widerstände mit y bezeichnet und in die Gleichung eingeführt:

$$y = \frac{\omega (L_1 + L_2)}{\frac{1}{\omega C}}, \quad y_0 = \frac{y_n}{n^2}.$$

Mit diesen Werten geht die obige Gleichung in eine überaus einfache Form über:

$$\frac{J_g}{J_0} = \sqrt{1 + \left[n \frac{E_n}{E_0} \cdot \frac{1 - y_0}{1 - y_0 n^2}\right]^2}.$$

Diese letzte Gleichung wurde für verschiedene Werte von y_0 für die beiden wichtigsten Fälle, die 5. und 7. Oberschwingung, ausgewertet und die Ergebnisse im Diagramm, Abb. 37, aufgetragen. Man erhält die bekannten Resonanzkurven, die für die 5. Oberschwingung bei 4% Reaktanz, für die 7. Oberschwingung schon bei etwa 2% ausgesprochene Spannungsresonanz mit unendlich großen Strömen ergeben. Die Spannung der 5. Harmonischen wurde zu 10,5%, die der 7. zu 5,4% angenommen, so daß der Faktor $n \cdot \frac{E_n}{E_0}$ in beiden Fällen gleiche Werte annimmt. Im Diagramm wurde als Abszissenachse die Gesamtreaktanz in Prozent, bezogen auf den kapazitiven Widerstand, gewählt. In normalen Netzen wird sich der Betrieb wohl innerhalb der Grenzen $\omega L = 1\%$ bis vielleicht 10% abspielen, also das Resonanzgebiet der 5. und 7. Oberschwingung einschließen. Bei Netzen mit starken Spannungsabfällen wird man sich dabei mehr den höheren Werten für ωL, bei solchen mit geringen Spannungsabfällen den niedrigen Werten nähern.

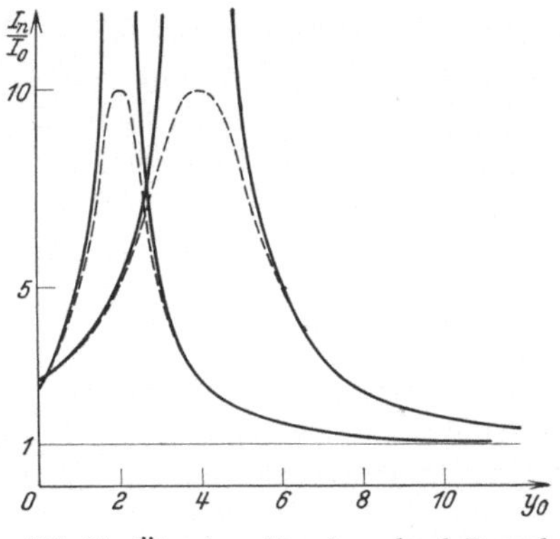

Abb. 37. Überstromdämpfung durch Drosselspulen.

Um nun den Stromanstieg im Kondensator zu unterdrücken, muß die Gesamtreaktanz vergrößert werden. Falls man die natürlichen Leitungswiderstände nicht kennt, ist die Schutzdrossel so groß zu wählen, daß man auch unter ungünstigen Voraussetzungen eine Stromdämpfung erzielt. Arbeitet man beispielsweise bei $\omega L = 2\%$ und hat die 5. Harmonische in der Spannung, dann würde eine Schutzdrossel für 4% keine Stromänderung zur Folge haben. Bei kleineren Schutzreaktanzen wäre sogar mit einer beträchtlichen Stromsteigerung zu rechnen. Die Drossel wird man deshalb, wenn nicht genaue Analysen der Spannungskurve vorliegen, für mindestens 5% des kapazitiven Widerstandes wählen. Man hat dann eine Garantie, daß auf jeden Fall durch das Vorschalten der Drossel Besserung erzielt wird.

Oberschwingungen mit noch höheren Ordnungszahlen, also beispielsweise die 9., 11., 13. Harmonische usw., liefern Spannungsresonanz bei sehr viel kleineren Reaktanzen als die 5. und 7. Harmonische. Nur die dritte Oberschwingung könnte eine Verstärkung erfahren. Sie kann jedoch in Drehstromnetzen praktisch nicht in Erscheinung treten.

Die Schutzdrossel kann im übrigen desto kleiner gehalten werden, je höher die Frequenz der Oberschwingung ist. Dies ist auch leicht erklärlich, da ja der induktive Widerstand der Drossel proportional mit der Frequenz wächst. Schutzdrosseln werden also besonders höherfrequente Schwingungen, wie sie beispielsweise bei Schaltvorgängen auftreten, stark unterdrücken. Bei der Auswahl der Drossel ist darauf zu achten, daß gerade höherfrequente Ausgleichsschwingungen recht beträchtliche Spannungsabfälle in der Drossel hervorrufen, so daß die Windungen der Schutzdrossel gut isoliert sein müssen.

Zusammenfassend kann man feststellen, daß durch das Vorschalten induktiver Widerstände Stromsteigerungen, die am Kondensator durch unsaubere Spannungskurven ausgelöst werden, unterdrückt werden können, daß man jedoch den Drosselwiderstand zu mindestens 5% des Kondensatorwiderstandes wählen muß. Vorgeschaltete Reaktanzen setzen die Strombeanspruchung herab, sie steigern jedoch die Spannungslast. Trotzdem ergibt sich bei Verwendung von Drosseln eine geringere Gesamtbeanspruchung des Kondensators, da man schon bei 5% höherer Spannungsbeanspruchung den Überstrom vom vielleicht doppelten Wert auf den 1,2fachen zurückführen kann.

Auch bei den Stromkurven der Abb. 37 wurde ein Stromkreis mit reiner Serienschaltung von Kapazität und Selbstinduktion angenommen. Es muß jedoch darauf hingewiesen werden, daß solche Kreise in der Praxis nicht vorkommen, da stets parallelgeschaltete induktive Belastungen vorhanden sein werden. Daß alle Abweichungen von der reinen Serienschaltung die Resonanzströme stark abschleifen, wurde bereits in einem früheren Kapitel dargelegt. Die Stromwerte dieses letzten Diagramms dürfen deshalb nicht absolut gewertet werden, sondern sind nur als Anhaltspunkte zu betrachten, die ein Maß für die qualitativen Verhältnisse beim Einbau von Schutzdrosseln liefern. Um den praktischen Wert von Schutzdrosseln richtig einzuschätzen, darf darauf hingewiesen werden, daß heute in Deutschland trotz vieler tausend Anlagen und häufig schlechter Spannungskurven fast nirgends eine unbedingte Notwendigkeit zum Einbau von Schutzdrosselnvorliegt.

Verwendet man eine Kombination von Drossel und Ohmschem Widerstand, dann ergeben sich auch kombinierte Schutzwirkungen. Man kann also die Resonanzspitze stärker abschleifen und gleichzeitig die zusätzliche Spannungsbeanspruchung, die durch Seriendrosseln am Kondensator entsteht, herabmindern. In einem Stromkreis nach Abb. 36 erhält man für die Spannungsbeanspruchung am Kondensator:

$$\frac{E_k}{E} = \frac{1}{\sqrt{R^2 + \left(1 - \frac{\omega L}{\frac{1}{\omega C}}\right)^2}}.$$

Diese Werte wurden für verschiedene Widerstände und Reaktanzen im Diagramm Abb. 38 aufgetragen. Als Abszissenachse wurde der

Ohmsche Widerstand in Prozent, bezogen auf den kapazitiven Widerstand, gewählt. Die Ordinaten geben die prozentuale Spannungserhöhung am Kondensator an. Es wurden verschiedene Werte für den induktiven Widerstand angenommen, um ein möglichst umfassendes Bild über die Wirkung der einzelnen Widerstandskomponenten zu gewinnen. Die Kurven beweisen, daß bei sehr kleinen Ohmschen Widerständen die Spannungsbeanspruchung proportional der vorgeschalteten Reaktanz ansteigt und daß man erst bei Widerständen, die etwa 10 bis 20% des kapazitiven Widerstands betragen, eine merkliche Herabsetzung der Spannungslast am Kondensator erzwingen kann. Es wurde jedoch früher schon kurz darauf hingewiesen, daß derartig hohe Werte für den Ohmschen Widerstand aus wirtschaftlichen Gründen nicht gewählt werden können.

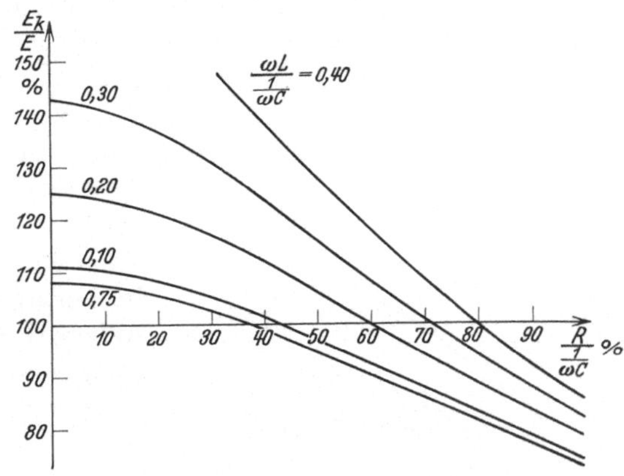

Abb. 38. Schutzwert von Ohmschen Widerständen und Drosselspulen beim Anschluß von Kondensatoren.

5. Oberwellenverluste.

Man trifft bisweilen die Ansicht, daß es doch zweckmäßiger wäre, die Kondensatoren so vorsichtig zu dimensionieren, daß sie den erhöhten Beanspruchungen der Oberwellenströme gewachsen sind, so daß man aller Sorgen hinsichtlich der Bekämpfung der Überströme und der schlechten Spannungskurven enthoben ist. Diese Auffassung hat sicher viel für sich und wird bereits heute bis zu einem gewissen Grade verwirklicht, da man bei Kondensatoren Stromerhöhungen bis etwa 20% zulassen wird. Überschreiten jedoch die Überströme ein gewisses Maß, dann ist es auf jeden Fall zweckmäßig, Abhilfe zu schaffen.

Nur der Grundstrom schwingt mit der Arbeitsfrequenz von 50 Hertz, während sich die Oberwellenkomponente mit einem Vielfachen der Grundfrequenz dem Grundstrom überlagert. Nutzarbeit kann nur die Grundfrequenz verrichten. Die Oberwellen erzeugen in den Generatoren und Motoren Drehfelder, die mit einem Vielfachen der Geschwindigkeit der Arbeitsfelder umlaufen und sich über Wirbelströme in Wärme umsetzen. Die höherfrequenten Ströme drücken deshalb den Wirkungsgrad der Generatoren und Motoren und sind äußerst unliebsame Begleiter des regulären Arbeitsstromes.

Dem Oberwellenstrom stehen verschiedene Wege offen. Er kann sich sowohl über die Ständerwicklungen der Generatoren schließen, wie sich auch in den Wicklungen der zu kompensierenden Motoren totlaufen. Er wird dabei den Weg vorziehen, der ihm den geringsten Widerstand entgegensetzt. Der Weg, den die Oberwellenströme einschlagen, läßt sich leicht rechnerisch verfolgen, wenn man gewisse Annahmen über die Verteilung der Widerstände macht. Im Diagramm Abb. 39 ist mit I_g diejenige Stromkomponente bezeichnet, die sich über den Generator schließt, mit J_v der Oberwellenstrom im Verbraucher. Der normale Oberwellenstrom J ist durch die Spannung und Frequenz der Störwelle festgelegt und beträgt:

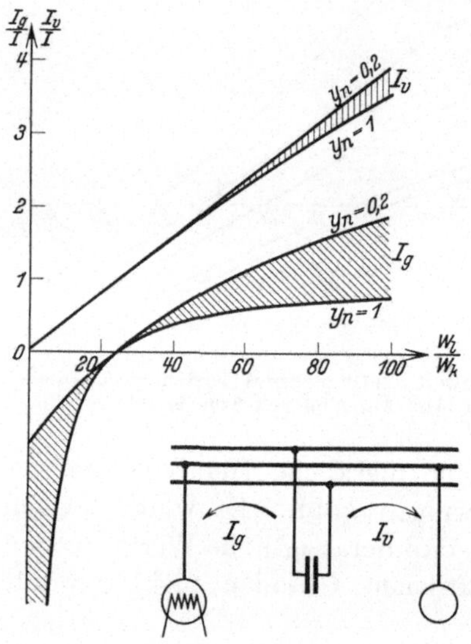

Abb. 39. Verlauf der Oberwellenströme bei veränderlicher induktiver Parallelbelastung.

$$J = E_n \omega_n C .$$

Der Oberwellenstrom J soll als Bezugsgröße dienen, so daß die prozentualen Stromkomponenten durch J_g/J und J_v/J zum Ausdruck kommen.

$$J_g = \frac{E_n}{Z_n}, \quad J_v = \frac{E_{nv}}{\omega_n L_1} .$$

Es seien auch für diese Rechnung die schon früher eingeführten Widerstandsverhältnisse x und y verwendet, um sowohl den Einfluß der parallel liegenden Belastungen als auch der Resonanznähe studieren zu können:

$$Z_n = \frac{1}{\omega_n C} \cdot \left(y_n + \frac{1}{x_n - 1}\right), \quad \frac{J_g}{J} = \frac{x_n - 1}{y_n(x_n - 1) + 1} .$$

In dieser Gleichung sind die Widerstandsverhältnisse auf die Frequenz der Oberwelle bezogen. Um eine bequemere Auslegung der Resultate zu bekommen, wird man die Widerstände auf die Grundwelle beziehen und in die Gleichung das Leistungsverhältnis, bezogen auf die Arbeitsfrequenz, einsetzen.

$$y_n = y_0 \cdot n^2, \quad x_n = \frac{x_0}{n^2} = \frac{W_l}{W_k \cdot n^2} .$$

Die Gleichung für den Verlauf des Oberwellenstromes im Generator erhält dann die Form:

$$\frac{J_g}{J} = \frac{\frac{W_l}{W_k} - n^2}{\left[y_0\left(\frac{W_l}{W_k} - n^2\right) + 1\right] n^2} .$$

Die graphische Auswertung der Gleichung ist im Diagramm Abb. 39 vorgenommen. Für $\frac{W_l}{W_k} = n^2$ verschwindet der Oberwellenstrom im Generator vollständig, da hier Stromresonanz für die Oberwelle vorliegt. Das Diagramm bezieht sich im übrigen auf die 5. Oberwelle, für die 7. Oberschwingung verschwinden die Ströme erst bei 49facher Last. Für y_n wurde der Wert 1 und 0,2 eingesetzt, so daß man auch den Einfluß der Resonanznähe beurteilen kann.

Besonders im Gebiet geringer Parallellasten ergibt sich ein starkes Anwachsen der höherfrequenten Ströme, da man sich mehr und mehr dem Zustand der Spannungsresonanz nähert. Hier kann man unter Umständen ein Vielfaches des Oberwellennennstromes im Generator erhalten. Handelt es sich um Netze, bei denen nur wenige Verbraucher durch Kondensatoren kompensiert sind, dann wird man sich in einem Gebiet $\frac{W_l}{W_k} > 100$ bewegen. In diesem Bereich schließt sich nur ein kleiner Teil des Oberwellenstromes über die Generatorwicklung, wobei die Tatsache bemerkenswert erscheint, daß für $y_n = 1$, also Resonanz für die Oberwelle, kleinere Überströme eintreten, als bei einer gewissen Entfernung vom Resonanzbereich.

In ganz ähnlicher Weise, wie der Verlauf von J_g/J gefunden wurde, läßt sich auch J_v/J ermitteln.

$$\frac{J_v}{J} = \frac{E_{vn}}{E} \cdot \frac{1}{\omega_n^2 \cdot C L_2}.$$

Die Spannung E_{vn} läßt sich dabei leicht aus der Nennspannung und dem Spannungsabfall in der Reaktanz L_1 errechnen.

$$E_{vn} = E_n - J \omega_n L_1 .$$

Ersetzt man J durch Spannung und Impedanz, dann ergibt sich unter Verwendung der bekannten Bezugszeichen:

$$\frac{J_v}{J} = \frac{W_l}{W_k n^2} \cdot \left[1 - \frac{y_0 \left(\frac{W_l}{W_k} - n^2 \right)}{y_0 \left(\frac{W_l}{W_k} - n^2 \right) + n^2} \right].$$

Auch diese Gleichung ist im Diagramm Abb. 39 graphisch ausgewertet, wobei das Gebiet zwischen $y_n = 0{,}2$ und $y_n = 1$ besonders hervorgehoben wurde. Der Wert von y spielt hier eine untergeordnete Rolle. Der Oberwellenstrom ist vom Resonanzverhältnis praktisch unabhängig. Er wächst nahezu proportional mit steigender Parallellast. Für $\frac{W_l}{W_k} = n^2$ nimmt $\frac{J_v}{J}$ den Wert 1 an, d. h. daß bei Stromresonanz der Oberwellenstrom ausschließlich zwischen Kondensator und Verbraucher pulsiert. Dieser Zustand liegt also für die 5. Oberschwingung bei 25, für die 7. bei 49facher Parallellast.

Ein Vergleich der Kurven für J_g und J_v zeigt, daß bei sehr weitgehender Kompensation die Oberwellen vorzugsweise ihren Weg über die Generatorwicklung wählen, und daß bei mittleren Verhältnissen, also bei Parallelbelastungen zwischen dem 25- und 50fachen der Kondensatorleistung der Generatorkreis verschont bleibt, während die Verbraucher nur mäßige Ströme in der Größenordnung des Oberwellennennstromes aufnehmen.

Nachdem Klarheit darüber besteht, welche Netzteile vorzugsweise unter Oberwellen zu leiden haben, wird es zweckmäßig sein, auch die Größe der durch die Oberschwingungen ausgelösten Zusatzverluste kurz zu streifen. Der Stromwärmeverlust ist ganz allgemein durch $J^2 R$ gegeben. Steigt der Strom vom Wert J auf J' an, dann erhöht sich der Verlust um $(J'/J)^2$. Die Verluste wachsen proportional mit dem Quadrat der Stromsteigerung. Erhöht sich beispielsweise der Kondensatorstrom um 20%, dann beträgt die Verluststeigerung bis 44%; bei 1,4fachem Strom würde bereits eine Verdoppelung der Verluste eintreten.

Man wird deshalb die Zirkulation höher frequenter Störströme nicht nur mit Rücksicht auf die Kondensatoren, sondern vor allem zwecks Entlastung der Generatoren, Verbraucher und Übertragungsorgane zu unterbinden suchen.

6. Schaltvorgänge.

Bei der Diskussion der beim Schalten von Kondensatoren auftretenden Erscheinungen werden im folgenden lediglich die Ergebnisse von Berechnungen und Versuchen auf diesem Gebiete mitgeteilt, ohne auf die Ableitung der Gleichungen näher einzugehen. Die einschlägige Literatur enthält bereits umfangreiches Material, so daß es im Rahmen dieser Betrachtungen genügt, den Verlauf der Schaltvorgänge an Hand bekannter Gleichungen zu untersuchen, wobei selbstverständlich auf die quantitativen Verhältnisse in Kraftnetzen Rücksicht genommen wird.

Das Schalten von Kondensatoren ist im allgemeinen ungefährlich, die Vorgänge, die sich hierbei abspielen, sind seit vielen Jahren bekannt. Trotzdem trifft man häufig die Auffassung, daß das Zuschalten besonders bei großen Kapazitäten gefährliche Strom- und Spannungsstöße im Gefolge hat, während man beinahe ebensooft hinsichtlich des Abschaltens bewundernswürdiger Sorglosigkeit begegnet. Das Einschalten von Kondensatoren ist in normalen Starkstromnetzen stets harmlos. Das Parallelschalten zwingt bisweilen zu Schutzmaßnahmen. Das Abschalten sollte, besonders wenn es sich um große Leistungen und hohe Spannungen handelt, nur mit Hilfe geeigneter Schaltgeräte erfolgen.

Die Betrachtung der Schaltvorgänge soll zunächst auf Stromkreise beschränkt werden, die nur Kapazität und Ohmschen Widerstand enthalten. Bei der Untersuchung der Erscheinungen, die beim Schalten von Kondensatoren in unseren Starkstromnetzen zu erwarten sind, ist diese Vernachlässigung nicht angängig, da alle Stromkreise Reaktanz enthalten und da auch geringe Blindwiderstände die Schaltvorgänge ganz entscheidend beeinflussen. Trotzdem sei auch dieser Sonderfall erwähnt, da er erkennen läßt, wie sich die Schaltströme verändern, wenn man dem Grenzfall, also dem Einschalten eines Kondensators, ohne vorgeschaltete Reaktanz näherkommt.

Einschalten. — Stromkreis ohne Reaktanz. Beim plötzlichen Schließen eines Stromkreises erhält man stets Vorgänge, die vom stationären Zustand des Kreises beträchtlich abweichen. Durch die plötzlichen Zustandsänderungen wird das Gleichgewicht im elektrischen Kreis gestört und man erhält Ströme, die außer dem Grundstrom eine weitere Stromkomponente, den sog. Ausgleichsstrom, enthalten. Man kann deshalb Strom und Spannung, die sich während der Schaltperiode einstellen, durch die nachfolgenden Gleichungen zum Ausdruck bringen:

$$i = i' + i'',$$
$$e_c = e_c' + e_c''.$$

Um den tatsächlichen Verlauf von Strom und Spannung während der Schaltperiode mit den Hilfsmitteln der Mathematik zu erhalten, ist es notwendig, die Differentialgleichungen für das Spannungsgleichgewicht aufzustellen und diese zu integrieren, wobei die Konstanten aus den Anfangsbedingungen festzulegen sind.

Der stationäre Verlauf von Strom und Spannung kann durch die nachfolgenden cos-Funktionen dargestellt werden.

$$i' = J\cos(\omega t + \varphi)\,,$$
$$e = E\cos(\omega t + \psi)\,.$$

In diesen beiden Gleichungen sind mit i' und e die Augenblickswerte für Strom und Spannung bezeichnet, während die großen Buchstaben die maximale Amplitude zum Ausdruck bringen. Auf die mathematische Ableitung der Lösungen und die Bestimmung der Konstanten wird verzichtet. Nachstehend sind die Resultate für den Strom- und Spannungsverlauf während der Schaltperiode angegeben:

$$i = J\left[\cos(\omega t + \varphi) + \frac{\sin\varphi}{\omega C R}\,\varepsilon^{-\frac{t}{T}}\right],$$
$$e_c = E_c\left[\sin(\omega t + \varphi) - \sin\varphi\,\varepsilon^{-\frac{t}{T}}\right].$$

Aus den Gleichungen ist ohne weiteres zu erkennen, daß sich Strom und Spannung jeweils aus 2 Komponenten zusammensetzen, einer Grundkomponente, die den stationären Verlauf berücksichtigt, und einer zusätzlichen Komponente, die durch den Ausgleichsvorgang hervorgerufen wird. Im Diagramm Abb. 40 ist der Verlauf des Schaltstromes eingezeichnet. i' zeigt die normale Sinuswelle, die im stationären Betrieb auftritt, i'' den exponentiell abklingenden Ausgleichsstrom und i die Superposition beider Stromkomponenten.

Einen ähnlichen Verlauf erhält man auch für die Spannung am Kondensator. Unter der Voraussetzung, daß im ungünstigsten Augenblick, also bei Spannungsmaximum geschaltet wird, erhält man kurz nach Einlegen des Schalters am Kondensator etwa das Doppelte der Netzspannung. Auch die Kondensatorspannung klingt exponentiell ab, ähnlich wie es beim Strom der Fall ist. Die Dauer des Ausgleichsvorganges ist durch die Zeitkonstante $T = R \cdot C$ bestimmt. Die Zeit wird also desto größer, je größer R bzw. je größer C ist. Da man in Wechselstromanlagen im allgemeinen mit geringen Ohmschen Widerständen zu rechnen hat, sind auch die Ausgleichsvorgänge rasch abgeklungen.

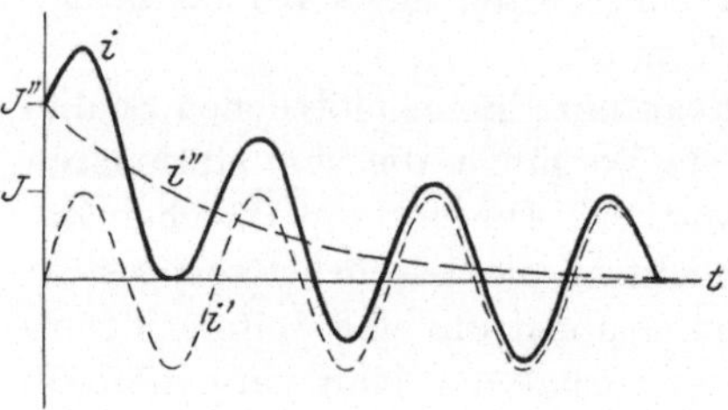

Abb. 40. Stromverlauf beim Zuschalten eines Kondensators (Stromkreis ohne Reaktanz).

Der größte Wert für den Ausgleichsstrom, der beim Schalten im Spannungsmaximum auftritt, ist gegeben durch das Verhältnis des kapazitiven zum Ohmschen Widerstand. Es gilt die Beziehung:

$$J'' = \frac{E_c}{R} = J\,\frac{\frac{1}{\omega C}}{R}.$$

Im Augenblick des Schaltens verhält sich also der Stromkreis so, wie wenn nur Ohmscher Widerstand vorhanden wäre.

Diese Ergebnisse sollen an einem einfachen Beispiel quantitativ verfolgt werden. Ein einphasiger Kondensator mit einer Nennleistung von 100 kVA, 380 Volt, 50 Per. soll an Wechselspannung gelegt werden. Der Nennstrom dieses Kondensators würde 263 Amp. betragen. Der Ohmsche Widerstand habe dabei einen solchen Wert, daß der Betriebsstrom einen Spannungsabfall von 1% = 3,8 Volt erzeugt. Der kapazitive Widerstand dieses Kondensators würde demnach 1,44 Ω betragen, der Ohmsche Widerstand 0,0144 Ω. Bildet man den Quotienten $\frac{\frac{1}{\omega C}}{R}$, dann erhält man im Augenblick des Schaltens das 100fache des Nennstromes. Diese Zahlenwerte zeigen bereits, daß in Kreisen, die keinerlei Reaktanz enthalten, sich ganz beträchtliche Stromwerte einstellen würden.

Einschalten. — Stromkreis mit Reaktanz. Alle elektrischen Starkstromkreise enthalten Blindwiderstände, die meist sogar ein Vielfaches des Wirkwiderstandes betragen. Schon die Wicklungen der Generatoren liefern beträchtliche Reaktanzen, hinzu kommen die Blindwiderstände in den Transformatoren und Leitungen. Man wird deshalb bei Schaltvorgängen mit Kondensatoren stets mit Blindwiderständen zu rechnen haben, die so groß sind, daß sie den Charakter des Schaltvorganges bestimmend beeinflussen. Um die Gefährlichkeit des Schaltvorganges beurteilen zu können, wird man nach Größe und Zeitdauer des Schaltstoßes fragen und an Hand dieser Werte mögliche Rückwirkungen auf Netz und Kondensator studieren. Prinzipiell gelten hier die gleichen Überlegungen wie beim Schalten von Kondensatoren ohne Reaktanz, d. h. auch hier wird sich der Gesamtstrom aus zwei Komponenten zusammensetzen, aus einer Grundkomponente, die den stationären Verhältnissen Rechnung trägt, und einer überlagerten Stromkomponente, die durch das plötzliche Stören des Gleichgewichts hervorgerufen wird. Es wird ferner der Ablauf der Schaltschwingungen vom gegenseitigen Verhältnis von C, L und R und vom Augenblick, in dem geschaltet wird, abhängig sein. Aus den Grundgleichungen:

$$i = i' + i'',$$
$$e_c = e_c' + e_c''$$

und den Bedingungen für Spannungsgleichgewicht erhält man durch Integration den Verlauf von Strom und Spannung, wenn beim Spannungsmaximum geschaltet wird, und zwar:

$$i = J'\left(-\sin\omega t + \frac{\nu}{\omega}\,\varepsilon^{-\frac{t}{2T}}\cdot\sin\nu t\right),$$

$$e_c = E_c'\left(\cos\omega t - \varepsilon^{-\frac{t}{2T}}\cos\nu t\right).$$

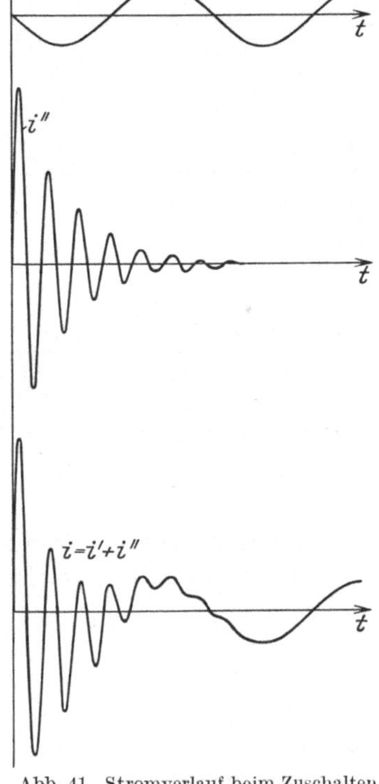

Abb. 41. Stromverlauf beim Zuschalten eines Kondensators (Stromkreis mit Reaktanz — Zuschalten bei Spannungsmaximum).

Die graphische Auswertung dieser beiden Beziehungen ist in den Diagrammen Abb. 41 u. 42 dargestellt. Der Normalstrom ist eine gewöhnliche Sinuswelle, auch der Ausgleichsstrom stellt eine Sinuswelle dar, die jedoch stark gedämpft ist. Superponiert man beide Ströme, dann erhält man den stark verzerrten Gesamtstrom i. In ähnlicher Form läßt sich auch die Gesamtspannung (Abb. 42), die am Kondensator während der Schaltperiode auftritt, durch Überlagerung der stationären

Spannung e_c' mit der Ausgleichspannung e_c'' erhalten. Auch hier zeigt die Kurve für die Gesamtspannung beträchtliche Verzerrungen. Interessant ist vor allem, daß der höchste Spannungswert dem doppelten der normalen Netzspannung entspricht. Beim Schalten im Stromkreis mit vorgeschalteter Reaktanz hat man insofern mit grundsätzlich neuen Vorgängen zu rechnen, als es sich hier um einen elektrischen Kreis handelt, der ein schwingungsfähiges Gebilde darstellt. Es steht deshalb zu erwarten, daß die Eigenfrequenz dieses Stromkreises eine wichtige Rolle spielen wird. Tatsächlich enthalten die Gleichungen durchweg den Faktor ν, der die Eigenfrequenz der über den Kondensator gebildeten Leiterschleife darstellt.

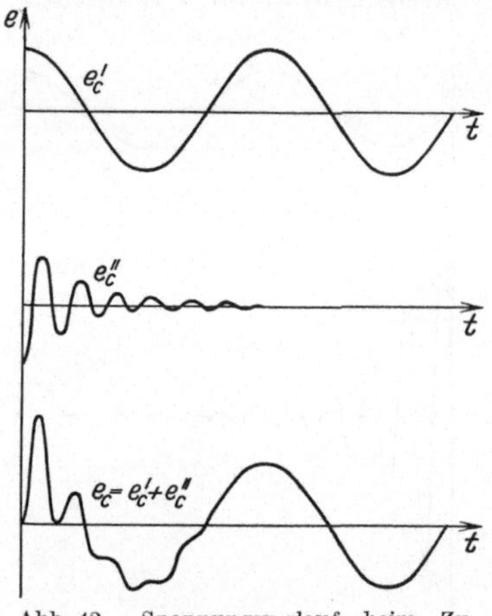

Abb. 42. Spannungsverlauf beim Zuschalten eines Kondensators (Stromkreis mit Reaktanz – Zuschalten bei Spannungsmaximum).

Es wird deshalb zweckmäßig sein, zunächst eine kurze Betrachtung über die Eigenart unserer Starkstromnetze hinsichtlich ihrer Eigenfrequenz anzustellen. Die Formel für die Frequenz eines Wechselstromkreises, unter Vernachlässigung von R, lautet:

$$\nu = \frac{1}{\sqrt{LC}}\,.$$

Wenn also die Konstanten $L \cdot C$ bekannt sind, dann läßt sich ohne weiteres die Eigenfrequenz des betreffenden Kreises angeben. Diese Rechnung läßt sich leider nur in seltenen Fällen in dieser einfachsten Form durchführen, da wohl die Größe der Kapazität einigermaßen festliegt, nicht jedoch die Reaktanz, die sich ja aus sehr vielen Komponenten zusammensetzt und erst durch schwierige Rechnungen ermittelt werden müßte. Es sei deshalb auf die bereits früher angegebene Methode zurückgegriffen, die aus dem prozentualen Kondensatorstrom und dem Spannungsabfall das Frequenzverhältnis ν/ω liefert.

Aus dem früher abgeleiteten Diagramm (Abb. 30) kann man erkennen, daß die Eigenfrequenzen, die beim Anschluß von Kondensatoren an Starkstromnetze zu erwarten sind, sich in verhältnismäßig engen Grenzen bewegen müssen. Die Grenzwerte sind dadurch gegeben, daß man einen ordnungsgemäßen Betrieb nur unter Einhaltung bestimmter Spannungsabfälle aufrechterhalten kann, und daß man ferner den Kondensatorstrom nie über ein bestimmtes Maß steigern wird. Um auch sehr extremen Verhältnissen Rechnung zu tragen, sei angenommen, daß sich die induktiven Spannungsabfälle zwischen 3 und 20% bewegen. Man erhält dann bei einem Kondensatorstrom zwischen 20 und

100% als höchsten Wert für den Quotienten $\nu/\omega = 13$, als geringsten Wert etwa 2. Dies bedeutet, daß die tiefsten Eigenfrequenzen vielleicht bei 100 Hertz liegen, die höchsten Frequenzen bei etwa 650 Hertz. Das ist ein Beweis dafür, daß man extrem hohe Frequenzen nicht zu erwarten hat. Aus den Strom- und Spannungsgleichungen geht übrigens hervor, daß ν/ω nicht nur ein Maß für die Frequenz der Schaltschwingungen gibt, sondern gleichzeitig die Größe des Stromstoßes festlegt. Die Stromstöße werden also in ungünstigen Fällen das 10—14fache des Nennstromes betragen, unter günstigen Voraussetzungen auf das 2—4fache beschränkt bleiben.

Neben Frequenz und Größe des Schaltstoßes spielt auch die Dauer des Ausgleichsvorganges eine wichtige Rolle.

Beim Schalten im induktionsfreien Kreis war die elektrostatische Zeitkonstante $T = R \cdot C$ von maßgebendem Einfluß. In analoger Weise macht sich beim Schalten im induktiven Stromkreis die magnetische Zeitkonstante $T = \frac{L}{R}$ bemerkbar. Die Dauer des Ausgleichsstromes hängt von der Zeitkonstanten ab, sie ist demnach unabhängig von der Größe der Kapazität und wird einzig und allein durch die Reaktanz und dem Ohmschen Widerstand bestimmt.

Wenn auch in Drehstromanlagen die Absolutwerte für die Wirk- und Blindwiderstände außerordentlich verschieden sein werden, so wird man doch für das Verhältnis dieser Widerstände, also für den Quotienten L/R, mit Werten rechnen können, die in verhältnismäßig engen Grenzen liegen. In verzweigten Niederspannungsanlagen können die Wirkwiderstände die gleiche Größenordnung wie die vorgeschalteten Blindwiderstände haben. Bei längeren Fernleitungen kann dagegen die Reaktanz den Wirkwiderstand um ein Vielfaches übertreffen. Um Anhaltspunkte zu schaffen, wird man $\omega L = R$ und $\omega L = 5R$ wählen können. Berechnet man die Zeitkonstante für diese beiden Fälle, dann erhält man für $T = 0{,}003$ sec bis 0,015 sec. Da der Ausgleichsvorgang nach $6\,T$ abgeklungen ist, wird der Stromstoß nach $^1/_{50}$ bis $^1/_{10}$ sec vorüber sein, also etwa die Zeitspanne einer sin-Welle bis höchstens 5 Sinusschwingungen umfassen.

In Abb. 43 wurde der Verlauf von Strom und Spannung beim Einschalten eines Kondensators durch den Oszillographen festgehalten. Man kann deutlich erkennen, daß das Schließen der Schaltkontakte ziemlich genau im Spannungsmaximum vorgenommen wurde. Der Strom steigt im Augenblick des Schaltens stark an, er erreicht etwa das 12fache seines Nennwertes. Der Kondensator hat eine Kapazität von 82 Mikrofarad, die Nennspannung betrug etwa 540 Volt effektiv. Das Oszillogramm zeigt, daß sich der Ausgleichsvorgang oszillierend in Form außerordentlich rascher Schwingungen abspielt. Bereits nach einer vollen Sinusschwingung wird der stationäre Zustand erreicht. Außer der Netzspannung wurde auch der Spannungsverlauf an den Kondensatorklemmen oszillographiert. Es zeigt sich, daß kurz nach dem Einschalten am Kondensator eine Spannungserhöhung um 75% vorhanden ist. Auch die Kondensatorspannung geht nach kurzer Zeit auf

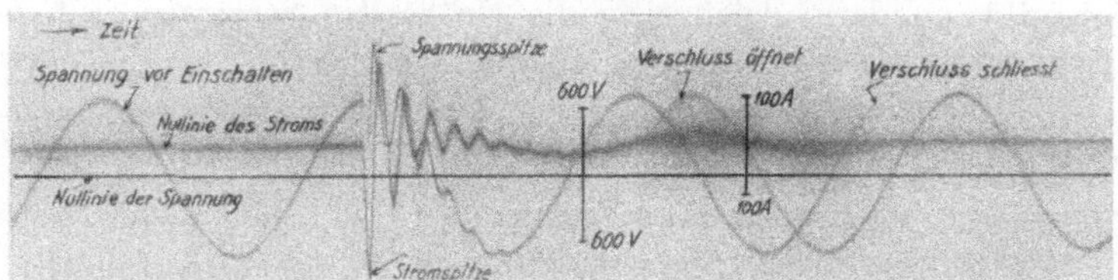

Abb. 43. Strom- und Spannungsverlauf beim Zuschalten eines Kondensators im Spannungsmaximum (Niederspannungsbatterie).

den stationären Wert zurück. Zum Schalten wurde ein normales Schaltgerät ohne Vorschalt- oder Schutzwiderstand verwendet. Es lagen geringe Reaktanzen zwischen Generator und Kondensator, so daß sich eine verhältnismäßig hohe Eigenfrequenz des betreffenden Netzabschnittes ergibt. Während es sich bei dem eben gezeigten Beispiel um eine kleine Batterie handelt, zeigt das folgende Diagramm (Abb. 44) den Schaltvorgang beim Zuschalten einer Hochspannungsbatterie von

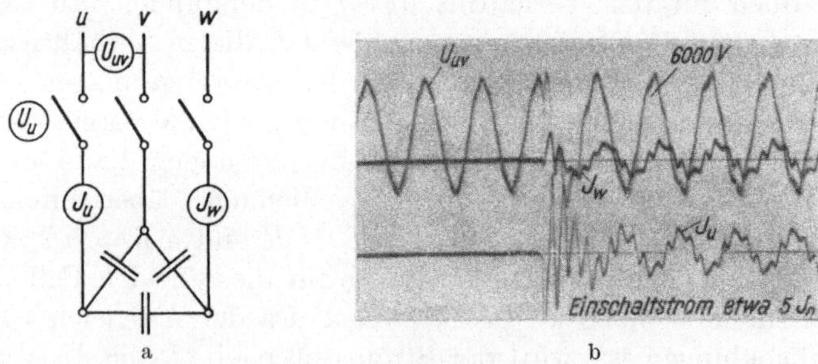

Abb. 44. Strom- und Spannungsverlauf beim Zuschalten eines Kondensators im Spannungsmaximum (Hochspannungsbatterie).

1000 kVA, 6000 Volt, 50 Per. Auch hier wurde ein normaler Ölschalter verwendet. Wie man aus der Stromkurve erkennen kann, ist der Grundschwingung mit 50 Per. eine Oberschwingung von etwa 5facher Frequenz überlagert. Derartige Spannungskurven kommen in Drehstromnetzen häufig vor. Um Vergleichswerte zu gewinnen, wurde der Stromverlauf in 2 verschiedenen Phasen vom Oszillographen festgehalten. Außerdem wurde die verkettete Spannung zwischen den Phasen U und V aufgezeichnet. Da die 3 Schaltkontakte des Ölschalters annähernd gleichzeitig die Strombahn schließen, erfolgt die Schaltung in den einzelnen Phasen bei verschiedenen Spannungswerten. Der Strom in der Phase U liefert den größten Ausschlag, da im Spannungsmaximum geschaltet wird. Der Phasenstrom J_w zeigt dagegen nur geringen Stromanstieg, da hier annähernd beim Spannungsnulldurchgang geschaltet wurde. Auch bei diesem Schaltvorgang ist der Stromstoß schnell abgeklungen, da bereits nach einer halben Periode die stationären Werte eintreten. Auffallend ist der außerordentlich stark verzerrte Kondensatorstrom. Trotzdem die Spannungskurve die 5. Oberwelle nur in geringem Maß erkennen läßt, ist im Kondensatorstrom die gleiche Oberwelle stark ausgeprägt. Vergleicht man die überlagerte Frequenz mit der Netzfrequenz, dann erkennt man, daß auch hier etwa das 5fache der Grundfrequenz vorhanden ist. Die Eigenfrequenz des betreffenden

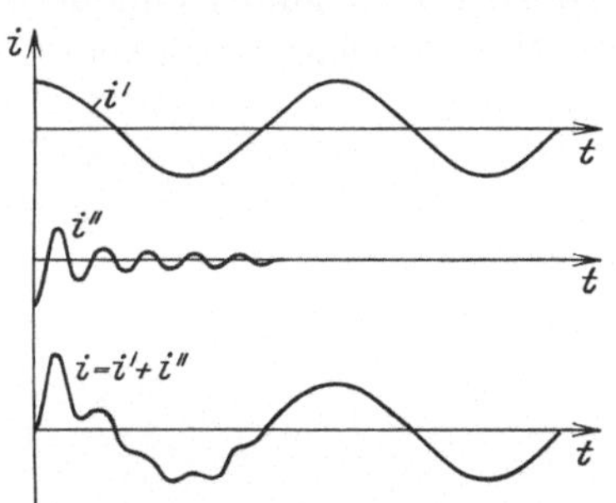

Abb. 45. Stromverlauf beim Zuschalten eines Kondensators (Stromkreis mit Reaktanz — Zuschalten beim Spannungsnulldurchgang).

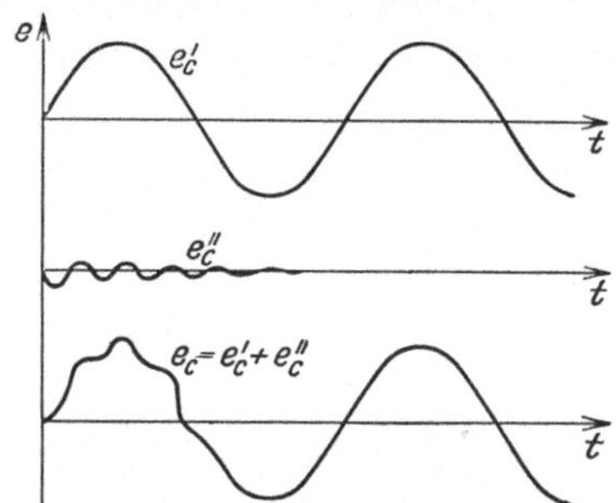

Abb. 46. Spannungsverlauf beim Zuschalten eines Kondensators (Stromkreis mit Reaktanz — Zuschalten beim Spannungsnulldurchgang).

Netzabschnittes dürfte also in der Gegend von 250 Hertz liegen, woraus sich auch der überaus stark verzerrte Verlauf des Kondensatorstromes erklärt.

Es wurde schon früher erwähnt, daß das Schalten im Spannungsmaximum die größten Stromstöße auslöst. Betrachtet man den anderen Grenzfall, also das Schließen des Stromkreises beim Spannungsnulldurchgang, dann erhält man außerordentlich geringe Werte für Ausgleichsstrom und Ausgleichsspannung. In den nachfolgenden beiden Gleichungen für i und e_c ist der Verlauf des Gesamtstromes angegeben:

$$i = J'\left(\cos\omega t - \varepsilon^{-\frac{t}{2T}}\cos\nu t\right).$$

$$e_c = E'_c\left(\sin\omega t - \frac{\omega\,\varepsilon^{-\frac{t}{2T}}}{\nu}\sin\nu t\right).$$

Auch in diesem Fall wird der Gesamtstrom durch Superposition zweier Stromkomponenten erhalten. Die Grundkomponente ist durch den Verlauf des stationären Stromes gegeben. Der Ausgleichsstrom wird aus einer exponentiell gedämpften Sinusschwingung erhalten (Abb. 45).

Die Spannung am Kondensator (Abb. 46) erhält man aus dem Verlauf der stationären Netzspannung und einer überlagerten Spannungswelle, die gedämpft abklingt. Die größte Stromamplitude, die in diesem Fall auftreten kann, beträgt das Doppelte des normalen Kondensatorstromes. Auch die Kondensatorspannung kann eine geringfügige Steigerung über den Nennwert erfahren. Die Spannungserhöhung ist in erster Linie abhängig vom Quotienten ω/ν. In Starkstromnetzen wird die Eigenfrequenz ν meist sehr viel größer als die Generatorfrequenz, so daß praktisch keine Spannungserhöhung am Kondensator eintreten kann. Da man Kondensatoren meist nur in Drehstromanlagen verwendet und die 3 Kontakte des Schalters annähernd gleichzeitig schließen, wird man vielfach in einer Phase den ungünstigsten Schaltaugenblick verwirklichen, in den anderen Phasen jedoch im Spannungsnulldurchgang oder bei Zwischenwerten schalten. Das Oszillogramm (Abb. 47)

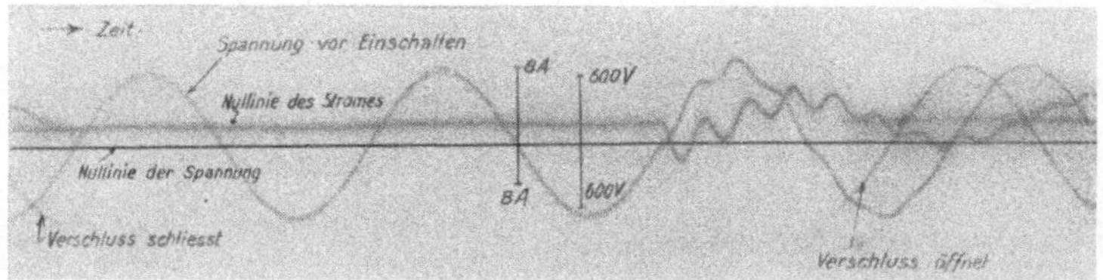

Abb. 47. Strom- und Spannungsverlauf beim Zuschalten eines Kondensators beim Spannungsnulldurchgang.

zeigt den Verlauf von Strom und Spannung beim Schalten im Spannungsnulldurchgang. Es wurde ein Kondensator mit einer Kapazität von $13\,\mu$F an ein Drehstromnetz mit 500 Volt Nennspannung angeschlossen. Es zeigt sich, daß die Spannung am Kondensator kaum eine Erhöhung erfährt und daß ebenso der Kondensatorstrom selbst während der Schaltperiode kaum größer ist als der Nennstrom des Kondensators. Aus der überlagerten Schwingung, die kurz nach dem Einlegen des Schalters vorhanden ist, kann man die Eigenfrequenz des betreffenden Kreises zu etwa 350 Per. pro sec feststellen.

Die eben angestellten Betrachtungen über den Verlauf der Schaltvorgänge sowohl hinsichtlich der Größe wie auch der Frequenz des Ausgleichsstromes haben gezeigt, daß die Eigenfrequenz des betreffenden Netzabschnittes eine außerordentlich wichtige Rolle spielt. Der Aufbau der normalen Starkstromnetze bringt es mit sich, daß die Eigenfrequenz meist beträchtlich höher liegt als die Generatorfrequenz mit 50 Per. Es ist deshalb praktisch ausgeschlossen, daß Eigenfrequenz und Generatorfrequenz zusammenfallen; trotzdem soll auch dieser Fall kurz diskutiert werden. Die Gleichungen nehmen hier eine sehr einfache Form an. Der Gesamtstrom und die Kondensatorspannung sind durch folgende Beziehungen festgelegt:

$$i = J'\left[\cos(\omega t + \varphi) - \varepsilon^{-\frac{t}{2T}} \cos(\nu t + \varphi)\right],$$

$$e_c = E_c'\left[\sin(\omega t + \varphi) - \varepsilon^{-\frac{t}{2T}} \sin(\nu t + \varphi)\right].$$

Man erkennt, daß hier Strom und Spannung praktisch genau den gleichen Verlauf haben und daß beide Werte erst nach einer gewissen Zeit die größten Amplituden ergeben. Der Zustand der Resonanz stellt also schalttechnisch keine besondere Gefahrenquelle dar, da im Augenblick des Schaltens nur verhältnismäßig geringe Strom- und Spannungswerte auftreten können. Strom und Spannung nähern sich in Form normaler Sinusschwingungen asymptotisch ihrem stationären Wert (Abb. 48). Selbstverständlich würde man hier mit außerordentlich hohen Strömen zu rechnen haben, da ja im Zustand der Resonanz nur der Wirkwiderstand den Strom begrenzt. Dieser Fall hat jedoch nur theoretisches Interesse, da die Reaktanzen in Starkstromnetzen nie so groß werden können, daß die Eigenfrequenz des Netzabschnittes gleich der Generatorfrequenz gemacht werden könnte.

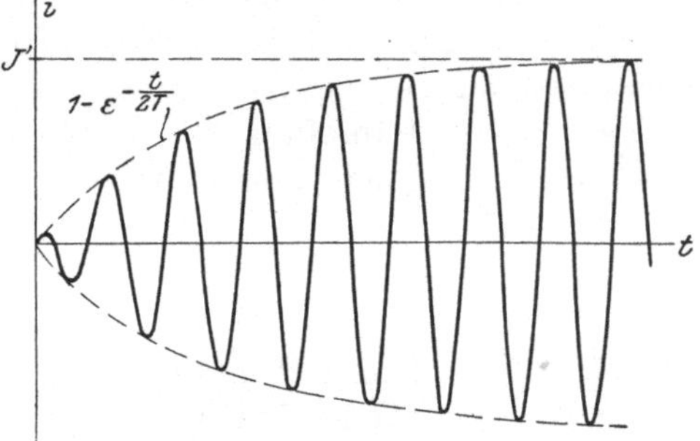

Abb. 48. Stromverlauf beim Zuschalten eines Kondensators bei Resonanz.

Zusammenfassend kann man demnach feststellen, daß für den Verlauf des Schaltvorganges der Augenblick, in dem geschaltet wird, sowie die Eigenfrequenz des betreffenden Netzteiles eine wichtige Rolle spielen. Die größten Stromstöße werden erhalten, wenn man im Spannungsmaximum schaltet. Man hat hier mit Strömen vom etwa 3- bis 14fachen der stationären Ströme zu rechnen. Die Dauer des Ausgleichsvorgangs ist in jedem Fall außerordentlich gering, sie wird selten mehr als 1 bis 2 Perioden betragen. Bei Hochspannungsnetzen ist mit etwas größeren Stromstößen zu rechnen als bei Niederspannungsnetzen, jedoch können die Ströme nie gefährlich hohe Werte erreichen, so daß besondere Schutzmaßnahmen überflüssig sind. Gefährliche Überspannungen an den Kondensatorklemmen sind nicht zu erwarten; die höchsten Spannungswerte am Kondensator betragen das Doppelte der Netzspannung.

Trotzdem hat man bei den ersten Anlagen, kurz nach der Einführung der Kondensatoren, als noch ungenügende Erfahrungen vorlagen, vielfach Schutzschalter verwendet. Es sind dies Ölschalter mit Vor- und Hauptkontakt, wobei die Vorkontakte den Kondensator zunächst über Ohmsche Widerstände mit dem Netz verbinden und erst die Hauptkontakte die Schutzwiderstände abschalten.

Die Gleichungen, die den Verlauf des Stromstoßes beim Schalten angeben, lassen bereits erkennen, daß der Ohmsche Widerstand der Zuleitung den Schaltstoß beeinflussen kann. Selbstverständlich würde man auch durch vorgeschaltete Drosselspulen einen gewissen Erfolg erzielen, da man durch zusätzliche Reaktanzen die Eigenfrequenz des betreffenden Netzabschnittes verringert und hierdurch auch auf kleinere Schaltstöße kommt. Mit Rücksicht auf möglichst geringe Anschaffungskosten zieht man es jedoch vor, Schutzschalter mit Ohmschen Widerständen anzuwenden. In der nebenstehenden Skizze (Abb. 49) ist ein einphasiger Stromkreis gezeigt, bei dem ein Kondensator über einen Schalter mit Vorwiderstand an eine Wechselstromquelle gelegt werden kann. Die Dämpfung des Ausgleichsstromes kommt durch folgende Beziehung zum Ausdruck:

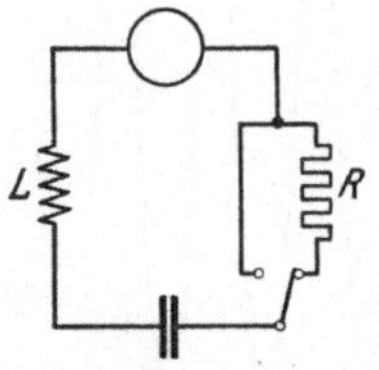

$$\varepsilon^{-\frac{\pi}{2}\cdot\frac{R}{\sqrt{\frac{L}{C}}}}.$$

Abb. 49.

Dieser Wert gibt die größte Amplitude des Ausgleichsstromes nach Ablauf einer Viertelperiode der Eigenschwingung an. Der Wert dieses Dämpfungsgliedes wird in erster Linie durch das Verhältnis von R zum Schwingungswiderstand festgelegt. Wählt man beispielsweise den Schutzwiderstand gleich der Hälfte des Schwingungswiderstandes, dann geht der Ausgleichsstrom auf etwa 45% zurück. Würde man den Schutzwiderstand ebenso groß machen wie den Schwingungswiderstand, dann hätte man eine Abdämpfung bis auf 20% zu erwarten. Bei kleineren Schutzwiderständen, beispielsweise $R = {}^1/_4$ des Schwingungswiderstandes, beträgt der Dämpfungsfaktor 0,68, bei größeren Werten beispielsweise 1,5 · Schwingungswiderstand etwa 0,10. Man kann also durch das Vorschalten Ohmscher Widerstände die Schaltstöße beträchtlich herabsetzen.

Mit der Abdrosselung der Ströme geht eine Verminderung der Frequenz des Ausgleichstromes Hand in Hand. Für $R = 2\sqrt{\frac{L}{C}}$ erhält man die Frequenz 0, also bereits aperiodischen Verlauf des Stromes. Die Oszillogramme (Abb. 50) zeigen das Zuschalten eines Kondensators von 134 μF bei 1 und 2 Ohm Vorschaltwiderstand. Man erkennt, daß der Widerstand von 1 Ohm noch geringe Schwingungen zuläßt, daß jedoch bei 2 Ohm die Stromkurve aperiodisch in die Sinuswelle übergeht, also der Vorschaltwiderstand bereits mehr als das Doppelte des Schwingungswiderstandes ausmacht.

Da der Schaltvorgang außerordentlich rasch abgeklungen ist, wird selbst bei sehr rasch arbeitenden Schutzschaltern das Abschalten des Schutzwiderstandes erst dann eintreten, wenn bereits stationäre Verhältnisse vorhanden sind, d. h. wenn der erste Stromstoß vollkommen abgeklungen ist. Selbstverständlich erhält man auch beim Übergang in die Betriebsstellung einen Stromstoß, da auch hier eine Störung des Gleichgewichtes im elektrischen Kreis vorgenommen wird. Da jedoch der Kondensator trotz des Vorwiderstandes nahezu seine volle Spannung und damit seine volle Ladung erhält, bleibt auch der zweite Stromstoß in mäßigen Grenzen. Man wird den Schutzwiderstand im allgemeinen so dimensionieren, daß bei beiden Schalterstellungen annähernd gleiche Stromstöße auftreten. Die Wirkungsweise eines Schutzschalters mit richtig dimensioniertem Schutzwiderstand geht aus dem Diagramm Abb. 51 hervor. Der Vollständigkeit halber wurden 2 verschiedene Schaltaugenblicke angenommen. Das Diagramm Abb. 51a zeigt das Schalten bei Spannungsmaximum, Abb. 51b bei Spannungsnulldurchgang. Um die Wirkung des Schutzwiderstandes besser zu erkennen, wurde vergleichsweise der Stromverlauf bei direktem Schalten eingetragen. Man erhält

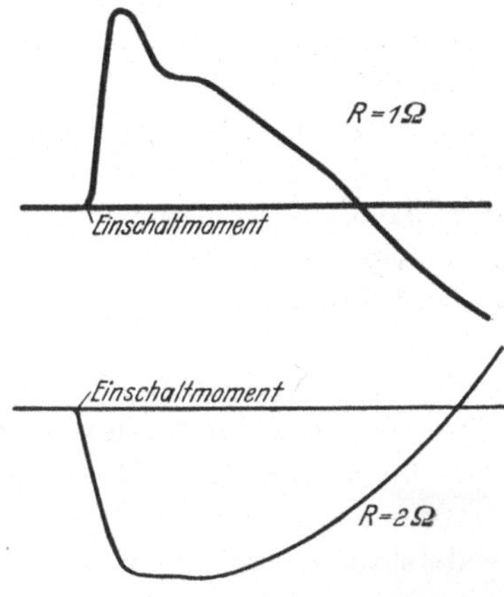

Abb. 50. Stromverlauf beim Zuschalten eines Kondensators mit 1 bzw. 2 Ohm Vorschaltwiderstand.

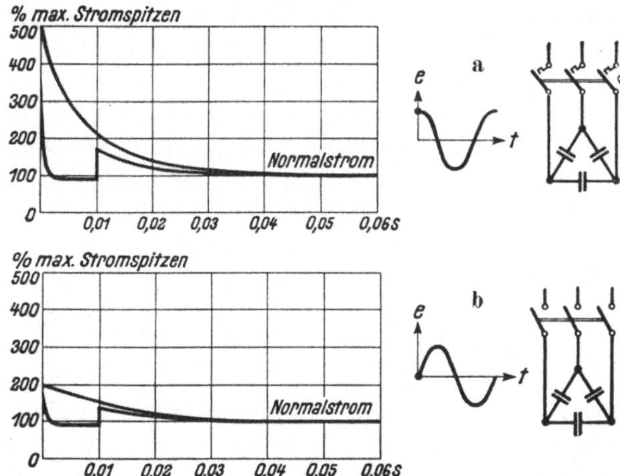

Abb. 51. Stromverlauf beim Einschalten von Kondensatoren mit und ohne Schutzwiderstand.

ohne Schutzwiderstand etwa den 5fachen Strom, der nach 0,4 sec auf seinen stationären Wert abgeklungen ist, während beim Schalten mit Schutzwiderstand eine außerordentlich kurze Stromspitze vom etwa 3fachen Nennwert auftritt, die schon nach Bruchteilen $^1/_{100}$ sec auf den Normalstrom zurückgeht. Nach Schließen der Hauptkontakte, was etwa nach $^1/_{100}$ sec erfolgt, tritt ein 2. Stromstoß auf, der 180% des Nennstromes ausmacht. Auch der 2. Stromstoß geht rasch auf den Nennwert des Kondensatorstromes zurück. Weniger wichtig ist das Schalten beim Spannungsnulldurchgang, da hier mit und ohne Schutzschalter außerordentlich geringe Stromstöße auftreten.

Die beiden Diagramme zeigen deutlich, daß der Schutzwiderstand in der Lage ist, den Einschaltstromstoß zu verringern. Bei der Bewertung eines Schutzwiderstandes darf man jedoch nicht außer acht lassen, daß die Stromstöße in jedem Fall äußerst kurz sind und im Netz kaum empfunden werden, so daß man praktisch in allen Fällen auf Schutzwiderstände verzichten kann. Wenn auch der Schutzwiderstand keine wesentliche Komplikation des Schalters darstellt, so strebt man doch heute in der Elektrotechnik nach Einfachheit und Betriebssicherheit und verwendet deshalb vorzugsweise normale Schaltgeräte.

Parallelschalten. Besonders wichtig ist das Parallelschalten von Kondensatoren, da es in der Praxis häufig vorkommt und sowohl für die Schaltgeräte wie auch für die Kondensatoren mit die höchsten Beanspruchungen ergibt. Unter Parallelschalten soll dabei derjenige Schaltvorgang verstanden sein, der sich abspielt, wenn ein völlig entladener Kondensator in der Nähe eines bereits im Betrieb befindlichen Kondensators ans Netz gelegt wird. Die schematische Schaltskizze (Abb. 52) zeigt die bei diesem Vorgang wirksamen Stromkreise.

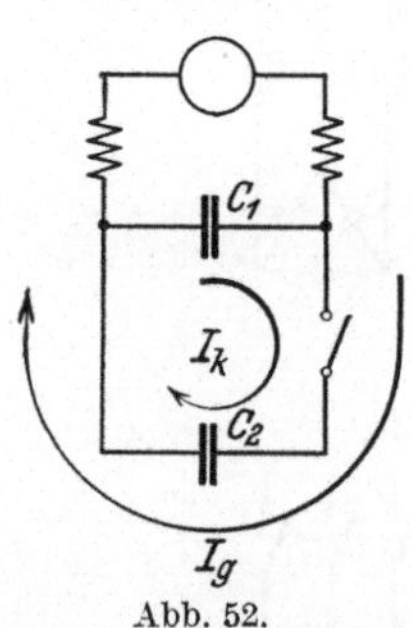

Abb. 52.

Es kommt in der Praxis häufig vor, daß die gesamte Kondensatorleistung in mehrere Gruppen unterteilt ist, um sich bei der Blindleistungserzeugung dem Bedarf bequem anpassen zu können. Eine Unterteilung in 2 bis 3 Gruppen ist wohl in der Mehrzahl der Fälle vorhanden. Es ist ferner oft damit zu rechnen, daß in einer Industrieanlage mehrere Asynchronmotoren arbeiten, die durch parallelgeschaltete Kondensatoren kompensiert sind. Auch hier ergeben sich Stromkreise der in Abb. 52 gezeichneten Art. Die Kondensatoren sind sowohl räumlich wie auch elektrisch nahe beieinander aufgestellt, wodurch die Schaltvorgänge einen wesentlich anderen Charakter annehmen als dies bei den früher beobachteten Vorgängen der Fall ist.

Im letzten Kapitel wurde festgestellt, daß der Schaltstoß in erster Linie von der Eigenfrequenz des betreffenden Netzabschnittes abhängig ist. Normalerweise hat man zwischen Generator und Kondensator stets so große Reaktanzen, daß die Stromstöße in mäßigen Grenzen bleiben. Beim Parallelschalten von Kondensatoren ist jedoch der induktive Widerstand zwischen dem bereits in Betrieb befindlichen Kondensator und den neu zuzuschaltenden Elementen außerordentlich gering. Der am Netz liegende Kondensator stellt gewissermaßen einen kleinen Generator oder eine kleine Zentrale dar, die infolge der geringen dämpfenden Blindwiderstände außerordentlich hohe Stromstöße beim Zuschalten des ungeladenen Kondensators erzeugt.

Man wird also beim Parallelschalten von Kondensatoren mit 2 verschiedenen Ausgleichströmen zu rechnen haben, mit einer Stromkomponente, die vom Generator der Zentrale geliefert wird, ferner mit einer zusätzlichen Komponente, die von dem an Spannung liegenden Kondensator herrührt. Diese beiden Ströme sind im Schaltbild mit J_g bzw. J_k bezeichnet. Die Komponente J_g des Ausgleichsstromes, der zwischen Generator und Kondensator pendelt, kann auf Grund der früheren Formeln gewonnen werden. Die zweite Stromkomponente verdient jedoch wegen der besonderen elektrischen Verhältnisse ein eingehendes Studium.

Es sei zunächst angenommen, daß der Wechselstromgenerator nicht vorhanden ist und daß der im Betrieb befindliche Kondensator mit einer bestimmten Gleichspannung geladen ist. Dann ergibt sich ein elektrischer Schwingungskreis, dessen Kapazität aus den in Serie geschalteten beiden Kondensatoren besteht und dessen Reaktanz durch eine einzige Leiterschleife gebildet wird. Die Eigenfrequenz eines solchen Stromkreises kann an Hand früherer Formeln leicht berechnet werden. Der oszillierende Verlauf von Strom und Spannung, der sich nach dem Einlegen des Schalters einstellt, kann durch die nachfolgenden Näherungsgleichungen für i und e_c zum Ausdruck gebracht werden.

$$i = J_0 \cdot \varepsilon^{-\frac{t}{2T}} \sin \nu t ,$$

$$e_c = E_0 \cdot \frac{C_1}{C_1 + C_2} \cdot \left(1 - \varepsilon^{-\frac{t}{2T}} \cos \nu t\right).$$

Man erhält einen Schwingungsvorgang, bei dem sowohl Strom wie Spannung Pendelungen ausführen, deren Frequenz gleich der Eigenfrequenz der Stromschleife ist. Die Schwingungen werden stark gedämpft sein. Der Dämpfungsfaktor geht aus den Gleichungen hervor. Mit E_0 sei die Spannung des geladenen Kondensators bezeichnet und mit J_0 die maximale Amplitude des Ausgleichsstromes. J_0 erhält man dann aus der Beziehung:

$$J_0 = \frac{E_0}{\sqrt{\frac{L}{C}}} .$$

Der Strom nimmt also den gleichen Wert an, der in einem Gleichstromkreis auftreten würde, dessen Ohmscher Widerstand gleich dem Schwingungswiderstand der Leiterschleife ist. Mit Rücksicht auf die geringe Reaktanz wird auch der Schwingungswiderstand sehr kleine Werte annehmen, so daß der Ausgleichsstrom eine beträchtliche Höhe erreichen muß. Nach dem Abklingen des Schaltstromes wird sich die Ladung entsprechend den Kapazitäten auf beide Kondensatoren verteilen und der Strom auf den Wert Null zurückgehen. Die Verluste, die durch die

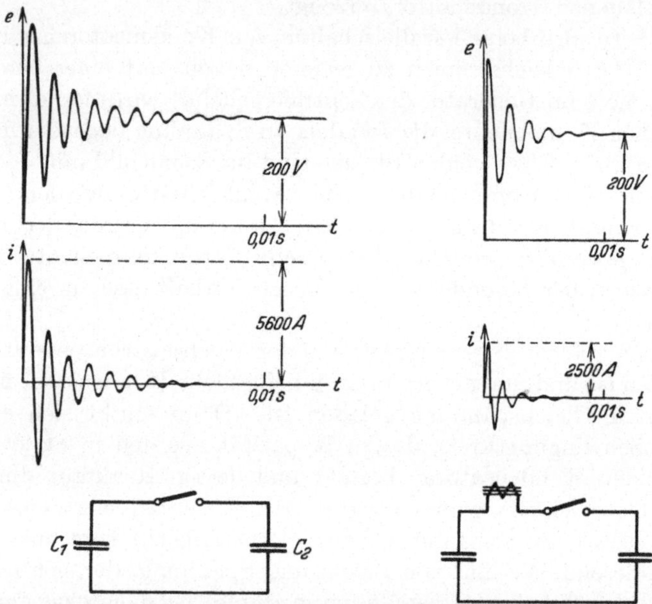

Abb. 53. Stromverlauf beim Parallelschalten von Kondensatoren.

Ohmschen Widerstände in der Leiterschleife entstehen, sollen vernachlässigt werden, da man im allgemeinen mit kleinen Ohmschen Widerständen zu rechnen hat. Man erhält demnach im Endzustand eine Spannung, die durch die Beziehung gegeben ist:

$$E = E_0 \frac{C_1}{C_1 + C_2},$$

wenn mit C_1 und C_2 die Kapazitäten der Kondensatoren bezeichnet werden.

Da es nicht ganz einfach ist, die Gesamtreaktanz einer derartigen Leiterschleife, die durch die Verbindungsleitungen und die Leitungen im Kondensator gebildet wird, rechnerisch zu ermitteln, wurden die Vorgänge, die beim Zuschalten eines ungeladenen Kondensators auf einen mit Gleichspannung geladenen Kondensator auftreten, durch Versuche ermittelt und mit Hilfe eines Oszillographen festgehalten. Abb. 53 zeigt die beiden Versuchsstromkreise mit den dazugehörigen Oszillogrammen für Strom und Spannung. Es wurde hierbei zu einem Kondensator mit einer Kapazität von 4000 μF ein zweiter Kondensator mit 7000 μF zugeschaltet. Die Kondensatoren waren für eine Nennspannung von 220 Volt, 60 Per. bemessen, so daß beim kleinen Kondensator der Nennstrom 330 Amp., bei der größeren Einheit 580 Amp. betrug. Die Versuche wurden mit verschiedenen Schaltern durchgeführt, und zwar zunächst mit einem normalen Hebelschalter, anschließend mit einem Selbstschalter mit magnetischen Überstromauslösern. Bei Verwendung einfacher Hebelschalter treten Stromstöße auf, deren größter Wert bis auf 5000 Amp. ansteigt, bezogen auf den kleinen Kondensator erhält man etwa den 12fachen Normalstrom beim Schalten. An Hand des Zeitmaßstabs kann man ferner feststellen, daß die Schwingungen außerordentlich rasch vor sich gehen, und daß in 1 sec etwa 1200 Schwingungen ausgeführt werden. Aus den gemessenen Frequenzwerten läßt sich gleichzeitig die wirksame Reaktanz der Leiterschleife errechnen. Sie beträgt 7,5 Millihenry. Der Strom ist in etwa 0,006 sec auf 0 zurückgegangen. In der gleichen Zeit erreicht die Spannung ihren stationären Endwert. Man erkennt ferner, daß die Spannung eine Viertelperiode nach dem Zuschalten nahezu das Doppelte des Endwertes erreicht.

Bei Verwendung eines Selbstschalters mit magnetischer Auslösung, die in Serie zu den Kondensatoren liegt, spielen sich wesentlich andere Vorgänge ab. Der Strom steigt nur bis auf 2500 Amp. an und ist nach wenigen Schwingungen auf Null abgeklungen. Die Eigenfrequenz beträgt in diesem Fall etwa 600 Per. Genaue Frequenzwerte lassen sich hier schwer feststellen, da die Vorgänge durch die Eisensättigung in der Magnetspule stark beeinflußt werden. Die verzerrte Stromkurve zeigt die typischen Merkmale der Eisensättigung, die durch Oberwellen zum Ausdruck kommt. Auch die Spannung führt entsprechend langsame Schwingungen aus; der Endwert der Spannung ist selbstverständlich in beiden Fällen der gleiche.

Um den Gesamtausgleichsstrom, der über den zugeschalteten Kondensator fließt, zu erhalten, müßte auch der Ausgleichsstrom, der vom Generator herrührt, mit berücksichtigt werden. Es ergeben sich dann für den Gesamtstrom stark verzerrte Kurven, da es sich um die Überlagerung verschieden frequenter Schwingungsvorgänge handelt.

Man hat demnach gerade beim Parallelschalten von Kondensatoren große Stromstöße zu erwarten. In allen Anlagen, in denen die Gesamtkapazität in mehrere Gruppen unterteilt ist und in der kurze Verbindungsleitungen mit geringen Reaktanzen vorhanden sind, ist deshalb eine gewisse Vorsicht geboten. Die Erfahrung zeigt, daß man wohl in den meisten Anlagen ohne besondere Schutzmaßnahmen auskommen kann, da bereits die natürliche Dämpfung, die durch die Verbindungsleitungen und die Blas- oder die Auslösespulen der Schalter hervorgerufen wird, genügt, um Störungen zu vermeiden. Nur in besonders ungünstig gelagerten Fällen wird man ab und zu mit Schwierigkeiten zu kämpfen haben.

Sinnfällig treten diese Vorgänge dadurch in Erscheinung, daß beim Schalten ein schlagartiges oder schußartiges, starkes Geräusch entsteht. Die kurzzeitigen hohen Stromstöße können ferner in den Auslösespulen der Schalter Überspannungen und damit Überschläge hervorrufen. Häufig hat man auch festgestellt, daß die Kontakte stark schmoren oder daß bei Verwendung von Hebelschaltern die vorgeschalteten Sicherungen beim Schalten zum Durchschmelzen kommen.

Um derartigen Schwierigkeiten aus dem Wege zu gehen, wird es fast immer das beste sein, nicht Hebelschalter mit Sicherungen, sondern Selbstschalter oder ganz allgemein Schaltgeräte zu verwenden, die eine zusätzliche Reaktanz in den Stromkreis einfügen. Trotzdem die magnetischen Blasspulen oder die Auslösespulen im allgemeinen einen sehr geringen Blindwiderstand aufweisen, genügen diese zusätzlichen Widerstände trotzdem fast immer, um Störungen fernzuhalten. Derartige Schalter haben den weiteren Vorteil, daß Sicherungen meist überflüssig sind und demnach eine weitere Störungsquelle vermieden wird. Wenn es aus Preisgründen trotzdem notwendig ist, Hebelschalter anzuwenden, dann wird man dazu übergehen müssen, besondere Schutzwiderstände in den Stromkreis einzubauen.

Da der Ausgleichsstrom mit einer Frequenz pendelt, die durch die Eigenfrequenz des Stromkreises gegeben ist, können selbstverständlich die Ausgleichsströme keinerlei Nutzarbeit verrichten. Der Ausgleichsstrom muß sich an irgendeiner Stelle des Kreises in Wärme umsetzen. Diese Umwandlung wird natürlich an denjenigen Stellen des Stromkreises auftreten, die den größten Ohmschen Widerstand aufweisen. Untersucht man die Widerstandsverteilung der Leiterschleife, dann stellt man fest, daß der Widerstand der Sicherungen ein Vielfaches der übrigen Widerstände ausmacht. Es ist deshalb damit zu rechnen, daß praktisch die gesamte Ausgleichsleistung von den Sicherungen aufgenommen wird. Um eine Entlastung der Sicherungen zu erzwingen, muß deshalb an einer anderen Stelle ein künstlicher Widerstand eingefügt werden, der die Umsetzung der Ausgleichsleistung in Wärme auf sich nimmt. Schutzwiderstände sind für den Dauerstrom des Kondensators zu bemessen, sie werden einen Spannungsabfall erzeugen, den man auf 0,3% der Netzspannung begrenzt. In vielen Fällen genügen schon etwas geringere Widerstandswerte, da auch die Widerstände der Sicherungen klein sind, so daß man im allgemeinen vielleicht mit zusätzlichen Widerständen für einen Spannungsverlust zwischen 0,1 und 0,3% auskommt.

Auch bei der Dimensionierung der Sicherungen ist eine gewisse Vorsicht geboten. Bei Niederspannung wird man träge Sicherungen bevorzugen, bei denen der Schmelzstrom mindestens das 20fache des Nennstromes beträgt. Je größer der Schmelzstrom der Sicherungen im Vergleich zu ihrem Nennstrom ist, desto geringer ist auch die Gefahr, daß durch Schaltvorgänge die Sicherungen beschädigt werden. Ferner wird man nach Möglichkeit häufiges und kurz aufeinanderfolgendes Schalten vermeiden, da vorgewärmte Sicherungen naturgemäß schneller zum Durchschmelzen neigen. Bei Hochspannungsanlagen verwendet man im allgemeinen Hochleistungssicherungen, bei denen die Abschmelzleistung vom Nennstrom abhängt. Die Abschmelzleistung liegt bei Hochspannungssicherungen mit einem Nennstrom von 2 bis 15 Amp. in der Regel zwischen etwa 5 und 100 Wattsec. Vergleicht man die Schmelzleistung mit dem Energieinhalt der Kondensatoren, dann zeigt sich, daß beide Werte in der gleichen Größenordnung liegen. Es besteht also sehr leicht die Gefahr, daß bei Verwendung von Trennschaltern mit Hochleistungssicherungen der Ausgleichsvorgang die Sicherungen zerstört. Beispielsweise beträgt der Energieinhalt eines Kondensators für 10 kVA, 1000 Volt, 18 Wattsec. Da Sicherungen ohnedies keinen thermischen Überlastungsschutz des Kondensators darstellen, sondern nur bei Kurzschlüssen in Funktion treten, ist es in der Regel auch ungefährlich, die Sicherungen etwas überzudimensionieren. Allgemeine Richtlinien lassen sich hier schwer festlegen. Es wird in jedem Spezialfall notwendig sein, die Schmelzleistung der Sicherung mit dem Energieinhalt des Kondensators zu vergleichen, um entscheiden zu können, ob die Sicherung gefährdet ist oder nicht. In vielen Fällen wird es sich dabei als zweckmäßig erweisen, in Hochspannungsanlagen vor den Trennschalter Schutzwiderstände zu legen, die die Sicherungen entlasten und Schäden verhüten.

Ausschalten. Das Ausschalten ist bei Wechselstromkreisen im allgemeinen leichter als bei Gleichstromkreisen, da der Lichtbogen beim Nulldurchgang des Stromes ohnedies erlöschen muß. Ein idealer Wechselstromschalter müßte die Strombahn beim Stromwert 0 unterbrechen und könnte dies ohne merkliche Beanspruchung der Schaltkontakte durchführen, da Lichtbogenerscheinungen nicht zu erwarten sind. Leider ist es praktisch nicht möglich, derartige Schalter auszuführen, da Starkstromschalter mit großen mechanischen Trägheiten behaftet sind, die eine gewisse Beschleunigungszeit erfordern und deshalb eine unbedingt genaue Erfassung des Schaltmoments bei 50periodigem Wechselstrom nicht ermöglichen.

Die Schaltvorgänge, die beim Öffnen von Wechselstromkreisen zu erwarten sind, werden in ihrer exakten Behandlung deshalb schwierig und kompliziert, weil stets Lichtbogenvorgänge eine Rolle spielen. Hinzu kommt, daß man insbesondere bei Hochspannungsanlagen in der Schalttechnik augenblicklich völlig neue Wege beschreitet und außer den bekannten Ölschaltern die verschiedensten Konstruktionen, wie Expansionsschalter, Flüssigkeitsschalter oder Gasschalter, verwendet, bei denen noch heute keine völlige Klarheit über die physikalischen Effekte während des Schaltvorganges besteht.

Eine eingehende Behandlung der Fragen, die beim Abschalten kapazitiver Stromkreise zu erwarten sind, würde deshalb über den vorliegenden Rahmen weit hinausführen. Es sollen deshalb lediglich die grundsätzlichen Überlegungen, die mit dem Abschalten von Kondensatoren verknüpft sind, angestellt werden und an Hand einiger Oszillogramme eine Erläuterung der möglichen Vorgänge beim Abschalten gegeben werden.

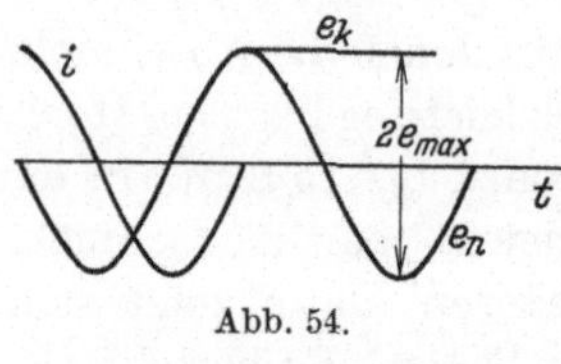

Abb. 54.

Unter der Annahme, daß der Schalter beim Nulldurchgang des Stromes geöffnet wird, bleibt der Kondensatorstrom zunächst unterbrochen (Abb. 54). Lichtbogenerscheinungen sind nicht möglich, da keinerlei Spannungsdifferenzen zwischen dem feststehenden und dem bewegten Schalterkontakt vorhanden sind. Die Spannung an den feststehenden Kontakten wird sich später entsprechend der Sinuskurve der Generatorspannung ändern. An den bewegten Kontakten bleibt die konstante Gleichspannung, die vom Kondensator herrührt, bestehen. Die Spannung, die an den Schalterkontakten wirksam ist, ist demnach gleich der Differenz zwischen der Sinusspannung e_n und der konstanten Spannung e_k. Nach Ablauf einer halben Periode erreicht diese Spannung ihren Höchstwert, der das Doppelte der größten Amplitude der Netzspannung beträgt. Da dieser größte Spannungswert bereits nach $^1/_{100}$ sec nach dem Öffnen der Schaltkontakte auftritt, werden die Kontakte noch nicht ihre Ausschaltruhestellung erreicht haben, sondern sich je nach der Kontaktgeschwindigkeit in einer Zwischenstellung befinden. Diese Entfernung kann unter Umständen so gering sein, daß ein Zünden des Lichtbogens auftritt und beträchtliche Strom- und Spannungsstöße ausgelöst werden. Derartige Rückzündungen kann man beim Abschalten von Kondensatoren tatsächlich beobachten, insbesondere wenn ungeeignete Schaltgeräte Verwendung finden. Das Oszillogramm (Abb. 55) zeigt einen Abschaltvorgang, bei dem mehrere Rückzündungen eintreten, bevor der Lichtbogen endgültig zum Erlöschen kam. Durch den Oszillo-

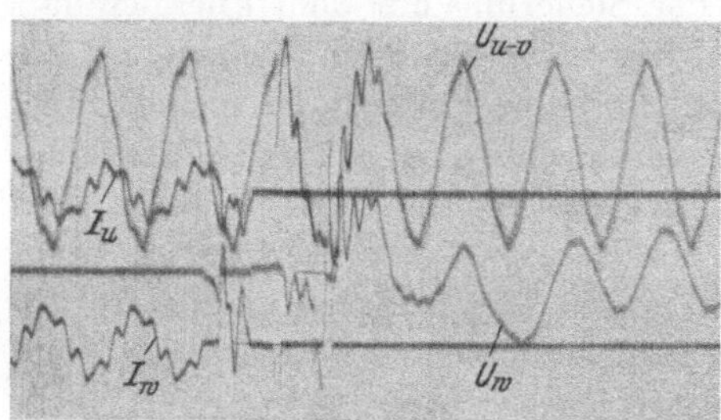

Abb. 55. Rückzündungen beim Abschalten von Kondensatoren.

graphen wurden die Ströme in 2 Phasen, ferner die verkettete Netzspannung und die Spannung zwischen den Schalterkontakten aufgezeichnet. Während der Strom in der Phase J_u glatt unterbrochen wird, erhält man in der Phase J_w nach dem ersten Unterbrechen ein erneutes Einsetzen des Phasenstromes. Dieser Vorgang wiederholt sich dreimal, bis die Strombahn endgültig getrennt ist. Die Ströme, die beim Rückzünden ausgelöst werden, können erhebliche Werte annehmen, da die treibende Spannung den Wert $2\,e_{\max}$ erreicht. Sowohl durch das Oszillogramm als auch an Hand einer einfachen Rechnung kann man feststellen, daß der Rückzündungsstrom etwa den doppelten Wert des Einschaltstromes im ungünstigsten Augenblick erhält. Dieser Strom pendelt außerordentlich rasch zwischen Kondensator und Generator und kann an denjenigen Stellen der Strombahn, an denen sich größere induktive oder Ohmsche Widerstände einstellen, beträchtliche Spannungsgefälle hervorrufen. Rückzündungen können deshalb Überspannungserscheinungen und Überschläge auslösen. Beim Oszillogramm ist zu beachten, daß die Maßstäbe für die Netzspannung und die Kontaktspannung am Schalter verschieden gewählt sind. Bei Wahl gleicher Maßstäbe müßte die Kontaktspannung ähnliche Amplituden ergeben, wie sie durch die Netzspannung festgelegt sind. Die Stromstöße sind nur zum Teil zu erkennen, da die Oszillographenschleife derartig starke stoßweise Impulse erhält, daß die Vorgänge nicht völlig aufgezeichnet werden konnten. Es war jedoch mit Hilfe von Klydonographen möglich, die höchsten Strom- und Spannungswerte zu messen, wobei sich die vorerwähnten Werte ergaben.

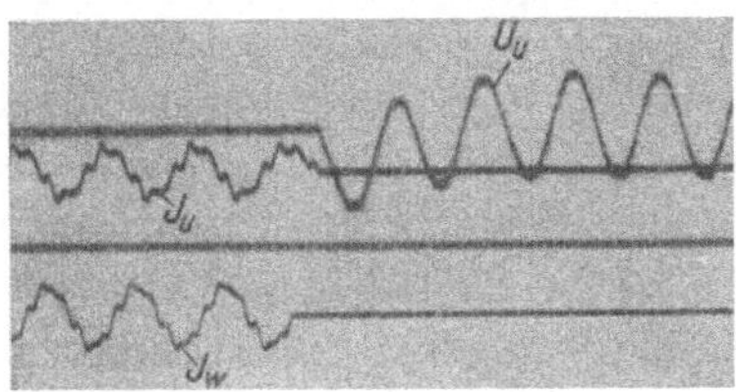

Abb. 56. Normaler Abschaltvorgang beim Ausschalten von Kondensatoren.

Selbstverständlich muß man beim normalen Betrieb Rückzündungen vermeiden, um ein störungsfreies Arbeiten der elektrischen Einrichtungen sicherzustellen. Dies ist auch ohne weiteres möglich, wenn man bei der Auswahl der Schalter auf die besonderen Beanspruchungen, die beim Schalten von Kondensatoren zu erwarten sind, Rücksicht nimmt. Das Oszillogramm (Abb. 56) zeigt einen Abschaltvorgang, bei dem keinerlei Rückzündungen oder andere Störerscheinungen eintreten. Es wurde auch bei diesen Oszillogrammen der Stromverlauf in zwei verschiedenen Phasen aufgezeichnet, ferner die Kontaktspannung registriert. Man erkennt, daß in beiden Phasen der Strom glatt unterbrochen wird und die Kontaktspannung, die bis zu dem Augenblick, in dem sich die Schaltkontakte öffnen, den Wert Null hat, nach dem Abschalten den sinusförmigen Verlauf der Netzspannung annimmt. Die Versuche wurden in einem Netz durchgeführt, bei dem die 5. Oberwelle stark ausgeprägt war und annähernd Resonanz mit der 5. Harmonischen bestand. Man erkennt, daß diese besonderen Verhältnisse den Abschaltvorgang in keiner Weise störend beeinflussen.

Bei der Auswahl der Schaltgeräte ist stets darauf zu achten, daß eine Halbwelle nach dem Öffnen des Stromkreises die doppelte Spannung an den Kontakten wirksam wird. Diese Tatsache kann unter Umständen dazu führen, daß man je nach Konstruktion und Art der Schalter gezwungen wird, Schaltgeräte für eine höhere Spannungsstufe, als es mit Rücksicht auf die Netzspannung notwendig wäre, zu verwenden. Da auch die Schaltgeschwindigkeit eine große Rolle spielt, sollten nach Möglichkeit Selbstschalter herangezogen werden, bei denen die Geschwindigkeit der Ausschaltbewegung unabhängig von der Willkür des Bedienungspersonals ist. Es werden zwar selbst in Hochspannungsanlagen vielfach Trennschalter zum Schalten der Kondensatoren verwendet, ohne daß bisher nennenswerte Störungen oder Unfälle aufgetreten sind. Trotzdem sollte man sich stets vor Augen halten, daß man beim Trennschalter vom Geschick des Personals abhängig ist und deshalb Trennschalter nur bei kleinen Leistungen und bei Spannungen bis zu einigen tausend Volt verwendet.

Glücklicherweise liegen bei Hochspannungsanlagen die Verhältnisse so, daß es sich meist um größere Blindleistungsenergien handelt, so daß sich die Verwendung der teueren Leistungsschalter lohnt. Bei Hochspannung und kleinen Leistungen kann man vielfach die Kondensatoren direkt an die Klemmen der Transformatoren oder Hochspannungsmotoren anschließen, so daß die Kondensatoren durch die ohnedies vorhandenen Leistungsschalter geschaltet werden.

7. Entladevorgänge.

Der vom Netz abgetrennte Kondensator muß entladen werden. Die Beseitigung der Restspannung im Kondensator soll weniger den Kondensator schützen, als vielmehr Unfälle verhüten. Man hat sich in Starkstromanlagen daran gewöhnt, daß vom Netz getrennte Maschinen und Apparate gefahrlos berührt werden können, so daß man auch dem Kondensator die Forderung auferlegen muß, daß er im Ruhezustand vollkommen spannungsfrei ist. Eine sehr rasche Entladung ist vielfach unerläßlich, da der Kondensator sofort wieder betriebsfähig sein muß und das Zuschalten geladener Kondensatoren meist unangenehme Ausgleichsvorgänge auslöst. Die zur Verfügung stehenden Entlademethoden sind vielgestaltig sowohl hinsichtlich ihrer Hilfsmittel wie auch der Schnelligkeit und des Stromverlaufs während der Entladeperiode. Die Entladevorgänge lassen sich in 2 Gruppen unterteilen, wobei in der ersten Gruppe diejenigen Methoden zusammenzufassen sind, bei denen sich die Entladung im praktisch induktionsfreien Kreis abspielt, während die 2. Gruppe die restlichen Methoden umfaßt, bei denen diese Voraussetzung nicht mehr zutrifft.

Entladung im induktionsfreien Kreis. Im induktionsfreien Kreis verläuft der Strom ähnlich wie beim Zuschalten eines Kondensators an eine Gleichstromquelle. Im ersten Augenblick ist bereits der Maximalwert des Stromes vorhanden, mit fortschreitender Entladung sinkt der Strom zunächst rasch, dann langsamer ab, um sich asymptotisch dem Wert 0 zu nähern. Die Stromkurve läßt sich durch die Gleichung

$$i = \frac{E}{R} \varepsilon^{-\frac{t}{T}}$$

nachbilden. Abb. 57 stellt den Stromverlauf dar. Der Höchstwert für i ist durch das Verhältnis E/R gegeben, wenn man mit E die im Augenblick des Abschaltens vorhandene Spannung und mit R den Gesamtwiderstand des Schließungskreises bezeichnet. Die Tangente im Anfangspunkt ist maßgebend für die Zeitdauer der Entladung. Sie schneidet auf der Abszissenachse die Entfernung T ab, wobei

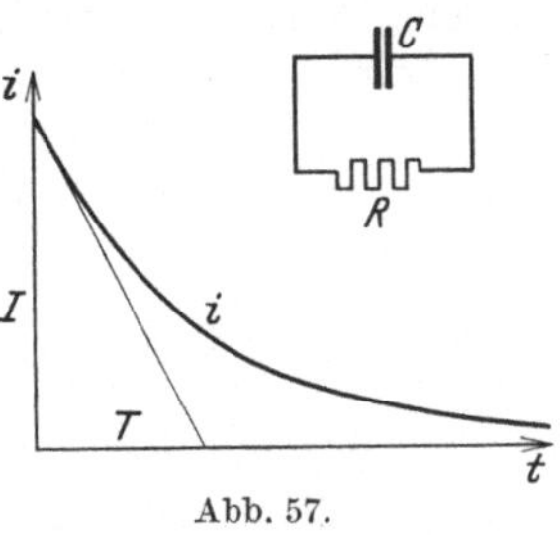

Abb. 57.

$$T = RC$$

die Zeitkonstante des Kreises angibt. Auch die Spannung am Kondensator ändert sich nach einer Exponentialkurve nach der Gleichung

$$e = E \varepsilon^{-\frac{t}{T}},$$

sie fällt mit der Stromkurve zusammen, wenn man die Maßstäbe entsprechend wählt.

Für das Entladen mit Ohmschen Widerständen haben sich 2 Verfahren eingebürgert (Abb. 58). Man legt entweder einen Ohmschen Widerstand dauernd an die Klemmen des Kondensators oder verwendet Umschalter, die in der Ruhestellung die Kondensatorbeläge durch einen Widerstand überbrücken. Bei der ersten Methode mit fest eingebautem Widerstand muß man den Ohmwert so hoch wählen, daß die dauernden Verluste bei geschlossenem Schalter in erträglichen Grenzen bleiben, während bei Verwendung von Umschaltern der Widerstand der gewünschten Entladezeit angepaßt werden kann. Methode 1 hat den Vorteil des einfachen Schalters, Methode 2 den der geringen Verluste. Bei den zur Leistungsfaktorverbesserung verwandten Kondensatoren handelt es sich mitunter um sehr große Kapazitäten. Ein Kondensator für 1000 kVA, 500 Volt hat eine Kapazität von 0,0127 F. Wenn man für diesen Kondensator einen dauernden Verlust von 100 Watt zuläßt, kommt man auf einen Dauerstrom im Entlade-

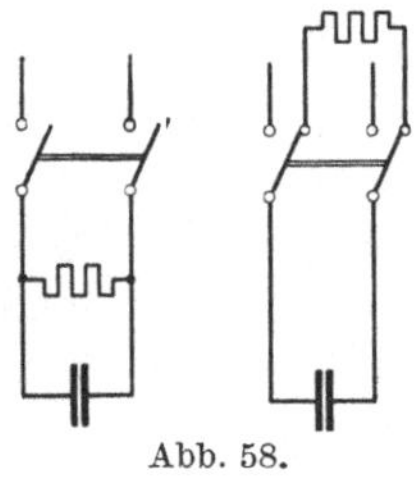
Abb. 58.

widerstand von 0,2 Amp. und damit auf einen Widerstandswert von 2500 Ohm. Dieser Widerstand gibt in Verbindung mit der Kapazität des Kondensators eine Zeitkonstante von

$$T = R \cdot C = 2500 \cdot 0{,}0127 = 31{,}8\,\text{sec}.$$

Aus der Entladekurve kann man ableiten, daß nach $3 \cdot T$ die Restspannung noch etwa 5% beträgt. Man hätte also mit der Wiederinbetriebnahme des Kondensators mindestens $3 \cdot 31{,}8 = 95{,}4$ sec zu warten. Bei einer Steigerung der Verluste auf das 10fache, also auf 1000 Watt $= 1\,^0/_{00}$ der Blindleistung würde man einen Wert für $R = 250$ Ohm und damit auf $T = 250 \cdot 0{,}0127 = 3{,}18$ sec kommen. Wenn man jedoch berücksichtigt, daß die Verluste des Kondensators nur etwa $2\,^0/_{00}$ betragen, würde man bereits 50% Verlust im Entladewiderstand in Kauf nehmen müssen.

Der Widerstand soll also zwei sich widersprechenden Gesetzen gehorchen. Es soll deshalb zunächst eine Beziehung abgeleitet werden, welche den Widerstand mit Rücksicht auf die Verluste festlegt. Die Batterieleistung beträgt:

$$W_k = E^2 \omega C.$$

Wenn die Vorschrift besteht, daß der Verlust im Widerstand $W_r = \frac{E^2}{R}$ nur $1\,^0/_{00}$ der Kondensatorleistung betragen darf, dann gilt:

$$\frac{W_k}{W_r} = 1000 = \frac{E^2 \omega C R}{E^2}, \qquad CR = 3{,}14.$$

Man erhält als Zeitkonstante 3,14 sec und damit eine Entladezeit von 10 sec. Geht man von der Entladezeit = 1 sec aus, dann besteht die Bedingungsgleichung $C \cdot R = {}^1/_3$ sec. Hieraus erhält man unter Benutzung der früheren Beziehungen rund 1% Verluste. Wenn also mit Rücksicht auf eine gesicherte Betriebsführung und die Vermeidung von Unfällen die Entladezeit zu 1 sec vorgeschrieben ist, dann muß man sich mit einem Verlust, der je kVA 10 Watt beträgt, abfinden.

Diese Werte haben zur Voraussetzung, daß beim Abschalten des Kondensators eine Restspannung verbleibt, die gleich dem Effektivwert der Wechselspannung während des Betriebes ist. Diese Voraussetzung wird nur in wenigen Fällen zutreffen. Die Kondensatorspannung könnte ungünstigenfalls um die Differenz zwischen Maximal- und Effektivwert der Wechselspannung größer sein und hierdurch noch etwas größere Entladezeiten ergeben. Die Wahrscheinlichkeit, daß die Spannung beim Abschalten ihren Höchstwert hat, ist sehr groß, da der Lichtbogen bei $i = 0$ zum Erlöschen kommt und in diesem Augenblick die Kondensatorspannung ihren Höchstwert aufweist.

Wählt man die Entlademethode mit Umschalter, dann verfügt man über eine weite Freizügigkeit hinsichtlich der Bemessung des Widerstandes. Wenn auch hier die Bedingung gelten soll, daß $R \cdot C = {}^1/_3$ sec ist, dann läßt sich leicht für jeden Kondensator die Größe des Widerstandes errechnen.

$$R = \frac{E^2}{W_k} \cdot \frac{\omega}{3}.$$

Hiermit wird das Verhältnis des Entladestromes J_e zum Kondensatornennstrom J_n:

$$\frac{J_e}{J_n} = \frac{3}{\omega} \cong 0{,}01 .$$

Dieser Widerstand liefert als Entladestrom nur ${}^1/_{100}$ des Kondensatornennstromes. Es zeigt sich, daß aus der vorgeschriebenen Entladezeit von 1 sec sehr kleine Entladeströme zustande kommen. Wenn man auf eine sehr rasche Entladung Wert legt, kann man den Strom beträchtlich höher wählen und ohne Gefährdung den Nennstrom J_n des Kondensators als Entladestrom J_e zulassen. Man erhält hieraus die Bedingung:

$$T = RC = \frac{E}{J_n} \cdot \frac{W_k}{E^2 \omega} = \frac{1}{\omega} = 0{,}003 \text{ sec} .$$

Die Zeitkonstante läßt sich also bis auf 0,003 sec herabsetzen. Die Gesamtentladezeit beträgt hiernach etwa ${}^1/_{100}$ sec.

Die Verlustleistung, für welche die Widerstände zu dimensionieren sind, ist verschwindend klein. Sie ist in jedem Augenblick durch das Produkt aus Strom und Spannung gegeben. Der Leistungsverlauf läßt sich also durch die Gleichung darstellen:

$$w = e \cdot i = \frac{E^2}{R} \cdot \varepsilon^{-\frac{2t}{T}} .$$

Man könnte durch Integration dieser Gleichung die im Kondensator aufgespeicherte Energie ermitteln, es ist jedoch einfacher, direkt auf den Energieinhalt des Kondensators zurückzugreifen: $A = \frac{1}{2} C E^2$. Macht man den Energieinhalt nicht von Kapazität und Spannung abhängig, sondern von der Kondensatorleistung, dann erhält man

$$A = \frac{W_k}{2\omega} .$$

Aus dieser Beziehung läßt sich schnell für jede Kondensatorleistung die Größe des Energieinhaltes angeben, er beträgt beispielsweise für eine Batterie von 1000 kVA unabhängig von der Spannung:

$$A = \frac{1000}{2\omega} = 1{,}6 \text{ kW sec} ,$$

gemessen an der Kondensatorleistung eine ganz verschwindend kleine Energiemenge. Da die Entladezeit für feste Widerstände etwa 1 sec beträgt, kommt man auf eine mittlere Entladeleistung von 1,6 kW.

Entladung im induktiven Stromkreis. Induktive Entladekreise können durch den künstlich eingefügten Entladewiderstand oder durch den zu kompensierenden Verbraucher entstehen, der im Ruhezustand die Belege des Kondensators überbrückt. Die am häufigsten vorkommenden Entladekreise sind in der Abb. 59 zusammengestellt. Beim kompensierten Motor bildet die in Stern oder Dreieck geschaltete Wicklung den Kurzschlußkreis, der beim Öffnen des Schalters wirksam wird. Der getrennte Anschluß von Kondensatoren zwingt zur Verwendung besonderer Entlademittel. Drosselspulen werden häufig, sowohl in Hoch- wie in Niederspannungsanlagen verwendet, da sie den großen Vorzug haben, während des Betriebes mit verschwindend kleinem Verlust zu arbeiten und sofort beim Öffnen des Schalters die Entladung einzuleiten. Hilfskontakte und Umschalter werden überflüssig, Störungsquellen sind also weitgehendst eliminiert. Drosseln werden überflüssig, wenn bereits Spannungswandler vorhanden sind, da dann der Wandler die Drossel ersetzt. In jedem Fall kann der Entladekreis durch das nebenstehende Schaltbild ersetzt werden (Abb. 60), wobei Kapazität, Selbstinduktion und Ohmscher Widerstand in Reihe liegen. Wir erhalten einen Schwingungskreis, bei dem sich trotz des Fehlens einer treibenden Wechselspannung pendelnde Ausgleichsvorgänge einstellen müssen. Die Eigenfrequenz, nach der sich die Schwingungen abwickeln, ist gegeben durch

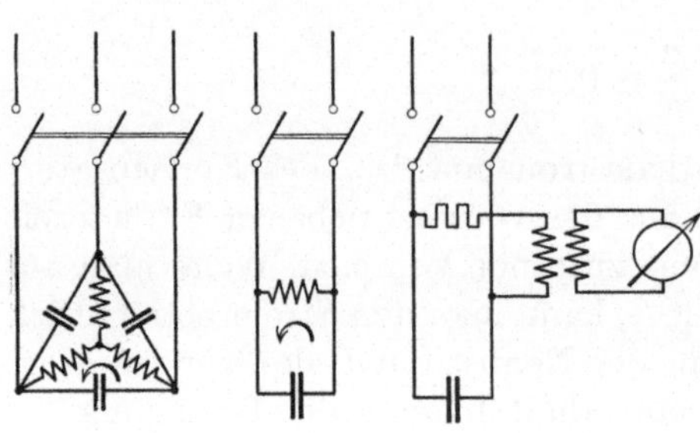

Abb. 59. Entladestromkreise für Kondensatoren.

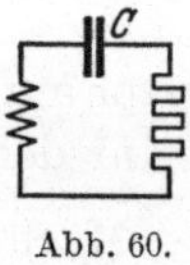

Abb. 60.

$$\nu = \sqrt{\frac{1}{LC} - \left(\frac{R}{2L}\right)^2}\,.$$

Es sei zunächst die Entladung über die Motorwicklung betrachtet, wobei R vernachlässigbar klein ist, da der Ohmsche Abfall im Motor schon wegen der Verluste äußerst gering ist; die Frequenz beträgt hierbei

$$\nu = \frac{1}{\sqrt{LC}}\,.$$

Da man bei der Kompensation von Motoren meist $\cos\varphi = 1$ anstrebt, zumindest jedoch in der Nähe von $\cos\varphi = 1$ arbeitet, ist auch annähernd die Bedingung $\omega L = \frac{1}{\omega C}$ erfüllt, die den Fall der Stromresonanz, also der völligen Kompensation angibt. Durch Einsetzen dieser Beziehung in die Frequenzgleichung erhält man $\nu = \omega$. Es ergibt sich also das auffallende Resultat, daß die Frequenz völlig unabhängig von Verbraucherleistung und Kondensator ist und daß alle Anlagen nahezu den gleichen Wert ω ergeben. Der Entladestrom pulsiert im selben Rhythmus wie die Netzspannung; Strom und Spannung zeigen jedoch einen stark gedämpften Verlauf. Es muß darauf hingewiesen werden, daß bei Motoren Selbsterregungserscheinungen und die drehzahlabhängige Reaktanz grundlegend andere Erscheinungen auslösen, so daß dieses Ergebnis nur auf gewisse Verbraucher, wie Transformatoren, Drosselspulen usw., angewendet werden darf.

Bei der Verwendung von Entladedrosselspulen kommt man zu wesentlich anderen Ergebnissen. Drosselspulen werden meist mit einem hohen Blindwiderstand ausgeführt, um eine möglichst geringe Blindleistungsentnahme zu sichern. Der Wirkwiderstand dürfte vielfach gleich dem Blindwiderstand sein, da man, um billige Drosseln zu erzielen, den Dauerstrom gleichzeitig durch den Wirkwiderstand begrenzt. Um Rückschlüsse auf die Eigenfrequenz des Entladekreises ziehen zu können, muß noch das Verhältnis des Drosselwiderstandes zur Kondensatorkapazität bekannt sein. Es kann je nach der Leistung des Kondensators in weiten Grenzen schwanken, da man mit einer Drosseltype beliebige Kondensatorleistungen ausgleichen kann. In vielen Fällen wird jedoch das Leistungsverhältnis in der Größenordnung 1 : 1000 liegen, also $\frac{1000}{\omega C} = \omega L$. Berücksichtigt man dieses Leistungsverhältnis in der Frequenzgleichung, dann erhält man:

$$\nu = \frac{1}{\sqrt{LC}} = \frac{\omega}{\sqrt{1000}} = 0{,}0316\,\omega\,.$$

Die Schwingungen werden also sehr viel länger sein als beim Entladen über die Motorwicklung. Wenn mit der gleichen Drosselspule eine 10fache größere Batterie, also 100 kVA entladen werden, erhält man $\nu = \frac{\omega}{100}$ und damit eine Frequenz von 0,5 Per./sec. Die Schwingungen würden hier also außerordentlich langsam verlaufen.

Spannungswandler sind stets mit einer sehr feindrahtigen Wicklung ausgeführt und werden meist noch durch vorgeschaltete Widerstände gegen Überspannung geschützt, so daß der Gesamtwert von R häufig so groß wird, daß kein oszillierender Ausgleichsvorgang zustande kommen kann. Ein aperiodisches Abklingen von Strom und Spannung ist im induktiven Kreis dann zu erwarten, wenn der Wurzelausdruck in der Frequenzgleichung den Wert 0 annimmt. Dies ist der Fall, wenn die Bedingung erfüllt ist:

$$R = 2\sqrt{\frac{L}{C}}\,.$$

In der Regel wird die Induktivität L sowie die Kapazität C nicht bekannt sein, so daß sich auch der Wert von R nicht ohne weiteres bestimmen läßt. Man kann jedoch L und C durch die Blindleistungsaufnahme der Drossel W_l und die Kondensatorleistung W_k zum Ausdruck bringen; R nimmt dann die Form an:

$$R = \frac{2E^2}{\sqrt{W_l W_k}}.$$

Für eine Batterie mit 100 kVA bei 500 Volt und einer Entladedrossel von 10 VA ergibt sich ein Widerstand von 500 Ohm.

Außer der Frequenz des Entladestromes ist auch die Dauer des Entladevorganges von Interesse. Der Strom klingt nach folgender Gleichung ab:

$$i = \frac{E}{\sqrt{\frac{L}{C}}} \varepsilon^{-\frac{t}{2T}} \sin \nu t,$$

wobei die größte Stromamplitude aus der Kondensatorrestspannung und dem Schwingungswiderstand $\sqrt{\frac{L}{C}}$ erhalten wird. Auch die Spannung gehorcht einem ähnlichen Gesetz, jedoch sind Strom und Spannung um 90° gegeneinander versetzt.

$$e_C = E \cdot \varepsilon^{-\frac{t}{2T}} \cos \nu t.$$

Mit T ist hier ebenfalls die Zeitkonstante bezeichnet, sie errechnet sich aus:

$$T = \frac{L}{R}.$$

Beim Entladen im induktionsfreien Kreis war die Zeitkonstante durch das Produkt aus R und C gegeben und die Dämpfung weit stärker, da dort der Faktor $^1/_2$ im Exponenten fehlte. Das Einfügen einer Induktivität in den Entladekreis bedingt demnach ein geändertes Verhalten. Während im induktionsfreien Kreis die Zeitkonstante von R und C abhängig ist, wird nunmehr die Größe des Kondensators ohne Einfluß, sie ist lediglich noch maßgebend für die Frequenz der Entladung. Für sehr kleine Werte von R wird die Entladung lange hinausgezögert, ebenso wirken auch große Induktivitäten auf einen langsamen Ausgleich der Kondensatorrestladung. Es ist auch leicht erklärlich, daß nur das Vorhandensein Ohmscher Widerstände den Vorgang beschleunigt, da ja die im Kondensator aufgespeicherte Arbeit in Wärme umgesetzt werden muß, wenn sie nicht dauernd zwischen Kapazität und Induktivität pendeln soll. Bei Entladedrosseln wurde festgestellt, daß vielfach $\omega L = R$, somit $T = \frac{1}{\omega}$ sec. Wenn man Wert legt auf noch kleinere Entladezeiten, wird man Spulen mit möglichst hohem Widerstand verwenden. Abb. 61 zeigt den Stromverlauf beim Entladen eines Kondensators über Drossel und Widerstand. Die Zeitkonstante beträgt hierbei annähernd 0,03 sec, so daß der Entladevorgang praktisch nach 0,2 sec beendet ist.

Die größte Stromamplitude beträgt:

$$J = \frac{E}{\sqrt{\frac{L}{C}}}.$$

Dieser Ausdruck deckt sich mit dem bereits früher festgestellten für das Entladen im induktionsfreien Kreis, nur daß hier an Stelle des Widerstandes R der Schwingungswiderstand $\sqrt{\frac{L}{C}}$ tritt. Ersetzt man auch hier die Werte von L und C durch die Leistungen, dann erhält man

$$\sqrt{\frac{L}{C}} = \frac{1}{\omega C}\sqrt{\frac{W_k}{W_l}} = \frac{E^2}{\sqrt{W_l \cdot W_k}}.$$

Der Schwingungswiderstand ist demnach gleich dem kapazitiven Widerstand des Kondensators, wobei jedoch das Verhältnis der Drossel zur Kondensatorleistung sowohl eine Vergrößerung als auch eine Verminderung nach sich ziehen kann. Für $W_l = W_k$ ist der Schwingungswiderstand genau so groß wie der Kondensatorwiderstand und demnach auch der größte Entladestrom gleich dem Kondensatornennstrom. Man erhält bei Anlagen mit $\cos\varphi = 1$ und Entladung über die Wicklungen des zu kompensierenden Verbrauchers nur den Nennstrom bzw. $\sqrt{2} \cdot J_n$, wenn der Kondensator beim Abtrennen vom Netz mit der höchsten Wechselspannung geladen ist.

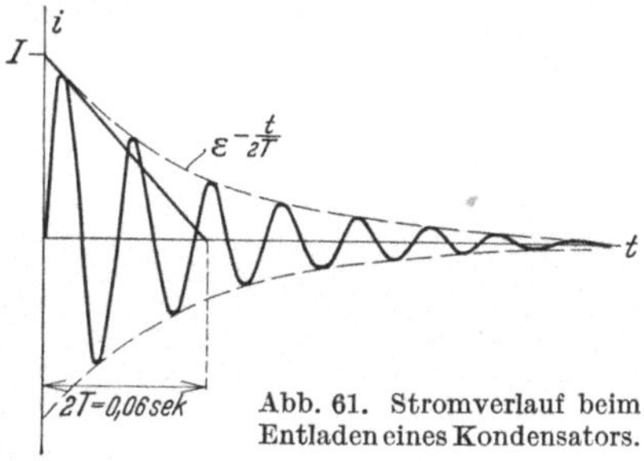

Abb. 61. Stromverlauf beim Entladen eines Kondensators.

Verwendet man Entladedrosseln, dann wird W_k/W_l mindestens den Wert 1000 annehmen, da man schon bei einem Kondensator von 10 kVA und einer Drossel mit 10 VA auf 1000fache Kondensatorleistung kommt. Hierdurch wird der Entladestrom stark reduziert. Ganz allgemein läßt sich der größte Entladestrom J_e als Vielfaches des Nennstromes J_n durch folgende Beziehung zum Ausdruck bringen:

$$\frac{J_e}{J_n} = \sqrt{\frac{W_l}{W_k}}.$$

Bei $W_k = 10$ kVA und einer Drossel $W_l = 10$ VA wird $\frac{J_e}{J_n} = 0{,}03$, d. h. nur 3% des Nennstromes betragen.

Häufig kontrolliert man in Hochspannungsanlagen die Spannung am Kondensator durch einen Spannungsmesser, der über einen Wandler mit den Zuleitungen zum Kondensator verbunden ist. Aus Ersparnisrücksichten wird der Wandler zwischen Schalter und Kondensator gelegt, damit er gleichzeitig zur Entladung dient. Beim Abschalten des Kondensators entsteht dann der in Abb. 62 gezeichnete Stromkreis.

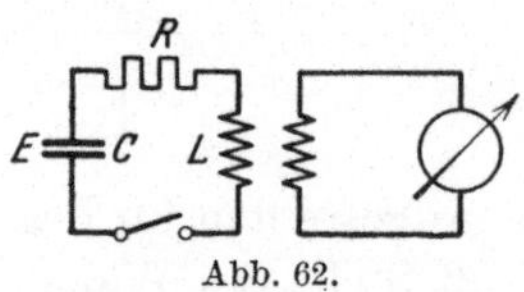

Abb. 62.

Um definierte Verhältnisse zu bekommen, sei angenommen, daß der Kondensator mit einer bestimmten Spannung geladen sei und dann der Schalter eingelegt werde.

Die Vorgänge lassen sich hier rechnerisch schwer untersuchen, da sie durch die Sättigung im Wandler stark beeinflußt werden. Es sei deshalb nur das Oszillogramm (Abb. 63) an Hand der Versuchswerte durchgesprochen.

$$C = 17{,}6\,\mu\mathrm{F}\,, \quad L = 15500\,\mathrm{Hy}\,, \quad R = 5100\,\Omega\,, \quad E = 2400\,\mathrm{Volt}\,.$$

Kurz nach dem Einlegen des Schalters steigt der Kondensatorstrom zunächst langsam an, bis Sättigung im Wandler erreicht ist. Der weitere Verlauf zeigt ein steiles Ansteigen des Stromes bis zum scharf ausgeprägten Maximum, an das sich der asymptotisch auf Null abklingende Kurvenast anschließt.

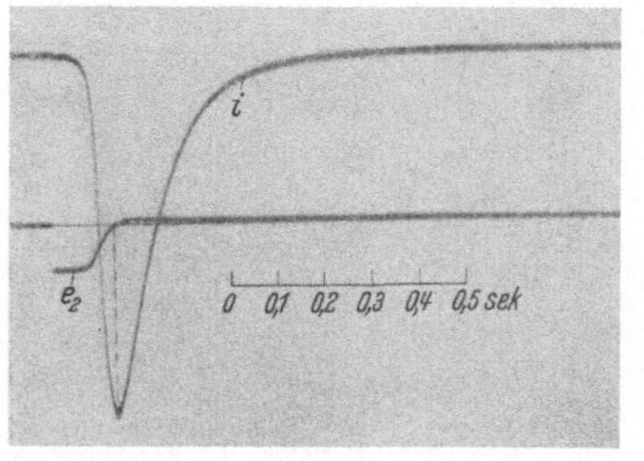

Abb. 63. Entladung eines Kondensators über die Primärwicklung eines Spannungswandlers.

An Hand des Zeitmaßstabs kann man feststellen, daß der Entladevorgang nach 0,5 sec fast vollständig beendet ist.

Die Spannung in der Sekundärwicklung hat sofort nach Schließen des Schalters den höchsten Wert, weil unterhalb des Sättigungsknies die raschesten Feldänderungen eintreten müssen. Bereits nach 0,05 sec ist Sättigung erreicht und die Sekundärspannung nimmt rasch ab, bis sie im Strommaximum durch 0 geht und ihre Richtung umkehrt. Der flach abfallende Teil der Stromkurve gibt auch geringere Spannungswerte unterhalb der Abszissenachse. Die größte Spannung, die in der Sekundärwicklung induziert wurde, betrug 21,4 Volt, während die Nennspannung des Wandlers 100 Volt ist. Beim Versuch wurde der Wandler primärseitig an 24% der Nennspannung angeschlossen, er gab sekundär nur 21% der Nennspannung ab. Es ist also ohne weiteres möglich, an die Sekundärseite des Wandlers Instrumente anzuschließen, ohne daß Gefahr vorhanden ist, daß beim Abschalten des Kondensators Beschädigungen durch Überspannungen zu erwarten sind.

8. Kurzschlußverhalten.

Es ist schon häufig die Frage aufgeworfen worden, in welchem Maß das Kurzschlußverhalten eines Netzes durch den Einbau von Kondensatoren beeinflußt wird. Diese Frage ist durchaus berechtigt, da die Bemessung der Schalter und die Kurzschlußfestigkeit der Anlagen bisher stets auf Grund der Kurzschlußleistungen der Generatoren und Transformatoren vorgenommen wurde, ohne daß man auf evtl. vorhandene Kondensatoren Rücksicht genommen hat. Solange es sich um kleine Kapazitäten handelt, kann man den Einfluß der Kondensatoren ohne Sorge vernachlässigen. Es lohnt sich jedoch eine eingehende Prüfung, wenn es sich um Kondensatorleistungen von mehreren 1000 kVA handelt, also um Leistungen, die schon die Größenordnung kleinerer und mittlerer Generatoren erreichen.

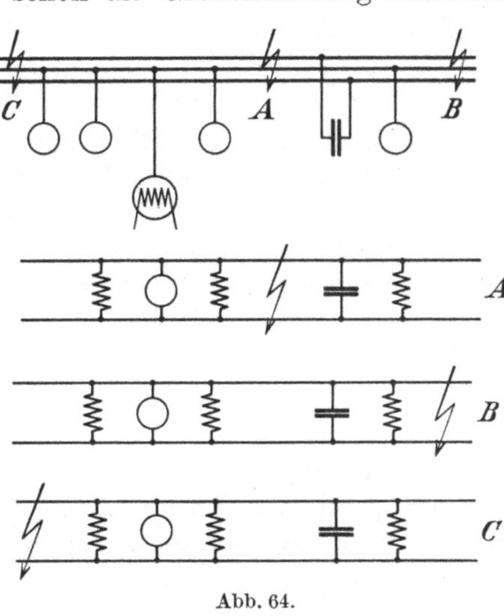

Abb. 64.

Der Kondensator stellt einen Speicher elektrischer Energie dar und wird seine Leistung im Falle eines Kurzschlusses innerhalb sehr kurzer Zeit auf die Kurzschlußstelle werfen. Das Schema (Abb. 64) zeigt eine Anlage, bei der ein Netz durch einen Generator versorgt wird, wobei an verschiedenen Stellen des Netzes die verschiedenartigsten Verbraucher angeschlossen sind. Die Kondensatorbatterie soll in einer gewissen Entfernung vom Generator arbeiten. Das Kurzschlußverhalten dieses Netzes soll näher betrachtet werden, wenn der Kurzschluß an verschiedenen Stellen eintritt. Im Schaltschema sind 3 besonders wichtige Punkte A, B und C besonders markiert.

Spielt sich der Kurzschluß in ziemlicher Entfernung vom Generator, und zwar an der Stelle C ab, dann hat man zunächst mit den üblichen Kurzschlußerscheinungen zu rechnen. Unter der Annahme, daß es sich um einen satten Kurzschluß zwischen 2 Phasen handelt, wird an der Kurzschlußstelle praktisch die Spannung 0 vorhanden sein. Nach Abklingen des Stoßkurzschlußstromes stellt sich der stationäre Kurzschlußstrom ein, der durch die Charakteristik des Generators und die Widerstände der Strombahn gegeben ist. An den Klemmen des Generators wird demnach eine gewisse Restspannung übrigbleiben, die auch an den übrigen Teilen des Netzes vorhanden ist. Die Kondensatorspannung wird also trotz des Kurzschlusses nicht den Wert 0 aufweisen, sondern einen gewissen endlichen Wert annehmen, der allerdings wesentlich kleiner ist als die Nennspannung. Die Ströme, die sich über den Kondensator schließen, pulsieren nach wie vor im Takt der Netzfrequenz, so daß der Kondensator keine gefährlich hohen Stromstöße nach der Kurzschlußstelle senden kann.

Bei Kurzschlüssen, die an der Stelle B, also in einem Netzausläufer stattfinden, ergeben sich ähnliche Verhältnisse wie bei Kurzschlüssen im Punkt C. Auch in diesem letzten Fall wird die Kondensatorspannung nicht auf 0 herabsinken, sondern auch im stationären Zustand noch einen gewissen endlichen Wert aufweisen. Bei der Parallelarbeit von Kondensator und Generator kann man die Wirkung des Kondensators dadurch zum Ausdruck bringen, daß man sich die elektrostatische Feldenergie des Kondensators als zusätzliche Feldenergie des Generators vorstellt. Es wird also tatsächlich im Kurzschlußfall eine gewisse Steigerung des Kurzschlußstromes eintreten. Man hat jedoch zu berücksichtigen, daß beim Abklingen der Generatorspannung die Kondensatorleistung in der 3. Potenz zurückgeht und deshalb bei geringerer Klemmenspannung des Generators kaum merkliche Wirkungen ausüben kann. Eine schlagartige Entladung des Kondensators auf die Kurzschlußstelle wird auch hier nicht eintreten können, da der Generator nach wie vor dem Kondensator Frequenz und Leistung aufzwingt.

Wesentlich neue Vorgänge werden jedoch bei Kurzschlüssen, die sehr nahe an den Kondensatorklemmen eintreten, zu erwarten sein. Hier wird die Kurzschlußstelle von 2 Stromkomponenten gespeist. Eine Stromkomponente wird vom Generator geliefert, eine weitere Komponente durch den Entladestrom des Kondensators. Der Generatorstrom ist im allgemeinen wenigstens seiner Größenordnung nach bekannt, da man bei der Auslegung des Netzes und der Schaltgeräte hierauf Rücksicht zu nehmen hat. Die Untersuchung wird also vor allem klären müssen, ob durch das Vorhandensein des Kondensators die Kurzschlußbeanspruchungen in einem solchen Umfang anwachsen, daß besondere Schutzmaßnahmen gegen Kurzschlüsse notwendig werden. Der Kurzschlußvorgang wird sich nach Gesetzen abspielen, die zum Teil bei der Behandlung der Entladevorgänge genauer untersucht wurden. Man wird mit oszillierenden Ausgleichsvorgängen zu rechnen haben, die mit großer Amplitude einsetzen, jedoch rasch abklingen. Diese Stromstöße können sowohl dynamische als auch thermische Effekte auslösen. Um ein Bild über die möglichen Wirkungen zu gewinnen, sei daran erinnert, daß die im Kondensator aufgespeicherte Arbeit gleich dem 630. Teil seiner Blindleistung ist. Es würde also beispielsweise bei einer Batterie von 5000 kVA äußerstenfalls eine Energie von 8 kWsec auf den Kurzschluß fallen können. Hieraus geht hervor, daß selbst sehr große Batterien nur kleine Stoßleistungen abgeben, so daß auch die thermischen Auswirkungen keine ernsthafte Gefahr darstellen können. Die beim Kurzschluß freiwerdende Energie wird sich an der Stelle der Strombahn in Wärme umsetzen, die den größten Widerstand hat. Häufig sind Sicherungen vorhanden, die einen verhältnismäßig hohen Widerstand aufweisen, so daß sie auch im Kurzschlußfall die freiwerdende Energie schlucken, deshalb kann man häufig feststellen, daß Sicherungen beim Kurzschluß durchschmelzen. Um Abhilfe zu schaffen, genügen kleine Vorschaltwiderstände, die im Betrieb vielleicht 0,1 bis 0,2% der Netzspannung abdrosseln und im Kurzschlußfall den größten Teil der freiwerdenden Energie auf sich ziehen. Wichtig ist bei der Dimensionierung, daß die Zusatzwiderstände größer sind als der Sicherungswiderstand. Nähere Angaben hierüber befinden sich im Abschnitt über Schaltvorgänge.

Die dynamischen Wirkungen hängen von der Amplitude des Stoßstromes ab. Um hier Zahlenwerte zu erhalten, müssen gewisse Voraussetzungen über die Widerstände der Kurzschlußschleife gemacht werden. Der größte Stromstoß, der beim Kurzschließen eines Kreises, der aus Kapazität und Selbstinduktion besteht, auftritt, ist:

$$J = \frac{E}{\sqrt{\frac{L}{C}}}.$$

Der Kurzschlußstoß hängt also ab vom Augenblickswert der Wechselspannung, der im ungünstigsten Fall das $\sqrt{2}$fache des Effektivwertes ist und dem Schwingungswiderstand der Kurzschlußschleife. Es dürfte zur Anschaulichkeit beitragen, wenn man den Schwingungswiderstand durch Werte ersetzt, die sich in der Praxis leicht abschätzen lassen. Die geringe Reaktanz L der Leiterschleife wird auch im Betrieb einen gewissen Spannungsabfall $\varDelta E = J\omega L$ erzeugen. Die Spannung an den Kondensatorklemmen beträgt beim Nennstrom $E = \frac{J}{\omega C}$. Das Verhältnis der beiden Spannungen sei mit $Z = \frac{\varDelta E}{E}$ bezeichnet. Durch Multiplizieren der Werte von $\varDelta E$ und E erhält man

$$\sqrt{\frac{L}{C}} = \frac{\sqrt{Z}}{\omega C}.$$

Der Schwingungswiderstand läßt sich also ohne weiteres wenigstens seiner Größenordnung nach angeben, wenn die Spannungsverteilung zwischen Generator und Kondensator und die örtliche Lage der Kurzschlußstelle bekannt ist. Der Kurzschlußstrom J_k errechnet sich zu:

$$J_k = \frac{E\omega C}{\sqrt{Z}} = \frac{J}{\sqrt{Z}} = J\sqrt{\frac{E}{\varDelta E}}.$$

Beträgt der induktive Spannungsabfall, den der Kondensatornennstrom hervorruft $1^0/_{00}$, dann würde der Stoßstrom auf das 33fache des Normalstromes anwachsen.

Der Verlauf der Klemmenspannung eines Kondensators von 134 μF, der sich beim plötzlichen Kurzschluß einstellt, wurde durch den Oszillographen aufgezeichnet (Abb. 65), so daß man die Frequenz bequem ablesen kann. Die Zeitdauer einer vollen Entladeschwingung betrug hierbei $^1/_{2000}$ sec, so daß als Frequenz 2000 Per./sec erhalten wird. Die geringe Reaktanz führt demnach auf sehr schnelle Schwingungen. Aus der Eigenfrequenz läßt sich leicht rückläufig die wirksame Reaktanz der Kurzschlußschleife berechnen, sie beträgt:

$$L = \frac{1}{C\nu^2} = \frac{1}{134 \cdot 10^{-6}(2000 \cdot 2\pi)^2} = 0{,}05 \cdot 10^{-3}\,\text{Henry}.$$

An Hand zahlreicher Kurzschlußversuche wurde festgestellt, daß man auch in sehr ungünstigen Fällen mit $L = 0{,}01 \cdot 10^{-3}$ Henry für die Kurzschlußschleife rechnen kann und daß man häufig auch wesentlich höhere Blindwiderstände der Kurzschlußbahn bis $0{,}1 \cdot 10^{-3}$ Henry und darüber antrifft. Es ist ferner zu beachten, daß in die Leitungen eingebaute Wandler oder Auslösespulen der Schalter den Blindwiderstand auf ein Vielfaches des natürlichen Leitungswiderstandes hochtreiben, da man für die Auslöser häufig Werte von 1,0 bis $5{,}0 \cdot 10^{-3}$ Henry feststellen kann.

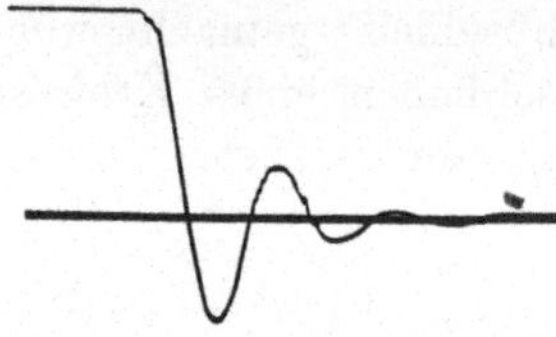

Abb. 65. Spannungsverlauf beim Kurzschließen eines Kondensators.

In Starkstromnetzen sucht man stets kranke Netzteile vom Netzkörper abzutrennen, um die gesunden Netzgebiete auch bei Störungen betriebsfähig zu halten. Die Schutzrelais werden deshalb gestaffelt und die Auslösezeiten so gewählt, daß im Kurzschlußfall nur eine lokale Betriebsunterbrechung eintritt. Für die Beurteilung der Wirkung von Kondensatoren ist es wichtig, die Zeitdauer der Kurzschlußströme kennenzulernen. Das Abklingen des Stromes erfolgt nach dem Gesetz:

$$i = J\varepsilon^{-\frac{t}{2T}} \sin \nu t\,.$$

Schon früher wurde festgestellt, daß für $t = 3 \cdot 2\,T$ der Kurzschluß praktisch abgeklungen ist. T ist hierbei die elektromagnetische Zeitkonstante $= \frac{L}{R}$. Da Kurzschlüsse meist nur in Hochspannungsnetzen gefährlich werden, wegen der mitunter beträchtlichen Blindleistungsenergien, sollen die Auswirkungen in Hochspannungsnetzen besondere Berücksichtigung finden. Für R wird man mit Werten von 0,1 Ohm bis 1 Ohm zu rechnen haben, da die Sicherungswiderstände sich in dieser Größenordnung bewegen. Für L wurde schon früher der Bereich zwischen $(0{,}01 \div 0{,}1)\,10^{-3}$ Henry festgestellt.

$$t = 6\,\frac{L}{R} = (0{,}06 \div 6) \cdot 10^{-3}\,\text{sec}\,.$$

Die Abklingzeiten liegen also auch in ungünstigen Fällen unter einer Halbwelle des Betriebsstromes. Diese Zeiten sind derartig kurz, daß die Schalter nicht in der Lage sind, auf die Kurzschlußströme anzusprechen. Wenn der Schalter durch den Spannungszusammenbruch zum Fallen kommt, ist der Stromstoß des Kondensators längst abgeklungen, so daß eine besondere Beanspruchung der Schaltkontakte nicht eintritt. Auch gestaffelte Relaiskombinationen können keine Störungen erfahren, da die Relaiszeiten in der Regel ein Vielfaches der Abklingzeiten des Kurzschlußstromes ausmachen.

Die hohen Stromspitzen, die beim Kurzschluß eintreten, können jedoch Überspannungen auslösen. Liegen Blind- oder Wirkwiderstände in der Strombahn, dann erhält man das eintretende Spannungsgefälle als Produkt aus Strom und Widerstand. Da der Kurzschlußstrom stets ein hohes Vielfaches des Betriebsstromes ist, kann auch die Spannungsdifferenz Werte erreichen, die zu Überschlägen und Zerstörungen führen. Beispielsweise können die Auslösespulen von Schaltern so hohen Beanspruchungen ausgesetzt werden, daß die Spulenisolation durchschlagen wird. Im normalen Betrieb entsteht an den Auslösespulen eine Spannungsdifferenz, die durch den Widerstand und den Betriebsstrom gegeben ist. Im Kurzschlußfall steigt der Strom auf den Wert J_k mit der Frequenz ν, und der Spannungsabfall E_k beträgt

$$E_k = J_k \nu L .$$

Bei Kurzschlüssen, die sehr nahe an den Kondensatorklemmen auftreten, kann man die übrigen Blindwiderstände vernachlässigen, da sie, verglichen an der Reaktanz der Spule, vernachlässigbar klein sind. Ersetzt man J_k durch die höchste Kondensatorspannung und den Schwingungswiderstand, dann erhält man:

$$E_k = \frac{E\sqrt{2}}{\sqrt{\frac{L}{C}}} \nu L = E\sqrt{2} .$$

Während der Betriebsstrom einen Spannungsabfall verursacht, der $^1/_{100}$ bis $^1/_{1000}$ der normalen Wechselspannung beträgt, kann im Kurzschlußfall die $\sqrt{2}$fache Betriebsspannung an die Auslöser kommen. Es ist deshalb bei Schaltern für Kondensatoren darauf zu achten, daß die Auslöser für die Betriebsspannung isoliert sein müssen. Man kann jedoch auch schwächer isolierte Spulen verwenden und die Spannungsbeanspruchungen durch Parallelwiderstände herabdrücken oder die Kurzschlußströme durch besondere Maßnahmen so stark reduzieren, daß alle Gefahren von vornherein ausgeschaltet sind.

Diese Ergebnisse wurden an vielen Stellen der Praxis bestätigt. Durch den Einbau von Kondensatoren werden zwar die Kurzschlußströme unter gewissen Voraussetzungen erhöht. Diese Steigerung ist jedoch ungefährlich, da der Energieinhalt des Kondensators zu gering ist, um gefährliche Wärmewirkungen auslösen zu können und da überdies die

Ströme so außerordentlich rasch abklingen, daß auch die Kontakte der Schalter keiner Gefahr ausgesetzt werden. Trotzdem ist auf gewisse Erscheinungen, wie Überspannungen an den Auslösespulen, geeignete Bemessung der Sicherungen usw. Rücksicht zu nehmen.

9. Schutzeinrichtungen.

Für den Schutz von Kondensatoren gelten ähnliche Gesetze wie für den Schutz von Motoren. Die Verhältnisse liegen jedoch bei Kondensatoren insofern bedeutend einfacher und übersichtlicher, als die Überlastungsmöglichkeiten hier sehr viel geringer sind. Während beim Motor Überlastungen nicht nur von der elektrischen Seite, sondern in erster Linie von der Arbeitsmaschine herrühren, können beim Kondensator Überlastungen ausschließlich durch das Netz hervorgerufen werden. Die Überlastungsursachen sind meist die Netzspannung sowie die Form der Spannungskurve. Bei Spannungssteigerungen wächst der Kondensatorstrom proportional mit der Spannung. Ebenso erhält man bei Netzen, bei denen die Form der Spannungskurve von der Sinuswelle abweicht, entsprechende Stromerhöhungen im Kondensator. Beide Störquellen können durch einen gut arbeitenden Überstromschutz vom Kondensator ferngehalten werden.

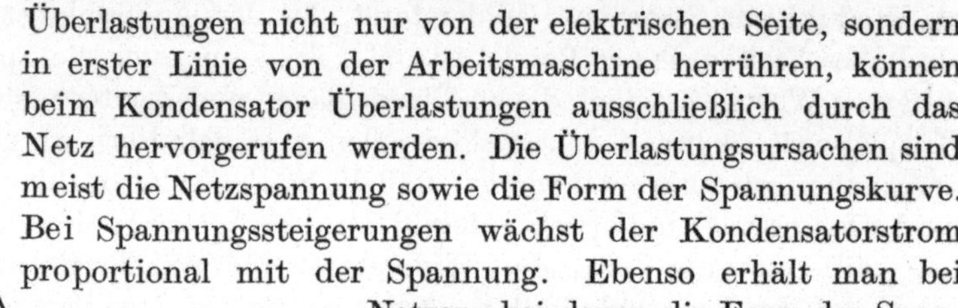
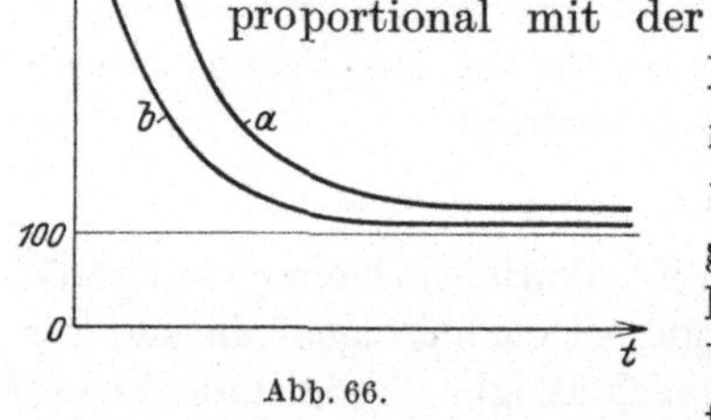

Abb. 66.

Untersucht man die zulässige Stromüberlast, die vom Kondensator, ohne Schaden zu nehmen, ertragen werden kann, dann ergeben sich Stromzeitkurven, die einen ähnlichen Charakter haben wie die entsprechenden Überlastungskurven für Motoren oder Transformatoren. Kurzzeitig verträgt der Kondensator außerordentlich hohe Stromspitzen, während im Dauerbetrieb schon verhältnismäßig kleine Stromsteigerungen eine Gefährdung mit sich bringen. Je nach Fabrikat, Leistung, Spannung und Außentemperatur dürfte die zulässige Stromerhöhung im Dauerbetrieb zwischen 10 und 50% des Nennstromes liegen. Ganz kurzzeitig kann dagegen der Kondensatorstrom bis zum 50- bis 100fachen seines Nennstromes anwachsen, ohne daß hierdurch eine ernstliche Gefährdung eintritt. Die nebenstehende Kurve (Abb. 66) zeigt die zulässigen Überströme als Funktion der Zeit. Um den Kondensator wirksam zu schützen, muß das Schaltgerät eine Auslösecharakteristik (Kurve *b*) erhalten, die etwas tiefer liegt als die Kurve *a*. Derartige Stromzeitcharakteristiken haben im allgemeinen Motorschutzschalter mit thermischer Auslösung. Man kann also ohne weiteres die normalen Motorschalter, seien es Öl- oder Luftschütze oder Selbstschalter mit thermischer oder magnetischer Auslösung verwenden, wenn sie eine Stromzeiteinstellung entsprechend dem Verlauf der Kurve *b* ermöglichen. Als Schalter wird man besonders solche Typen bevorzugen, die mit magnetischer Blasung oder magnetischen Auslösespulen ausgerüstet sind, da zusätzliche Reaktanzen bei Parallelschaltvorgängen und Kurzschlüssen eine stark dämpfende Wirkung ausüben. Die Verwendung von Spezialschaltern mit eingebauten Drosselspulen oder Schutzwiderständen ist jedoch nicht erforderlich. Bei Hochspannungsanlagen genügen in der Regel normale Ölschalter. Selbstverständlich lassen sich auch Expansions-, Wasser- oder Gasschalter verwenden. Man muß jedoch in jedem Fall auf die hohen Abschaltspannungen, die bis zum Doppelten der Nennspannung betragen, Rücksicht nehmen. Ölschalter mit eingebauten Schutzwiderständen sind nach Möglichkeit zu vermeiden.

Außer dem thermischen Überlastungsschutz des Kondensators ist auch ein Schutz gegen innere Kurzschlüsse notwendig. Wenn es auch heute möglich ist, Kondensatoren zu bauen, die elektrisch mindestens die gleiche Festigkeit aufweisen wie alle übrigen Maschinen und Apparate, die in der Elektrotechnik Verwendung finden, so ist doch zu berücksichtigen, daß der Kondensator einen Apparat darstellt, der beträchtliche Mengen brennbarer Stoffe enthält und bei dem die volle Spannung an einer verhältnismäßig dünnen Isolierschicht liegt. Es muß deshalb bei der Auswahl der Schutzorgane auch mit dem Fall eines Kurzschlusses gerechnet werden. Als Schutzelement gegen Kurzschlüsse wird man in der Regel Sicherungen vorsehen. Je schneller im Falle eines Kurzschlusses der Kondensator vom Netz getrennt wird, desto eher ist eine Gewähr dafür gegeben, daß sekundäre Folgen des Kurzschlusses vermieden werden. Bei Niederspannung verwendet man im allgemeinen träge Sicherungen. Die Gefahr von Kurzschlüssen ist bei Niederspannungskondensatoren ohnedies geringer, da man meist die einzelnen Wickel durch dünne Verbindungsdrähte mit den Ableitungsklemmen verbindet, so daß im Falle eines Kurzschlusses eines einzelnen Wickels der betreffende Wickel sich automatisch abschaltet. Bei Hochspannungskondensatoren sieht man in der Regel vom Einbau von Sicherungen ab, da Schmelzdrähte im Innern von Hochspannungskondensatoren insofern eine Gefahrenquelle bedeuten, als infolge von Lichtbogeneffekten Gasbildung im Kondensator auftreten kann, so daß die Kondensatorgefäße evtl. auseinandergetrieben würden. Bei Hochspannungsanlagen wird man deshalb nach Möglichkeit jedes Kondensatorelement durch eine entsprechende Hochleistungssicherung schützen. Falls tatsächlich Defekte oder Durchschläge in den Kondensatoren eintreten sollten, wird jeweils nur dasjenige Element abgeschaltet, das von einer Störung betroffen wurde. Da der Sicherungsnennstrom nur wenig über dem Nennstrom des Kondensators liegt, wird das Abschalten schon kurze Zeit nach Eintreten des Durchschlages erfolgen. Das Diagramm

(Abb. 67) zeigt die Abschaltkurven von Hochleistungssicherungen verschiedener Nennstromstärken. Man erkennt, daß bei Sicherungen mit höheren Nennstromstärken die Abschaltzeiten, bezogen auf den gleichen Strom, größer werden. Verwendet man deshalb für mehrere Kondensatoren eine gemeinsame Sicherung, dann wird zwischen dem Auftreten des Kurzschlusses und dem Ansprechen der Sicherung eine längere Zeit

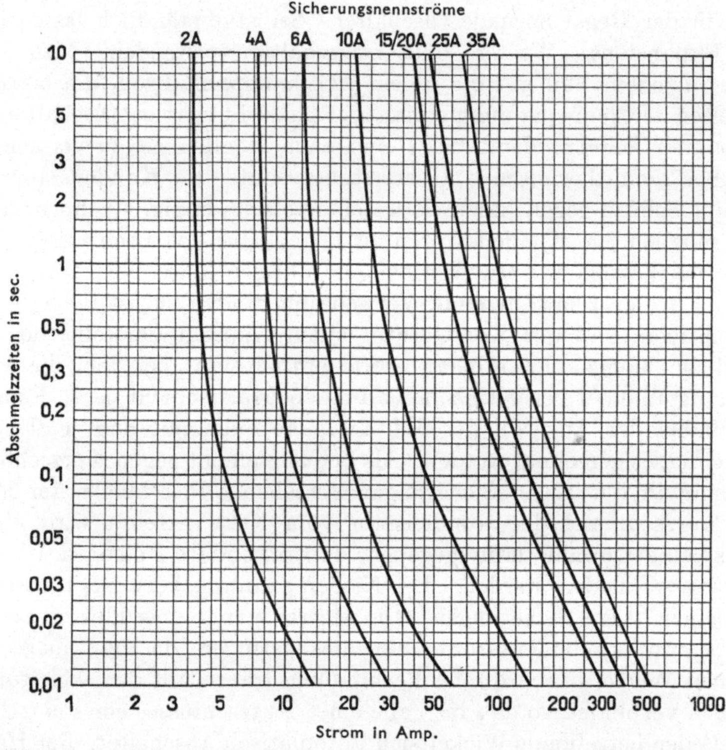

Abb. 67. Abschaltkurven von Hochleistungssicherungen verschiedener Nennstromstärke.

verstreichen als bei der Einzelabsicherung. Trotzdem dürften im allgemeinen die Ansprechzeiten der Sicherungen so gering sein, daß eine Gefährdung der Kondensatoren auch bei gemeinsamer Absicherung nicht zu erwarten ist.

Aus den Werten für die Abschaltströme geht hervor, daß es heute bereits möglich ist, mit Sicherungen außerordentlich hohe Schaltleistungen zu bewältigen. Die Angaben über die Abschmelzleistung[1] werden besonders von Interesse sein, wenn die Sicherungen mit Rücksicht auf die Überlastungen durch Ausgleichsvorgänge besonders bemessen werden müssen.

[1] Sicherungsnennstrom:	2	4	6	10 Amp.
Abschmelzleistung:	4	12	26	65 Wattsec.

II. Der Kondensator in Industrieanlagen.

In diesem Abschnitt sollen in erster Linie diejenigen Fragen behandelt werden, die bei der Kompensation motorischer Antriebe auftreten. Bei der Betrachtung der wirtschaftlichen Seite wird vorausgesetzt, daß die Anlagen ohne eigene Stromerzeugung arbeiten, also auf den Bezug elektrischer Energie angewiesen sind. Wenn auch heute eine Reihe großer Industriewerke über eigene Zentralen verfügen, so erscheint diese Einschränkung doch zweckmäßig, da sie eine Zusammenfassung all derjenigen Aufgaben ermöglicht, die mit dem Bezug elektrischer Energie verknüpft sind, während die technische und wirtschaftliche Stellung des Kondensators als Glied in der Zentrale oder als Bestandteil der Übertragungsorgane zu wesentlich anderen Überlegungen zwingt.

Die Entwicklung des elektromotorischen Antriebes wird durch das Streben nach Wirtschaftlichkeit und Betriebssicherheit vorgezeichnet. Sparsamkeit zwingt nicht nur dazu, Motoren mit gutem Wirkungsgrad zu verwenden, den Blindleistungsbedarf einzuschränken, sondern weist gleichzeitig den Weg des Einzelantriebes, der bei übersichtlicher Betriebsführung erhöhte Produktivität ermöglicht und durch weitgehende Verschmelzung von Motor und Arbeitsmaschine zur Elektroarbeitsmaschine führt. Die Hauptforderung nach Betriebssicherheit war ein Ziel, das erst über Umwege erkämpft werden mußte. Der Kurzschlußläufer, einfach und anspruchslos, alle vermeidbaren Störungsquellen sind beseitigt, hat erst in den letzten Jahren auf der ganzen Linie gesiegt. Hemmungen mußten sowohl bei den Stromlieferanten wie bei den Konsumenten und den Maschinenfabriken, die sich mit dem Bau von Arbeitsmaschinen befassen, überwunden werden, bevor dem Kurzschlußläufer der Weg freigelegt wurde. Mit dem Kurzschlußläufer wurde der Kondensator emporgetragen, da er bei der Planung von Kompensationsanlagen weitgehendste Freizügigkeit gestattet. Der Kondensator macht uns frei in der Wahl des Motors, er erfüllt uns gleichzeitig einen anderen Wunsch, den uns der kompensierte Motor versagt hat: Der elektrische Antrieb wird unabhängig vom Blindstromerzeuger, er wird durch den Ausfall des Kompensationsmittels nicht beeinträchtigt.

Die Konstruktion und das Betriebsverhalten des Elektromotors soll nicht durch die Blindleistungsfrage, sondern durch die Arbeitsmaschine bestimmt sein. Gerade der Wunsch, den Eigentümlichkeiten aller Arbeitsmaschinen gerecht zu werden, hat eine Unzahl von Varianten kompensierter Motoren großgezogen, die wohl das Netz von Blindlast befreiten, aber die Hauptgesetze der Sicherheit und Sparsamkeit zum großen Teil außer acht ließen.

1. Blindleistungsverbraucher.

Die Hauptblindleistungsverbraucher in Industrieanlagen sind: Asynchronmotor und Transformator. Der Leistungsfaktor des Asynchronmotors ist eine Funktion seiner Polzahl, seiner Leistung und seiner Belastung. Schnelläufer arbeiten mit geringer Polzahl, kleinem Luftspalt, kleinen Eisenwegen und deshalb mit gutem Leistungsfaktor. Von 750 bis 3000 U/min hat der Leistungsfaktor sehr befriedigende Werte. Bei einem Kurzschlußläufer für 200 kW 6000 Volt kann man bei 3000 U/min mit $\cos\varphi = 0{,}88$, bei 500 U/min noch mit $\cos\varphi = 0{,}85$ rechnen (Abb. 68). Erst bei noch geringeren Drehzahlen erhält man eine wesentliche Steigerung des Blindleistungsbedarfs. Bei hohen Polzahlen hat man im übrigen auch mit einer Verschlechterung des Wirkungsgrades und gleichzeitig mit wesentlich höheren Anschaffungskosten zu rechnen. Man wählt deshalb Schnelläufer nicht allein wegen des geringen Blindleistungsbedarfes. Erwähnt sei, daß man bei langsam laufenden Arbeitsmaschinen in vielen Fällen den Schnelläufer mit Getriebe dem direkt gekuppelten Langsamläufer vorzieht, die Grenze hängt von der Leistung ab, sie liegt im allgemeinen bei 500 U/min.

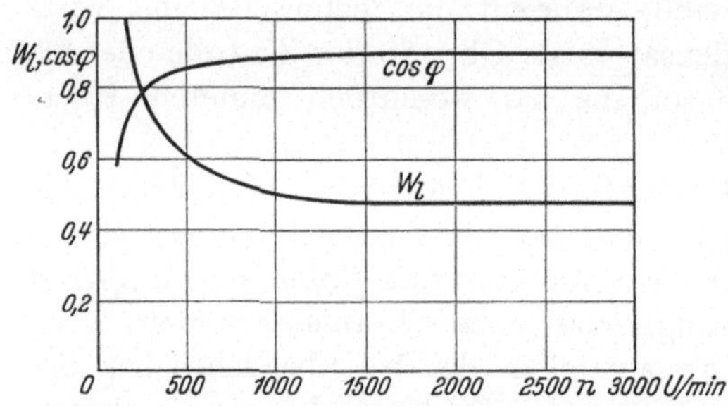

Abb. 68. Leistungsfaktor und Blindleistungsbedarf eines Asynchronmotors für 200 kW bei verschiedenen Drehzahlen.

Motoren kleiner Leistung arbeiten mit niedrigem Leistungsfaktor. Einen Überblick über den Verlauf des Blindleistungsbedarfes bei Motoren von 1 bis 10000 kW zeigt Abb. 69. Bei kleinen Leistungen sinkt der $\cos\varphi$ auf 0,8 und darunter, bei sehr großen Leistungen dagegen kommt man auf Werte über 0,9, wobei die Blindleistungsentnahme weniger als die Hälfte der Scheinleistung ausmacht.

Die größte Blindlaständerung erhält man bei variablem Drehmoment. In Abb. 70 ist der Blindleistungsbedarf bei Vollast mit 100% bezeichnet, bei Leerlauf benötigt der Motor noch etwa 50% seines Vollastbedarfes, während der Leistungsfaktor auf $\cos\varphi = 0{,}7$ zurückgegangen ist. Das Bild zeigt deutlich, wie in Anlagen mit schlecht belasteten Motoren der Blindleistungskonsum nur wenig zurückgeht; während der Leistungsfaktor bis Halblast noch einigermaßen befriedigend ist, tritt bei kleiner Belastung ein scharfes Absinken ein. Um den Leistungsfaktor günstig zu gestalten, hat man 2 Forderungen zu erfüllen: Verwendung von

1. Schnelläufern,
2. richtig dimensionierten, gut belasteten Motoren.

Die große Magnetisierungsleistung der Motoren rührt vom Luftspalt her. Man hat deshalb bei Transformatoren mit geschlossenem Eisenweg sehr viel kleinere Blindleistungen zu erwarten. Tatsächlich liegt der Blindleistungsbedarf bei Transformatoren sehr viel niedriger als bei Motoren.

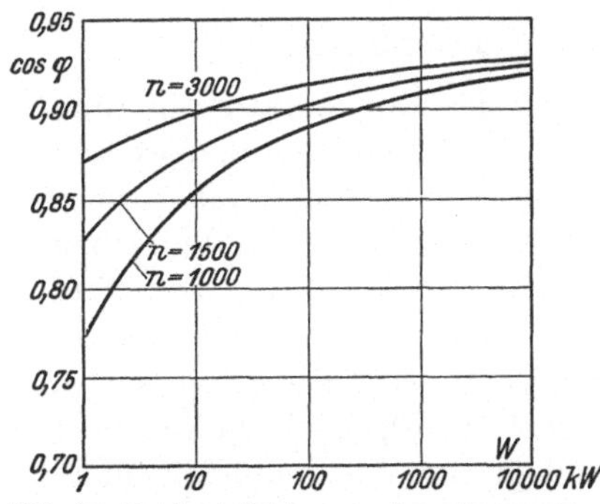

Abb. 69. Leistungsfaktor von Asynchronmotoren bei verschiedenen Leistungen und Drehzahlen.

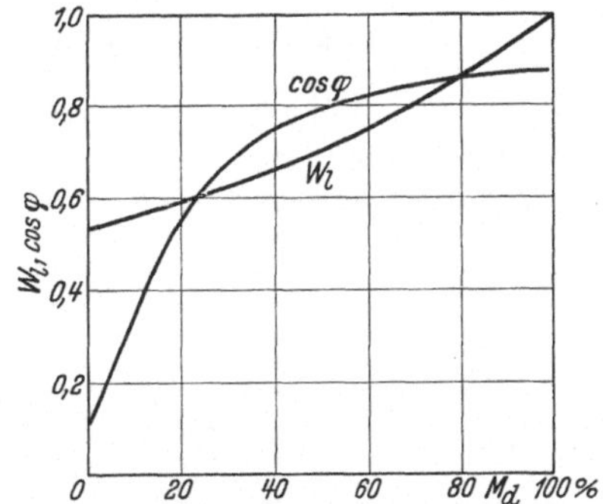

Abb. 70. Leistungsfaktor und Blindleistungsbedarf eines Asynchronmotors bei veränderlichem Drehmoment.

Man kann bei Leistungen bis 100 kW mit einer Blindleistungsaufnahme von 6 bis 8% der Nennleistung rechnen, bei größeren Transformatoren geht der Blindleistungsbedarf bis auf 2% zurück (Abb. 71). Transformatoren tragen also im allgemeinen nur unwesentlich zur Verschlechterung des Leistungsfaktors bei. Etwas anders jedoch liegen die Verhältnisse bei gewissen Spezialtransformatoren, die mitunter recht beträchtliche Magnetisierungsenergien benötigen. Die wichtigsten Vertreter sind Drehtransformatoren, Schweißtransformatoren und Ofentransformatoren. Der Leistungsfaktor von Drehtransformatoren ist gleich dem entsprechender Motoren. Bei Schweißtransformatoren verlangt die Stromspannungscharakteristik starke Streuung und damit höheren Blindleistungsbedarf. Bei Ofentransformatoren entscheidet Art und Konstruktion des Ofens. Man findet auch hier häufig starken Blindleistungskonsum.

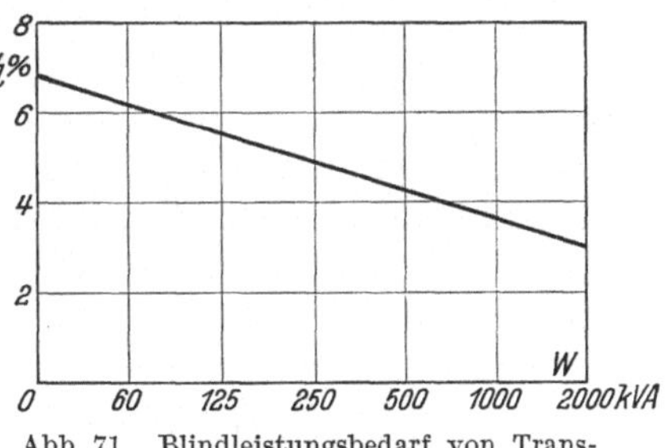

Abb. 71. Blindleistungsbedarf von Transformatoren.

Neben den Asynchronmotoren und Transformatoren trifft man ab und zu noch andere Blindleistungsverbraucher, die jedoch im allgemeinen von untergeordneter Bedeutung sind. Verschiedene Spezialmotoren, wie Reihenschluß-, Nebenschluß-, Repulsionsmotoren, arbeiten je nach Belastung und Drehzahlbereich mit besserem oder schlechterem Leistungsfaktor als Asynchronmotoren. Statische Apparate, wie Drosselspulen, Bremsmagnete, Schützspulen, können wegen ihres geringen Bedarfs meist vernachlässigt werden. Über den Blindleistungsbedarf von Freileitungen und Kabeln finden sich in einem späteren Kapitel genauere Angaben.

2. Planung von Kompensationsanlagen.

Die wirtschaftliche Daseinsberechtigung des Kondensators in Industrieanlagen fußt auf 2 Voraussetzungen: Tarif und Benutzungsdauer. Die Elektrizitätswerke haben eine wirksame Waffe, den Blindleistungsbedarf der Konsumenten einzuschränken: den Tarif. Die Blindleistungstarife sind überaus verschieden im Aufbau, sie suchen meist der Eigenart der Erzeugeranlage und den Bedürfnissen des Verteilungsnetzes Rechnung zu tragen. Gleichgültig, ob es sich um die Kompensation bestehender oder noch zu errichtender Anlagen handelt, stets wird man zunächst mit der Ermittlung der notwendigen Kompensationsleistung beginnen. Die Unterlagen, die hierfür zur Verfügung stehen, können verschiedener Art sein.

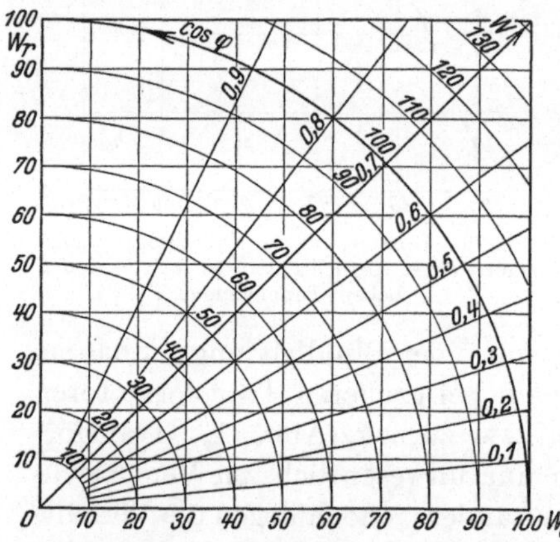

Abb. 72. Diagramm zur Ermittlung des Blindleistungsbedarfs.

In jedem Fall besteht die Aufgabe darin, aus 2 der Größen: $\cos\varphi$, Scheinlast, Wirklast, die Blindlast zu finden. Für überschlägige Rechnungen kann man die einander zugeordneten Werte einem Kurvenbild entnehmen (Abb. 72). Trägt man auf dem Achsenkreuz die Wirk- und Blindlast in Prozenten auf, dann erhält man für die Scheinleistung konzentrische Kreise, während die verschiedenen Leistungsfaktoren durch ein Strahlenbüschel durch den Nullpunkt zum Ausdruck kommen. Dieses Diagramm liefert ohne Rechenarbeit meist auch mit genügender Genauigkeit das gesuchte Resultat. Die Beziehungen zwischen den einzelnen Größen sind jedoch so elementar, daß auch der Rechenschieber ohne Diagramme, Kurven und Tabellen rasch zum Erfolg führt.

$$W = W_r^2 + W_l^2,$$

$$W_r = W\cos\varphi,$$

$$W_l = W\sin\varphi,$$

$$\operatorname{tg}\varphi = \frac{W_l}{W_r}.$$

Die weiter unten aufgetragene Rechenlinie (Abb. 73) enthält die einander zugeordneten Werte der Winkelfunktionen $\cos\varphi = \frac{W_r}{W}$ und $\operatorname{tg}\varphi = \frac{W_l}{W_r}$; dieses einfache Nomogramm hat sich in der Praxis bereits gut eingeführt und wird bei der Projektierung häufig verwendet.

Die Blindstromrechnungen stützen sich meist auf Zählerablesungen, seltener auf Registrierdiagramme. Der Zähler gibt die Wirk- bzw. Blindarbeit an, die innerhalb einer bestimmten Zeit dem Netz entnommen wurde. Aus den Zählerangaben kann man direkt auf den mittleren Leistungsfaktor schließen. Um für die Projektierung brauchbare Werte zu erhalten, empfiehlt es sich, möglichst große Zeitabschnitte zu wählen und mindestens eine Zeitperiode von einem Monat herauszugreifen. Nur bei sehr gleichmäßig belasteten Anlagen kann man sich auch mit kürzeren Betriebszeiten zufrieden geben. Beträgt beispielsweise der mittlere Verbrauch einer Anlage:

Wirkarbeit 80000 kWh,

Blindarbeit 95000 kWh,

dann ergibt sich eine Scheinentnahme von 124000 kWh bei einem mittleren Leistungsfaktor

$$\cos\varphi = \frac{80000}{124000} = 0{,}645\,.$$

Schreibt beispielsweise der Tarif einen Leistungsfaktor von 0,8 vor, dann darf bei einer Wirkarbeit von 80000 kWh die Scheinarbeit nur

$$W = \frac{80000}{0{,}8} = 100000\,\text{kVAh}$$

betragen, dies gibt eine zulässige Blindarbeit

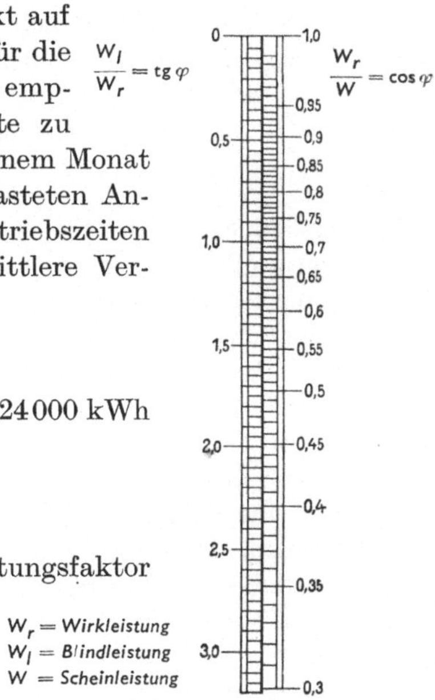

$\frac{W_l}{W_r} = \operatorname{tg}\varphi$ — $\frac{W_r}{W} = \cos\varphi$

0 — 1,0; 0,95; 0,5 — 0,9; 0,85; 0,8; 0,75; 1,0 — 0,7; 0,65; 0,6; 1,5 — 0,55; 0,5; 2,0 — 0,45; 0,4; 2,5; 0,35; 3,0; 0,3

W_r = Wirkleistung
W_l = Blindleistung
W = Scheinleistung

Abb. 73. Rechenlinie zur Ermittlung des Blindleistungsbedarfs.

$$W_l = \sqrt{W^2 - W_r^2} = 60000\,\text{bkVA}\,,$$

da der Zähler jedoch 95000 bkVAh ausweist, ist die Differenz von 95000 minus 60000 = 35000 bkVAh durch Kompensationsmittel zu decken. Wenn man einen 10stündigen Arbeitstag und 26 Tage je Monat zugrunde legt, kommt man auf 260 Betriebsstunden und damit auf eine Kompensationsleistung von

$$\frac{35000}{260} = 135\,\text{kVA}\,.$$

Diese Rechnung geht von Voraussetzungen aus, die nicht in jedem Fall zutreffen müssen. Wenn es sich um stark schwankende Belastungen handelt und wenn vorübergehend bei kleiner Gesamtlast bereits verhältnismäßig hohe Leistungsfaktoren vorhanden sind, würde durch das

Kompensationsmittel eine bedeutende Überkompensation eintreten. Dem Elektrizitätswerk ist jedoch fast immer ein Überschuß an Blindleistung unerwünscht, da dieser meist zuzeiten geringer Belastung auftritt. Das Elektrizitätswerk schützt sich deshalb vor einer Überproduktion an Blindleistung von seiten der Abnehmer durch Rücklaufhemmungen im Zähler. Der Kondensator liefert, entsprechend der Vorausberechnung, seine Blindleistung ins Netz, es kann jedoch vorkommen, daß zeitweise, wenn der Leistungsfaktor einen bestimmten Wert überschreitet, nur ein Bruchteil der Blindlast registriert wurde. Wenn genaue Leistungsanalysen fehlen und man nur auf Zählerablesungen angewiesen ist, wird man gut tun, mit einem Sicherheitszuschlag von mindestens 10% zu rechnen und die Kompensationsleistung auf

$$135 \cdot 1{,}1 = 150\,\text{kVA}$$

festzulegen. Der Sicherheitszuschlag muß desto größer gewählt werden, je größer der vorgeschriebene Leistungsfaktor ist, da die Gefahr, daß nur ein Teil der erzeugten Blindleistung gezählt wird, mit wachsendem $\cos\varphi$ zunimmt.

Fordert beispielsweise der Tarif $\cos\varphi = 1$, ohne daß die Blindstromlieferung über $\cos\varphi = 1$ vergütet wird, dann kann die vorübergehend notwendige Kompensationsleistung das Doppelte und mehr der mittleren betragen.

Wenn außer den Zählerangaben auch noch Registrierdiagramme vorliegen, dann kann eine sehr viel genauere Festlegung der notwendigen Blindleistung erfolgen. In neuzeitlichen Anlagen findet man häufig kombinierte Wirk- und Blindleistungsschreiber, die fortlaufend den Bedarf auf einem Papierband in rechtwinkligen Koordinaten aufzeichnen. Diese Diagramme lassen sich bequem auswerten und bieten den sichersten Weg zur genauen Ermittlung der Kompensationsleistung.

Bei Neuanlagen muß man den voraussichtlichen Bedarf an Blindleistung aus den charakteristischen Eigenschaften der anzuschließenden Motoren und Transformatoren errechnen und sich ein Bild über die voraussichtliche Betriebsführung entwerfen. Der Blindstrombedarf der Transformatoren läßt sich leicht aus den früheren Angaben bestimmen, für Motoren können die Kurvenbilder Abb. 68, 69, 70 den Schlüssel liefern. Bei der Errechnung des Blindleistungsbedarfes ist auch der Wirkungsgrad zu berücksichtigen, wenn nicht zufällig auch die dem Netz entnommene Leistung der Verbraucher bekannt ist. Die aufgenommene Scheinleistung beträgt

$$W = \frac{W_m}{\cos\varphi},$$

wobei mit W_m die Wellenleistung des Motors bezeichnet ist. Die Wirkaufnahme des Motors ist W_m/η, so daß die Blindleistung durch folgenden

Ausdruck erhalten wird:

$$W_l = \frac{1}{\eta}\sqrt{\left(\frac{W_m}{\cos\varphi}\right)^2 - W_m^2}\,.$$

Für den Blindleistungsbedarf von Spezialtransformatoren und anderen Blindstromkonsumenten sind die Angaben der Lieferfirma einzusetzen.

Der Kondensator ist zum beherrschenden Kompensationsmittel geworden. Da er unabhängig vom Motor ist, hat man in der Wahl der Kondensatorspannung und Kondensatorleistung vielfach einen weiten Spielraum zur Verfügung. Schalttechnisch bietet der Kondensator noch eine größere Variationsmöglichkeit als andere Maschinen und Apparate, da man außer der Stern- und Dreieckschaltung auch Reihen- oder Parallelschaltung bis zu beliebigen Spannungen und Leistungen durchführen kann. Es lohnt sich deshalb, die Zusammenhänge zwischen Kondensatorpreis — Spannung und Leistung näher zu untersuchen. Innerhalb eines bestimmten Leistungsbereiches kann man beim Kondensator die gleiche Tendenz feststellen wie bei umlaufenden Maschinen, also eine Verminderung des spezifischen Leistungspreises mit wachsender Leistung. In Abb. 74 wurden die Kosten je kVA für Kondensatorelemente bis 100 kVA bei 380 Volt, 50 Per./sec aufgetragen. Die Kosten für den 30-kVA-Kondensator wurden mit 100% bezeichnet. Die Kurve liefert das zunächst auffallende Ergebnis, daß eine Verbilligung des Kondensators durch Vergrößerung der Einheitsleistung nur in einem sehr beschränkten Umfang möglich ist. Der Aufwand an aktivem Material — Papier, Öl und Folie — wächst proportional mit der Leistung, so daß die Verbilligung mit wachsender Leistung lediglich durch Arbeitslohn und Kondensatorgehäuse, Durchführungen usw. bestimmt ist. Da die anteiligen Kosten für das Gehäuse und die Durchführungen für einen 30-kVA-Kondensator vielleicht 10—20% der Gesamtkosten ausmachen, ist selbst durch eine beträchtliche Steigerung der Einheitsleistung keine merkliche Verminderung der kVA-Kosten möglich. Es ist demnach für die Gesamtkosten von untergeordneter Bedeutung, ob man die notwendige Leistung aus Kondensatoren je 50 oder je 100 kVA zusammensetzt.

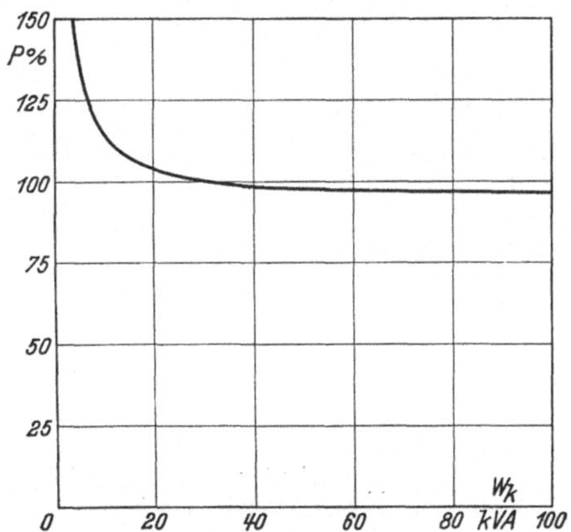

Abb. 74. Anschaffungskosten von Kondensatoren bei verschiedener Nennleistung.

Von größerem Einfluß als die Leistung ist die Nennspannung des Kondensators auf seinen Preis. Abb. 75 zeigt den Verlauf der Preiskurve als Funktion der Klemmenspannung. Die Kurve hat ein ausgesprochenes Minimum bei etwa 1000 Volt. Bei geringeren Spannungen tritt ein starkes Anwachsen der Kosten ein, die bei 380 Volt 120%, bei 220 Volt 180% erreichen. Bei Spannungen über 1000 Volt steigt die Kurve zunächst sehr langsam an und kommt erst über 10000 Volt auf merkliche Preiserhöhungen.

Der Einbau von Kompensationsmitteln, seien es Kondensatoren oder Erregermaschinen, erfordert stets zusätzliche Aufwendungen, die für die Betriebsführung nicht unbedingt erforderlich sind. Man wird deshalb nur dann zur Kompensation schreiten, wenn sie wirtschaftliche Vorteile bringt. Die beiden Pole, um die sich diese Überlegungen drehen, sind Betriebszeit und Tarif. Für die notwendigen Betrachtungen seien folgende Bezugszeichen gewählt:

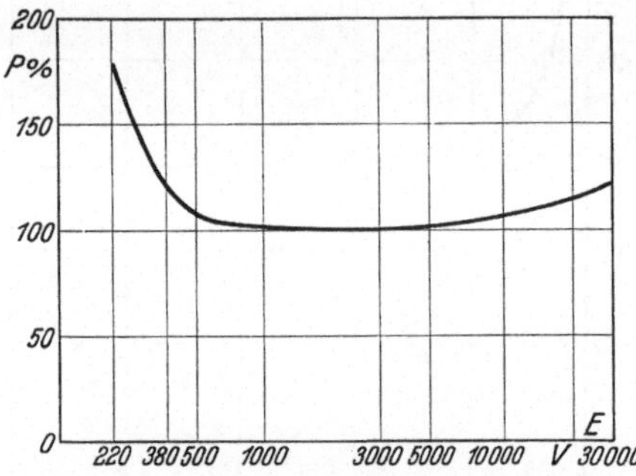

Abb. 75. Anschaffungskosten von Kondensatoren bei verschiedenen Netzspannungen.

k = Kosten einer BkVAh,
K = Anschaffungskosten für das Kompensationsmittel,
m = mittlerer Blindleistungsbedarf der Anlage,
t = jährliche Betriebszeit in Stunden,
z = Zins- und Amortisationsfaktor.

Aus der Bedingung, daß die innerhalb eines Jahres auflaufenden Blindstromkosten $= t \cdot m \cdot k$ ebenso groß sein dürfen wie der jährliche Aufwand für die Kompensationseinrichtung $= K \cdot z$, ergibt sich die Mindestbetriebszeit zu:

$$t = \frac{K \cdot z}{m \cdot k}.$$

Untersucht man zunächst die beiden Faktoren z und k, dann kann man feststellen, daß diese Werte in fast allen Anlagen nur wenig voneinander abweichen. Für z wird man in der Regel 0,2 bis 0,25 einzusetzen haben, während k zwischen 0,5 und 1 Pfennig liegen wird. Zieht man den Quotienten z/k heraus, dann erhält man:

$$t = (0{,}2 \div 0{,}5) \cdot \frac{K}{m} = 0{,}35 \cdot \frac{K}{m}.$$

Da sowohl K wie auch m ausschließlich von der Modellgröße des Motors abhängen, wird auch K/m innerhalb weiter Grenzen annähernd konstant sein. Rechnet man für mittlere Verhältnisse mit RM. 30.— je kVA und mit einem Motor von 10 kW und 1000 U/min, dessen Blindleistungsbedarf etwa 6 BkVA ausmacht, dann nimmt der Quotient K/m den Wert 3000 an. Hieraus errechnet sich t zu $0{,}35 \cdot 3000 = 1000$ Stdn.,

d. h. daß der Motor innerhalb eines Jahres mindestens 1000 Stdn. im Betrieb sein muß, um den Einbau von Kondensatoren zu rechtfertigen.

Es zeigt sich also, daß schon bei verhältnismäßig kurzen Betriebszeiten der Einbau von Kondensatoren lohnend ist. Eine genaue Untersuchung der notwendigen Mindestbetriebszeit erscheint in diesem Rahmen nicht zweckmäßig, da nicht nur die Motorleistung, die Polzahl, sondern auch der verschiedenartige Aufbau der Tarife die Ableitung allgemein gültiger Beziehungen erschwert. Es tritt auch seltener die Frage nach der Mindestbetriebszeit auf, meist wird man die Forderung erheben, daß unter der Voraussetzung einer mittleren jährlichen Betriebsstundenzahl, die sich aus den Betriebsverhältnissen ergibt, der Kondensator nach einer gewissen Zeit, meist 1 bis 3 Jahren, amortisiert sein muß. Auch bei dieser Fragestellung hat man die tariflichen Vergünstigungen mit den Anschaffungskosten zu vergleichen.

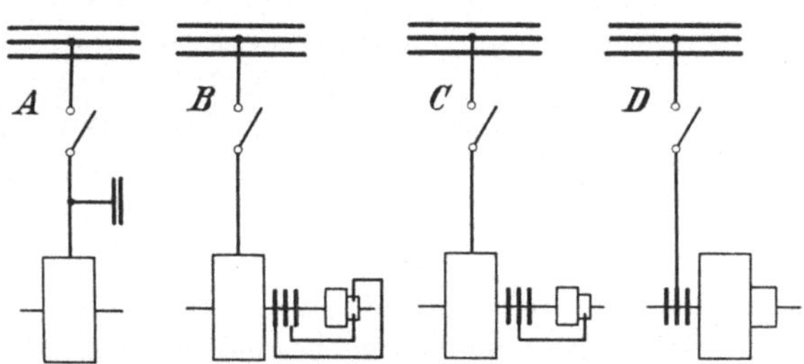

Abb. 76. Grundschaltungen kompensierter Motoren.

Bei kleinen und mittleren Leistungen bis etwa 200 kW tritt der Asynchronmotor mit Kondensator in Wettbewerb zum kompensierten Motor. Die wichtigsten Vertreter der kompensierten Motoren innerhalb dieses beschränkten Leistungsbereiches sind in Abb. 76 einander gegenübergestellt. Der synchronisierte Asynchronmotor (*B*) stellt entsprechend seinem Aufbau eine asynchrone Maschine dar, die während des Anlaufs die Eigenschaften des normalen Schleifringläufers zeigt, während des Betriebes dagegen den Charakter einer Synchronmaschine erhält, da die Rotorwicklung über eine kleine Erregermaschine mit Gleichstrom gespeist wird. Die Gleichstromerregung bringt starres Drehzahlverhalten, die Blindleistungsaufnahme bzw. -abgabe ist abhängig von der Größe der Erregung. In Fällen, in denen das starre Drehzahlverhalten des Motors stört, wendet man kompensierte Motoren mit Eigenerregung (*C*) an, die während des Betriebs das Drehzahlverhalten des normalen Asynchronmotors aufweisen. In der Abbildung ist die Schaltung eines Asynchronmotors mit eigenerregter Erregermaschine dargestellt. Die Erregermaschine trägt keine Ständerwicklung. Der Sekundärstrom des Asynchronmotors wird direkt dem Läufer der Erregermaschine zugeführt. Für verhältnismäßig kleine Leistungen hat sich eine weitere Bauart in der Praxis eingeführt, und zwar ein läufererregter Motor (D), dessen Rotor mit einem Kommutator ausgerüstet ist. Der Ständerwicklung wird die zur Kompensation nötige Hilfsspannung entnommen und in den Sekundärkreis des Motors eingeführt. Auch diese Maschine zeigt asynchrones Drehzahlverhalten.

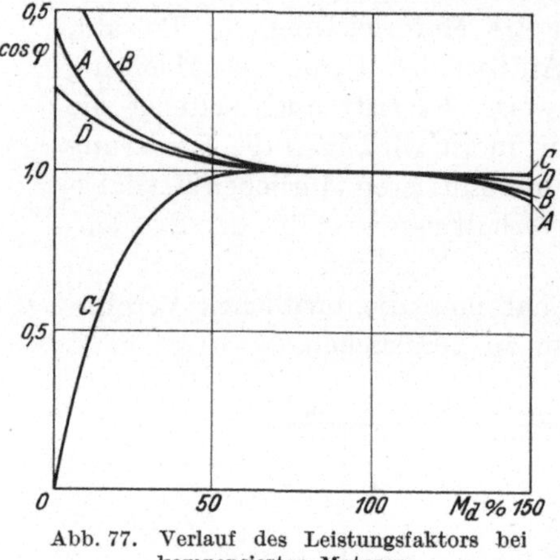

Abb. 77. Verlauf des Leistungsfaktors bei kompensierten Motoren.

Die Kompensationseigenschaften dieser 4 verschiedenen Antriebe sind im Diagramm Abb. 77 vergleichsweise einander gegenübergestellt. Während der Motor mit eigenerregter Erregermaschine nur innerhalb eines beschränkten Belastungsbereiches mit $\cos\varphi = 1$ arbeiten kann, sind die übrigen Anordnungen in der Lage, auch bei völliger Entlastung, also im Leerlauf, ohne Blindstrombezug aus dem Netz auszukommen. Beim synchronisierten Asynchronmotor ebenso wie beim Asynchronmotor mit Kondensator können im Leerlauf sogar beträchtliche Blindleistungsenergien ans Netz zurückgeliefert werden. Diese Eigenschaft ist besonders für solche Antriebe wertvoll, die während längerer Zeit nur mit Teillast arbeiten oder bei denen unter Umständen größere Leerlaufperioden vorkommen.

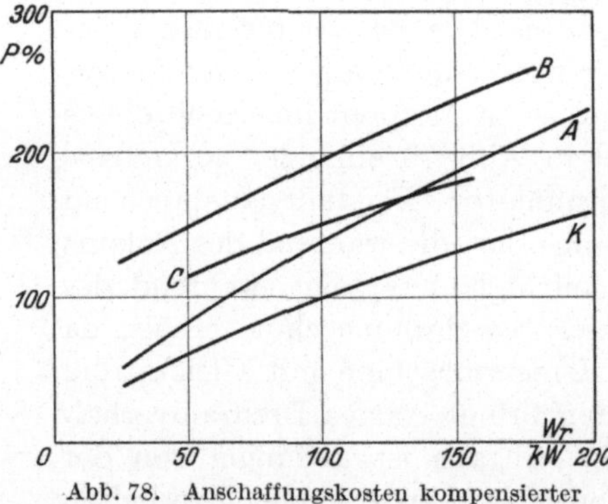

Abb. 78. Anschaffungskosten kompensierter Motoren.

Vergleicht man die Anschaffungskosten (Abb. 78) der verschiedenen Antriebe, dann kann man feststellen, daß bis zu einer Leistung von etwa 125 bis 150 kW der Asynchronmotor mit Kondensator preislich am günstigsten abschneidet. Es ist allerdings zu beachten, daß gerade bei der Verwendung von Kondensatoren der Kompensationsgrad eine wichtige Rolle spielt. Man wird sich in den meisten Fällen mit der Kompensation auf $\cos\varphi = 0{,}96$ bis 0,98 zufriedengeben (A). Um eine Vergleichsgrundlage zu schaffen, wurden auch die Anschaffungskosten eines normalen Kurzschlußläufers (K) eingezeichnet. Die höchsten Anschaffungskosten sind beim synchronisierten Asynchronmotor aufzuwenden (B). Die Preiskurve für den Motor mit

Eigenerregung (C) liegt wesentlich tiefer, allerdings ist hier das ungünstige Kompensationsverhalten zu berücksichtigen.

Bei der Auswahl der Motoren wird man sich jedoch nicht allein von den Anschaffungskosten bestimmen lassen, da vielfach die Betriebseigenschaften den Ausschlag geben werden. Zweifellos stellt der asynchrone Kurzschlußläufer mit Kondensator den einfachsten und betriebssichersten Antrieb dar, der die geringsten Störungsquellen aufweist und deshalb wenig Wartung erfordert. Man wird deshalb häufig trotz höherer Anschaffungskosten den Kurzschlußläufer mit Kondensator bevorzugen, da er auf die Dauer die sparsamste Lösung der Antriebsfrage darstellt. Man kann im allgemeinen als Grenze für den Motor mit Kondensator eine Leistung von etwa 200 kW feststellen.

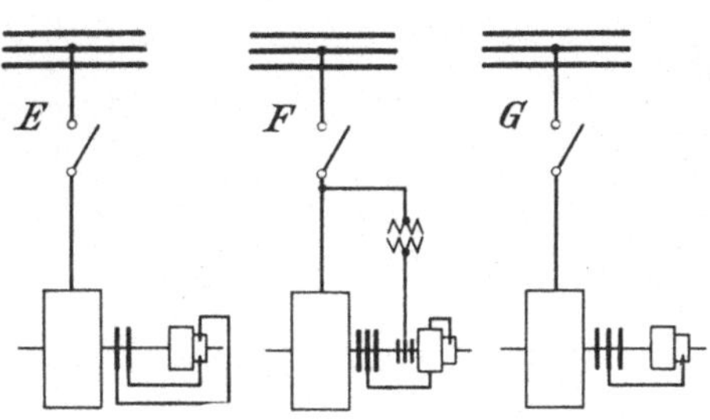

Abb. 79. Grundschaltungen von Asynchronmotoren mit Erregermaschine.

Bei größeren Leistungen tritt der Kondensator in Wettbewerb mit dem Synchronmotor bzw. mit dem Asynchronmotor mit Drehstromerregermaschine. Auch in diesem Leistungsgebiet haben die Verhältnisse eine gewisse Klärung erfahren, und zwar wird man bei langsamlaufenden Arbeitsmaschinen meist den direkt geschalteten Synchronmotor bevorzugen, während bei schnellaufenden Antrieben der Asynchronmotor mit Drehstromerregung in der Kostenfrage bisweilen günstiger abschneidet. In Abb. 79 sind die Grundschaltungen, der wichtigsten Vertreter dieser Antriebsformen, dargestellt. Neben der bekannten Schaltung des Synchronmotors (E) mit Gleichstromerregermaschine wurde der Asynchronmotor mit selbsterregter Erregermaschine (G) eingezeichnet. Diese Maschinengattung hat den großen Vorteil, daß man nachträglich bereits im Betrieb befindliche Maschinen kompensieren kann, ohne am Hauptmotor Änderungen vornehmen zu müssen. Die selbsterregte Erregermaschine kann sowohl mechanisch gekuppelt werden, wie auch getrennte Aufstellung finden und einen eigenen Antriebsmotor erhalten. Durch die kurzgeschlossene Drehstromwicklung im Ständer der Erregermaschine ergibt sich ein überaus günstiges Kompensationsverhalten. Bis zu sehr geringen Teillasten kann die Maschine Blindstrom ans Netz abgeben, so daß erst bei nahezu völligem Leerlauf nacheilende Leistungsfaktorwerte eintreten (Abb. 80). In wenigen Sonderfällen, in denen auch bei Leerlauf Kompensation verlangt wird, kann an Stelle der selbsterregten Maschine die fremderregte Maschine treten (F). Bei dieser Anordnung läßt sich die Größe der Erregerspannung beliebig wählen, so daß Blindleistungsaufnahme und -abgabe in genau der gleichen Weise gesteuert werden können wie bei jeder Synchronmaschine.

Bei Drehstromantrieben über 200 kW spielt der Kompensationsgrad mit Rücksicht auf die Anschaffungskosten die ausschlaggebende Rolle. Für einen 500-kW-Motor für 500 Volt wurden die Anschaffungskosten für verschiedene Leistungsfaktoren aufgetragen (Abb. 81). Der Untersuchung wurden 2 Antriebe gleicher Leistung mit verschiedenen Drehzahlen, und zwar mit 1000, vergleichsweise mit 146 U/min zugrunde gelegt. Bei der Kompensation auf $\cos\varphi = 1$ ergeben sich bereits ziemliche Preisdifferenzen zwischen Erregermaschine und Kondensator, wobei die Erregermaschine weit günstiger abschneidet. Beim Schnellläufer erhält man gleiche Anschaffungskosten, wenn man die Erregermaschine für $\cos\varphi = 1$ vorsieht, die Kondensatoren jedoch nur für $\cos\varphi = 0{,}97$ bemißt. Sobald man ins Gebiet voreilender Leistungsfaktoren übergeht, wird die Preisdifferenz zwischen Kondensator und Erregermaschine außerordentlich groß. Der prinzipielle Verlauf der Kurven ist bei Langsamläufern der gleiche. Es zeigt sich jedoch hier, daß die Erregermaschine für $\cos\varphi = 1$ einem mit Kondensatoren kompensierten Motor für $\cos\varphi = 0{,}9$ hinsichtlich der Anschaffungskosten die Waage hält. Dies liegt darin begründet, daß Langsamläufer durchweg einen größeren Blindleistungsbedarf als Schnelläufer aufweisen und deshalb einen weit höheren Aufwand an Kondensatoren notwendig machen. Im übrigen wird gerade im Gebiet niedriger Drehzahlen der Synchronmotor bevorzugt.

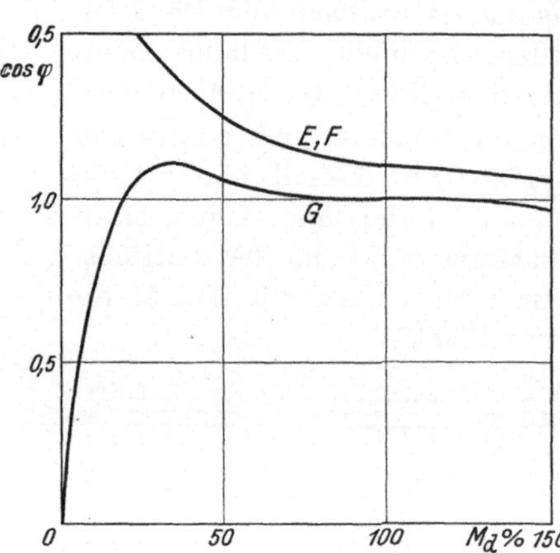

Abb. 80. Verlauf des Leistungsfaktors bei Asynchronmotoren mit Erregermaschine.

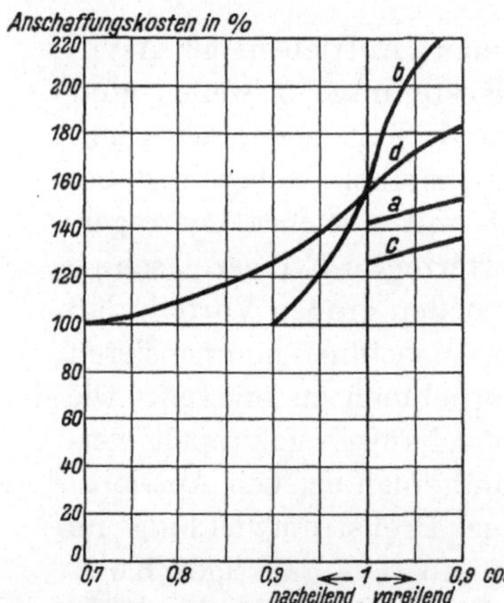

Abb. 81. Anschaffungskosten eines kompensierten Drehstromantriebes für 500 kW bei veränderlichem Kompensationsgrad.

Der Kondensator ist anspruchslos, er begnügt sich mit kleinstem Raum, verlangt keine Wartung, ist unbedingt betriebssicher und zuverlässig, er verursacht kaum Verluste, ist nahe beliebig unterteilbar und deshalb geeignet, die bei der Kompensation auftretenden Forderungen in idealer Weise zu erfüllen.

Bei der Planung von Kompensationseinrichtungen wird man stets verlangen, daß die Blindleistungserzeugung am Verbrauchsort einsetzt. Sinn und Zweck jeder Kompensationsanlage besteht darin, sowohl die Generatoren wie auch die Transformatoren und die gesamte Niederspannungsverteilungsanlage vom Blindstrom zu befreien. Dieser Bedingung wird dann entsprochen, wenn der Blindleistungserzeuger an der Stelle einsetzt, an der die Blindleistung verbraucht wird. Die erstrebenswerte Kompensationsmethode ist stets die Einzelkompensation. Nur zwingende wirtschaftliche oder technische Überlegungen können Veranlassung geben, zur Gruppen- oder zentralen Leistungsfaktorverbesserung überzugehen.

3. Kompensationsarten.

Einzelkompensation. Würde es gelingen, das Prinzip der Einzelkompensation in idealer Form zu lösen, dann müßte es möglich sein, die Wechselstromübertragung all ihrer Nachteile zu entkleiden, die ihr gegenüber der Gleichstromübertragung anhaften. Diesen idealen Zustand kann man jedoch nicht verwirklichen, da die Blindleistung von verschiedenen veränderlichen Faktoren abhängt, so daß man sich damit begnügen muß, sich dem gesteckten Ziel wenigstens einigermaßen genähert zu haben. Die wesentlichen Faktoren, die sich hindernd in den Weg stellen, sind die Abhängigkeit der Blindlast vom veränderlichen Drehmoment der Motoren und von der Größe des Stromes und der Spannung.

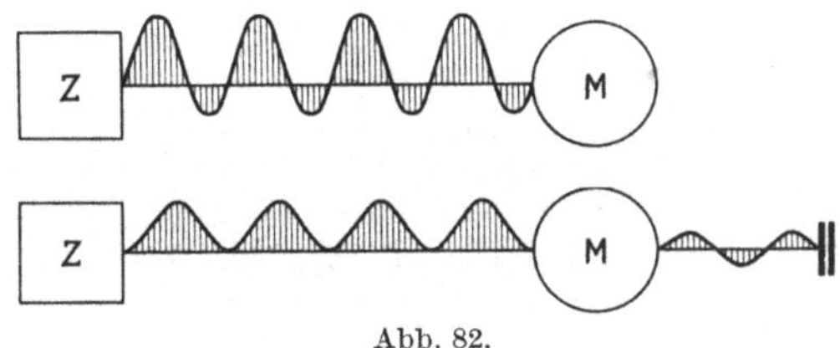

Abb. 82.

Bei den letztgenannten Faktoren bringt die Eisensättigung weitere Komplikationen. Daß man trotzdem die gestellte Aufgabe durch Reihen- und Parallelschaltung von Kondensatoren wenigstens dem Prinzip nach lösen kann, wird in einem späteren Kapitel gezeigt.

Ein Verbraucher, der außer Wirklast auch Blindleistung benötigt, beansprucht die Übertragungsorgane mit einem gerichteten Leistungsfluß, dem ein pendelnder Leistungsfluß überlagert ist. In Abb. 82 ist der zeitliche Leistungsverlauf eines durch Kondensatoren auf $\cos\varphi = 1$ kompensierten Motors einem unkompensierten gegenübergestellt. Man erkennt, daß durch den Kondensator der Energiefluß zwischen Zentrale und Motor wesentlich verringert wurde, wobei zwischen Motor und Kondensator lediglich die Blindleistung pulsiert.

Wendet man das Prinzip der Einzelkompensation auf Anlagen mit mehreren Motoren an, so ergibt sich für jeden Motor das gleiche Bild, wobei sämtliche Leitungen zwischen den Motoren und zwischen Zentrale und Verbraucher von der Blindlast befreit sind. Der große Vorteil der Einzelkompensation besteht in der zwangläufigen Anpassung der Blindleistungslieferung an den Bedarf, da beim Abschalten des Motors auch der Kondensator unwirksam wird und bereits im Augenblick des Zuschaltens wieder in Funktion tritt. Man findet also in jedem Augenblick ein ausgeglichenes Spiel der Kräfte und ist aller Sorgen der Über- und Unterkompensation mit seinen tariflichen und technischen Nachteilen entbunden. Abb. 83 gibt das Schaltschema einer Anlage mit 6 Motoren, die jeweils mit ihren Kondensatoren zu einer elektrischen Einheit verschmolzen sind. Es soll sich dabei um Motoren verschiedener Leistung mit unterschiedlichem Blindleistungsbedarf handeln. Das nebengezeichnete Leistungsdiagramm zeigt den Einfluß der Kondensatoren auf die Leistungsbilanz. Durch die parallel geschalteten Kondensatoren wird der Leistungsfaktor auf nahezu 1 gebracht. Im Diagramm wurde dabei angenommen, daß sich bei kompensiertem und nicht kompensiertem Arbeiten die Wirklast nicht ändert. Mit der Verminderung der Scheinleistung, die nach der Kompensation kaum größer ist als die Wirklast, ist selbstverständlich eine wesentliche Verlustverringerung und eine Entlastung der Kabel verbunden. Durch planmäßige Verwendung von Kondensatoren können mitunter beträchtliche Ersparnisse an Leitungsmaterial gemacht werden. Ein weiterer Vorteil, der mit der Einzelkompensation Hand in Hand geht, ist die Ersparnis an Schaltgeräten. Der Kondensator wird mit dem Motor geschaltet, beansprucht also keinerlei Schaltgeräte.

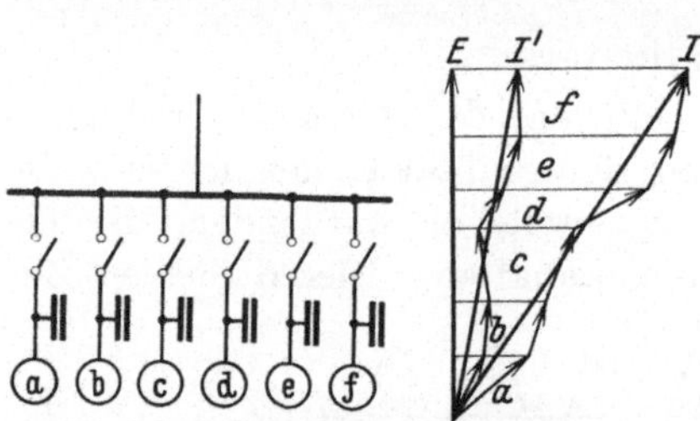

Abb. 83. Einzelkompensation mehrerer Drehstrom-Asynchronmotoren.

Ein Beispiel einer Einzelkompensation zeigt Abb. 84. Es handelt sich um den Antrieb eines Ventilators durch Kurzschlußläufer, wobei die Magnetisierungsenergie des Motors durch den Kondensator gedeckt wird. Der Kondensator ist am Sockel des Motors angebaut und zur Ständerwicklung des Motors parallelgeschaltet. Ein weiteres Beispiel zeigt Abb. 85. Ein Kompressormotor wird durch eine Batterie mit 80 kVA, 530 Volt kompensiert. Auch hier liegt die Batterie parallel zu den Motorklemmen und wird durch den Motorschalter zu- und abgeschaltet.

Die Kompensation erstreckt sich nicht immer nur auf ortsfeste Anlagen. Der Kondensator (Abb. 86) dient zur Leistungsfaktorverbesserung eines fahrbaren Motors, er ist auf einem offenen Eisengerüst mit dem Motor zusammengebaut. Vielfach trifft man in weit verzweigten

Abb. 84. Drehstrommotor zum Antrieb eines Fliehkraftlüfters mit Kompensation durch Kondensator.

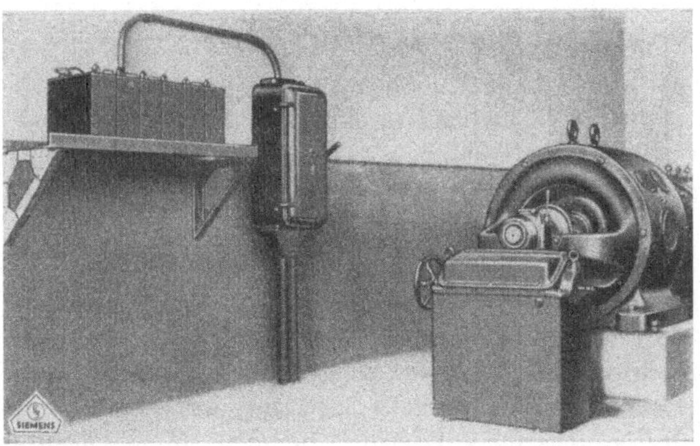

Abb. 85. Drehstrommotor zum Antrieb eines Kompressors mit Kompensation durch eine Batterie von 80 kVA.

Überlandnetzen stark belastete Ausläuferleitungen, bei denen die Spannungshaltung infolge der großen Blindlast stark erschwert wird.

In derartigen Anlagen kann es Vorteile bringen, selbst kleine Motoren mit geringer Benutzungsdauer durch Kondensatoren zu kompensieren.

Zusammenfassend kann man feststellen, daß die kennzeichnenden Merkmale der Einzelkompensation sind:

Automatische Anpassung von Blindleistungslieferung und Konsum, höchste Ersparnisse an Verlusten und Leitungsmaterial, keinerlei Zubehör. Der Kondensator verfügt in hohem Maß über alle die Eigenschaften, die ihn zur Erfüllung dieser wichtigsten Kompensationsforderungen befähigen.

Abb. 86. Fahrmotor mit aufgebautem Kondensator für 10 kVA.

Gruppenkompensation. Während im Zeitalter des kompensierten Motors die Einzelkompensation nur bei größeren Motoren Vorteile brachte und deshalb selten Anwendung fand, da die Überkompensation eines größeren Motors, der gleichzeitig den Blindleistungsbedarf mehrerer kleiner Motoren übernahm, wirtschaftliche Vorteile brachte, ist bei der Verwendung des Kondensators die Gruppenkompensation wie die Einzelkompensation von gleicher Bedeutung. Ob Einzel- oder Gruppenkompensation, hängt in erster Linie von wirtschaftlichen Überlegungen ab. Auch beim Kondensator sind die Gestehungskosten von der Leistung abhängig. Ein Kondensator kleiner Leistung zwingt zu höheren Aufwendungen je kVA als ein Kondensator größerer Einheitsleistung. Wenn es sich also um die Kompensation mehrerer kleiner Motoren handelt, dann wird man nach Möglichkeit versuchen, zur Gruppenkompensation überzugehen, da man die Gestehungskosten unter Umständen beträchtlich herabsetzen kann.

Auch die Benutzungsdauer der Motoren spielt bei diesen Überlegungen eine Rolle. Handelt es sich um viele Motoren, die abwechslungsweise und kurzzeitig im Betrieb sind, dann würde die Einzelkompensation zur Materialverschwendung zwingen, so daß nur die Gruppenkompensation die richtige Betriebsform darstellt. Als Beispiel diene eine Anlage, die aus 100 Motoren je 10 kW besteht, die also einen Anschlußwert von 1000 kW darstellt. Infolge der Betriebsverhältnisse sollen stets nur etwa 10% der Gesamtleistung, also 100 kW eingeschaltet sein. Bei einem mittleren Leistungsfaktor von $\cos\varphi = 0{,}7$ beträgt der Bedarf an Kondensatoren 100 kVA. Wollte man jeden Motor durch einen parallelgeschalteten Kondensator kompensieren, so wären insgesamt 1000 kVA, also das 10fache der notwendigen Leistung zu installieren.

Die Gruppenkompensation ist die gegebene Betriebsform für alle Motoren, die intermittierend arbeiten oder für solche Industrieanlagen, bei denen die einzelnen Motoren nur geringe Benutzungsdauer haben. Abb. 87 gibt das Schaltschema der Gruppenverbesserung, je 3 Motoren sind an eine gemeinsame Schiene gelegt und über einen Gruppenschalter mit der Hauptschiene verbunden. Hinter dem Gruppenschalter liegen die Kondensatoren. Die Zahl und Art der Motoren, die man zu einer Gruppe vereinigen wird, hängt von der Leistung, dem Arbeitsspiel der Wandlungsfähigkeit und Wandlungsmöglichkeit des Betriebes, nicht zuletzt von räumlichen Verhältnissen, vorhandenen Kabeln und Schaltanlagen ab. Genaue Richtlinien lassen sich hier nicht aufstellen. Die

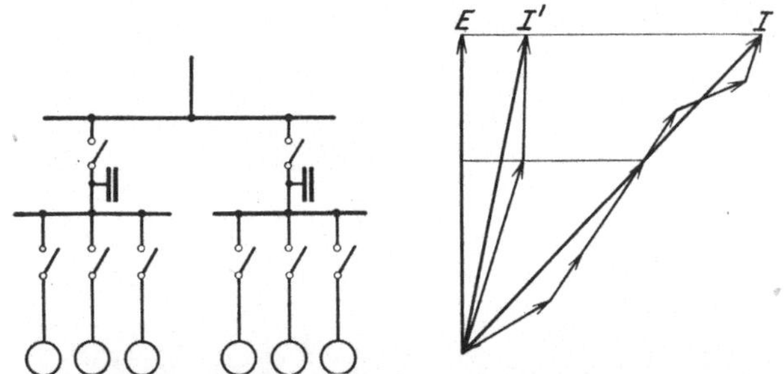

Abb. 87. Gruppenkompensation mehrerer Drehstrom-Asynchronmotoren.

Praxis beweist jedoch, daß die gegebene Situation in diesen Fragen meist von selbst die Entscheidung bringt. Das rechts gezeichnete Diagramm in Abb. 87 zeigt ähnlich wie bei der Einzelkompensation das Ergebnis der Kompensation in der Leistungsbilanz. Die Kondensatoren bringen eine beträchtliche Verminderung der Scheinleistung, die Blindleistung wird fast vollkommen von den Kondensatoren geliefert.

Zentrale Verbesserung. Der Begriff der zentralen Verbesserung stammt aus der Zeit, als die Blindleistungsfrage in erster Linie mit umlaufenden Maschinen gelöst wurde. Unter zentraler Verbesserung wurde dabei derjenige Betriebsfall verstanden, bei dem eine leerlaufende Synchron- oder Asynchronmaschine am Verbrauchsort aufgestellt wurde, um den Blindleistungstransport zwischen Zentrale und Konsument zu vermeiden. Beim Kondensator kann zwischen Gruppen- und zentraler Verbesserung nicht mehr so scharf unterschieden werden, da beim Kondensator schon von Natur aus eine Trennung der Funktion Wirk- und Blindleistung eingetreten ist. Trotzdem gibt es auch beim Kondensator eine Art zentraler Kompensation (Abb. 88). Sind in einer Anlage Hoch- und Niederspannungsmotoren im Betrieb, dann könnte man durch Gruppenkompensation die Hoch- und Niederspannungsverbraucher getrennt kompensieren. In solchen Fällen wird jedoch der zentrale Einbau von Hochspannungskondensatoren Vorteile bieten, da man im allgemeinen mit geringeren Gestehungskosten auskommt. Die Auf-

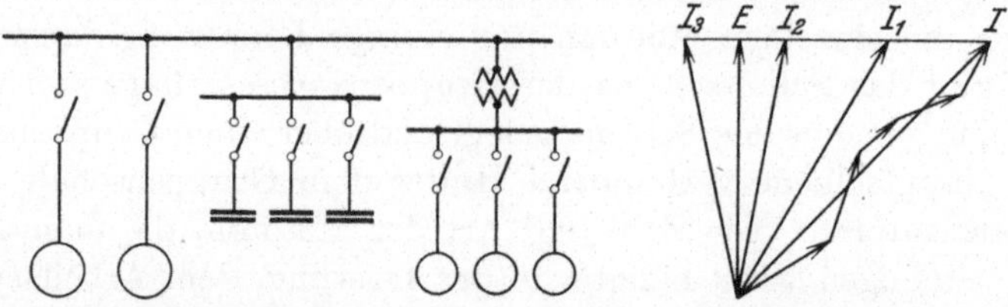

Abb. 88. Zentrale Kompensation von Hoch- und Niederspannungsmotoren.

stellung der Hochspannungskondensatoren macht eine eigene Schaltanlage notwendig, die dann ohne große Mehrkosten sich für die gesamte Kondensatorleistung ausbauen läßt. Um auch bei Kondensatoren den

Abb. 89. Kondensatorbatterie, bestehend aus drei Gruppen für eine Gesamtleistung von 1050 kVA bei 550 Volt.

Begriff „zentrale Verbesserung" schärfer zu definieren, soll hierunter die Betriebsform verstanden werden, bei der eine Anlage oder ein größerer Teil einer Anlage durch eine gemeinsame Kondensatorbatterie kompensiert werden, wobei eine Unterteilung der Batterie zum Zwecke der Regelung vorgesehen ist. Bei zentraler Kompensation wird sich nur selten der ideale Betriebszustand verwirklichen lassen, daß Blindstrombedarf und Erzeugung sich genau die Waage halten. Das Leistungsdiagramm (Abb. 88) zeigt den Einfluß der Kondensatorgruppen auf die

Gesamtleistung. Bei dem augenblicklichen Belastungszustand würde man nur 2 Kondensatorgruppen einschalten, um eine Überkompensation zu vermeiden.

Der Zusammenbau einer größeren Anzahl von Kondensatorelementen, die zu 3 Gruppen vereinigt sind und getrennt geschaltet werden können, ist aus Abb. 89 ersichtlich; es zeigt eine Batterie für eine Gesamtleistung von 1050 kVA bei 550 Volt.

Bei der zentralen Leistungsfaktorverbesserung kann es sich mitunter um beträchtliche Energien handeln, die bereits nennenswerte Rückwirkungen aufs Netz ausüben und auch schalttechnisch zu gewissen Rücksichten zwingen. Die damit zusammenhängenden Fragen werden später eingehend behandelt.

Die Unterscheidung nach Einzel-, Gruppen- und zentraler Verbesserung soll in die Vielgestaltigkeit der Kompensationsmöglichkeiten eine gewisse Ordnung bringen. — Die Rangfolge hat durch das Vordringen des Kondensators eine Umkehrung erfahren, da früher die technischen Mittel mehr zur Gruppen- und zentralen Verbesserung führten, während der Kondensator den Weg zur Einzelverbesserung freigibt.

Gemischte Betriebsformen. Nur selten wird man so übersichtliche Betriebe und Betriebsführungen vorfinden, daß einer der eben geschilderten Wege zum Ziele führt. Der Blindlast- wie der Wirklastbedarf der Netze gehorcht verwickelten Gesetzen, die wir stets genau prüfen müssen und die zu den mannigfaltigsten Maßnahmen Veranlassung geben können. Ähnlich wie heute bei der Stromversorgung Grund- und Spitzenwerke unterschieden werden, wobei man durch Fahrplansteuerungen den voraussichtlichen Bedarf kopiert, kann man auch die Fragen der Blindstromkompensation so lösen, daß bestimmten Kondensatoren die Deckung der Grundlast zugewiesen wird, während die zeitlich veränderliche Blindlastkomponente Zusatzkondensatoren liefern.

Die Unterteilung nach Grundlast und Spitzenkondensatoren wird in denjenigen Betrieben angebracht sein, in denen dauernd mit einer gewissen Mindestblindlast zu rechnen ist. Man wird in den Schwerpunkten der Anlage die Grundlastkondensatoren einbauen und an geeigneter Stelle zentral oder auch im Betrieb verteilt den variablen Bedarf decken. Abb. 90 zeigt den Schaltplan einer derartigen Anlage. Das Verteilungsnetz stellt eine Ringleitung dar, an die verschiedene Ausläufer angeschlossen sind. Die Stromversorgung erfolgt nur an einer Stelle, und zwar im Speisepunkt S. Von den einzelnen Knotenpunkten des Netzes gehen mehr oder minder stark belastete Zweigleitungen ab. Im Schaltplan wurde durch Schaltsymbole angedeutet, ob es sich um Grundlast oder Spitzenkondensatoren handelt. In den meisten der Knotenpunkte sind dauernd eingeschaltete Kondensatoren vorgesehen. In manchen Punkten, in denen mit einer besonders stark wechselnden Blindleistungsentnahme zu rechnen ist, wurden auch zu- und abschaltbare Kondensatoreinheiten aufgestellt. Im Speisepunkt S wird durch eine Batterie mit 5 Gruppen für einen möglichst vollkommenen Blindlastausgleich gesorgt. Nur an wenigen Stellen des Netzes ist die Bedienung der Kondensatoren notwendig. Im Speisepunkt, in dem stets Personal zur Überwachung zur Verfügung steht, wurde der größte Teil der regelbaren Kondensatoren vereinigt. Hier an der Speisestelle wird durch eine einfache Handsteuerung dafür gesorgt, daß die Stromentnahme vom Lieferwerk stets zu den günstigsten Tarifbestimmungen erfolgt.

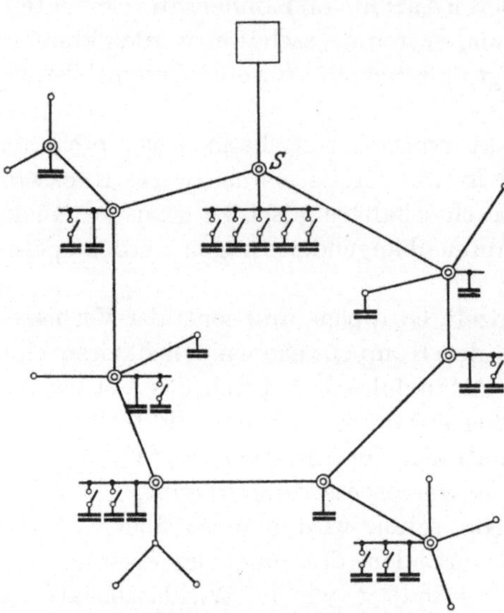

Abb. 90. Kompensation eines Ringnetzes.

Durch ähnliche Anordnungen ist es häufig möglich, bedeutende Ersparnisse an Kondensatoren, Schaltern und Leitungsmaterial sicherzustellen.

4. Kurzschlußläufer mit Parallelkondensator.

Der Asynchronmotor mit Kurzschlußläufer, direkt geschaltet mit Parallelkondensator, zeichnet sich durch hohen Wirkungsgrad, guten Leistungsfaktor, mäßigen Anlaufstrom und geringste Wartung und Bedienung aus.

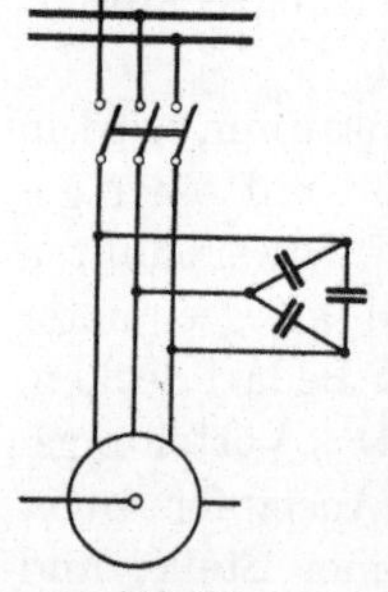
Abb. 91.

Das Baukastenprinzip mit seinen vielen Vorzügen in der Fertigung des Elektromotors erhält durch den Kondensator neue Bereicherung, da man durch die Baukastenarbeit nicht nur das Kleid des Motors, sondern auch seine elektrischen Eigenschaften beherrscht. Der Kondensator läßt den Motor unbeeinflußt, trotzdem zwingt er ihm unter gewissen Voraussetzungen sein besonderes Gepräge auf.

Der Kondensator wird meist in Dreieckschaltung direkt an die Klemmen der Ständerwicklung gelegt. Beim Einlegen des Ständerschalters erhält deshalb Motor und Kondensator gleichzeitig Spannung (Abb. 91). Von den Ausgleichsvorgängen, die sich im Augenblick des Schaltens abspielen, sei hier abgesehen, da sie für den Motor bekannt sind und für den Kondensator an anderer Stelle behandelt wurden. Die Ausgleichsvorgänge sind im übrigen außerordentlich schnell, meist nach einer Periode abgeklungen, so daß merkbare Rückwirkungen aufs Netz im allgemeinen nicht auftreten.

Beim Kurzschlußläufer ist die Größe des Anlaufstromes lediglich durch die elektrischen Eigenschaften des Motors festgelegt. Eine Verminderung der Anlaufströme ist nur möglich, wenn die Maschine mit geschwächtem Feld angelassen wird, was man entweder durch Vorschalten von Transformatoren oder Drosselspulen, oder durch Umschaltung der Ständerwicklung des Motors erreicht. Der hohe Anlaufstrom wird in erster Linie durch die stark ausgeprägte Blindkomponente hervorgerufen. Kurzschlußläufer, die durch Kondensatoren kompensiert sind, arbeiten mit etwas geringeren Anlaufströmen, jedoch ist die Stromverminderung in der Regel sehr klein, da man den Kondensator lediglich zur Kompensation auf $\cos\varphi = 1$ bei Vollast bemessen wird. Es soll nachstehend kurz untersucht werden, welche Verminderung des Anlaufstromes durch Kondensatoren in wirtschaftlichen Grenzen möglich ist und welche Kondensatorleistungen gebraucht werden, um den Anlaufstrom auf das geringst mögliche Maß herabzudrücken. Aus den Stromdiagrammen des Motors (Abb. 92) läßt sich folgende Beziehung ableiten:

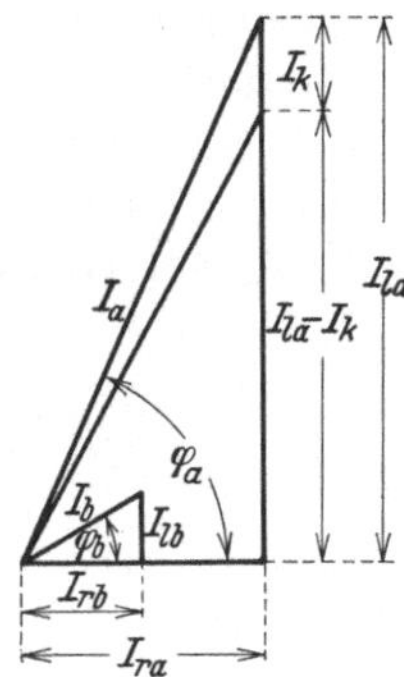

Abb. 92. Stromdiagramm eines Asynchronmotors.

$$J_{ak}^2 = (J_a \cos\varphi_a)^2 + (J_a \sin\varphi_a - J_k)^2 .$$

Diese Gleichung läßt sich in die Form $J_{ak}^2 = J_a^2 + J_k^2 - 2 J_a J_k \sin\varphi_a$ bringen. Setzt man hier $\sin\varphi_a = 1$, was man bei kleinen Kondensatorleistungen ohne großen Fehler machen kann und bezieht die Stromwerte auf den Betriebsstrom J_n, dann erhält man:

$$\frac{J_{ak}}{J_n} = \frac{J_a}{J_n} - \frac{J_k}{J_n} .$$

Wenn man bei Vollast auf $\cos\varphi = 1$ kompensiert, dürfte $J_k = 0{,}5 \cdot J_n$ sein, so daß man nur eine geringe Reduktion des Anlaufstromes erreicht. Ein Kurzschlußläufer mit $\frac{J_a}{J_n} = 4{,}5$ erfährt eine Herabminderung des Anlaufstromes um etwa 10% auf den $4{,}5 - 0{,}5 = 4$fachen Anlaufstrom.

Der Anlaufstrom nimmt seinen kleinsten Wert an, wenn die Bedingung

$$\frac{J_k}{J_{ln}} = \frac{J_a}{J_n} \cdot \frac{\sin\varphi_a}{\sin\varphi_b}$$

erfüllt ist. Bei einem normalen Kurzschlußläufer erhält man für $\frac{J_a}{J_n} = 4{,}5$ also den 8,5fachen Kondensatornennstrom. Man würde also außerordentlich große Kondensatorleistungen benötigen, um den Anlauf des Motors mit reinem Wirkstrom zu erzwingen.

Will man den Stromverlauf eines Asynchronmotors während der Anlaufperiode genau verfolgen, dann wird man auf das Kreisdiagramm zurückgreifen. Schleifring- und normale Kurzschlußläufer gehorchen auch beim Anlauf dem genauen Diagramm, während Spezialmotoren wie Wirbelstrom- und Doppelstabläufer bei großem Schlupf, also während des Hochlaufens ein stark verzerrtes Diagrammbild ergeben. Wollte man deshalb die Verminderung des Anlaufstromes exakt verfolgen, dann müßte man die Behandlungsweise für Wirbelstrom- und Schleifringläufer getrennt durchführen. Da jedoch der Kondensator in erster Linie in Verbindung mit dem Wirbelstromläufer Bedeutung hat, wird nur dieser Fall untersucht. Im Diagramm (Abb. 93) wurden 3 Punkte besonders hervorgehoben. Ohne Kondensator würde der Anlauf $\cos\varphi = 0{,}4$, der Anlaufstrom das 4,4fache des Nennstromes betragen. Wählt man den Kondensator für $\cos\varphi = 1$ bei Vollast, dann erhöht sich der Anlauf-$\cos\varphi$ auf 0,45, der Anlaufstrom geht auf 88% zurück. Bei Überkompensation im Betrieb auf $\cos\varphi = 0{,}9$ erzielt man eine weitere Reduktion des Anlaufstromes auf 79% bei einer Steigerung des Anlaufs $\cos\varphi$ auf 0,5.

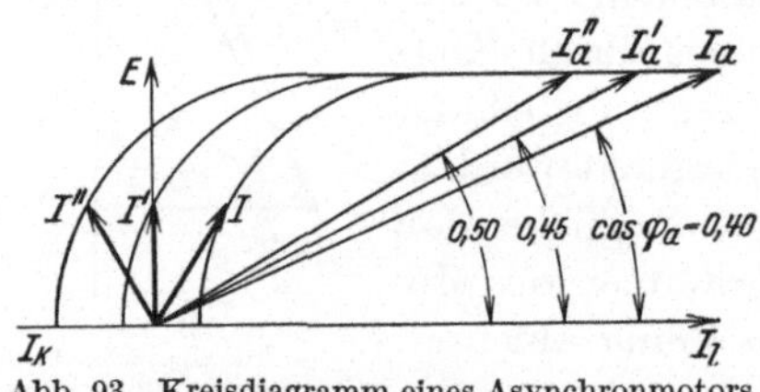

Abb. 93. Kreisdiagramm eines Asynchronmotors mit Wirbelstromläufer.

Bei Stern-Dreieckanlauf muß man das Diagramm zunächst für die Sternschaltung entwerfen und erhält hier insofern noch günstigere Verhältnisse, als in der Sternschaltung der Magnetisierungsbedarf des Motors bedeutend geringer ist, während der Kondensator mit seiner vollen Leistungsfähigkeit zur Verfügung steht. Setzt man den Anlaufstrom in der Sternschaltung ohne Kondensator zu 100% an, so geht der Strom auf 67%, ja bis 45% zurück, wenn man bei Vollast auf $\cos\varphi = 1$ bzw. 0,9 voreilend kompensiert.

Um sich die mühevolle Arbeit, den Kompensationserfolg aus Diagrammen abzuleiten, zu ersparen, wurde das Kurvenbild (Abb. 94) entworfen. Es liefert sowohl für Stern- wie auch für Dreieckschaltung die funktionelle Abhängigkeit zwischen Vollastleistungsfaktor, Anlaufstrom und Anlaufleistungsfaktor. Selbstverständlich ist es wirtschaftlich nicht zu rechtfertigen, die Kondensatoren, nur um den Anlaufstrom herabzusetzen, größer zu wählen, als es der Tarif vorschreibt. In seltenen Fällen wird man die Kompensation bis auf 1 treiben, aber wohl nie darüber hinausgehen. Es wurde schon der Vorschlag gemacht, zur Herabsetzung des Anlaufstromes die Kondensatoren kurzzeitig zu überlasten. Dies ist möglich, wenn man schon beim Einbau für eine entsprechende Umschaltmöglichkeit sorgt. Um während des Anlaufs erhöhte Kapazität zur Verfügung zu haben, muß man Stern-Dreieck- oder Reihenparallelschaltung vorsehen. Wählt man beispielsweise in einer Anlage für 5000 Volt einphasige Kondensatoren für 3000 Volt, so erhalten die in Stern geschalteten Elemente während des Betriebs eine Spannung von 2,9 kV. Während der Anlaufperiode werden die Kondensatoren in Dreieck geschaltet und mit der um $\sqrt{3}$ größeren Spannung beansprucht. Da die Leistung mit der Spannung quadratisch wächst, steht für den Anlauf die 3fache Blindlast zur Verfügung, so daß man auch eine erhebliche Verminderung des Anlaufstromes erzielt. Voraussetzung ist allerdings, daß die Überlastung der Kondensatoren zulässig ist und daß der Erfolg den erhöhten Aufwand an Schaltgeräten und die Schaltkomplikation lohnt.

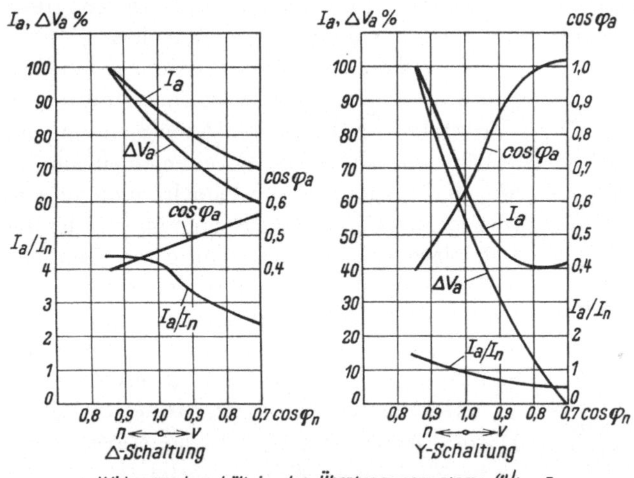

Abb. 94. Wirbelstromläufermotor für 22 kW, 220 Volt, 1000 U/min, mit Kondensatoren. Anlaufverhältnisse.

Bei Stern-Dreieckanlauf der Motoren muß darauf geachtet werden, daß während des Umschaltens die Kondensatoren zu entladen sind, da beim Übergang auf die Dreieckstellung sonst starke Stromstöße, die mit schlagartigem Geräusch verbunden sind, auftreten können. Diese Erscheinungen sind auf die mögliche Spannungsdifferenz zwischen Netz und Kondensator zurückzuführen, die im ungünstigsten Fall den doppelten Wert der Wechselspannungsamplitude erreicht.

Die Bestrebungen, die Anlaufströme klein zu halten, gehen in erster Linie von den Elektrizitätswerken aus wegen der hiermit verbundenen Spannungsabfälle. Wenn die Maßnahmen der Elektrizitätswerke zum Teil auch übertrieben sind und die Anschlußbedingungen für Kurzschlußläufer oft mehr als engherzig ausgefallen waren, so ist doch anzuerkennen, daß die Anlaufströme bisweilen merkliche Spannungsabsenkungen im Gefolge haben. Der Anlaufstrom des Kurzschlußläufers hat eine überwiegende Blindkomponente, weshalb sich der Anlaufstrom weit mehr als der Betriebsstrom auf die Netzspannung auswirkt.

Trotzdem der Kondensator den Anlaufscheinstrom nur verhältnismäßig wenig verringert, bringt er doch eine bedeutende Verminderung der Anlaufblindkomponente und damit eine entsprechende Reduktion der Spannungsabfälle. Das Diagramm (Abb. 95) läßt diese verhältnismäßig klar erkennen. Der wesentliche Teil des Spannungsverlustes wird durch den Betrag $\omega L \cdot J_l$ hervorgerufen. Durch Einfügen des Kondensatorstromes J_k geht die Blindkomponente auf J_l' zurück, so daß auch das Produkt $\omega L \cdot J_l'$ eine beträchtliche Wertminderung erleidet.

Da zwischen Zentrale und Verbraucher besonders bei Niederspannungsanlagen meist ziemliche Reaktanzen liegen, verdient die Wirkung des Kondensators auch beim Anlaufvorgang Beachtung.

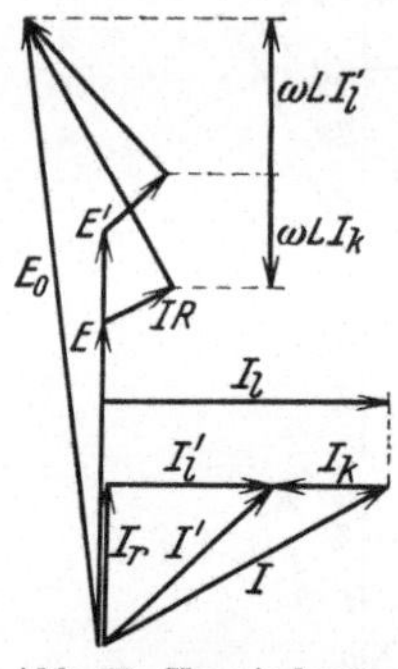

Abb. 95. Verminderung der Spannungsabfälle beim Anlauf kompensierter Motoren.

Während des Betriebes ist der Kondensator ohne Einfluß auf die Arbeitsweise des Motors. Durch die Verminderung des Scheinstromes in den Zuleitungskabeln tritt an den Motorklemmen eine geringe Spannungserhöhung auf, die jedoch im allgemeinen zu gering ist, als daß sie das Kippmoment oder die übrigen Betriebseigenschaften beeinflussen könnte. Nur in stark überlasteten Verteilungsanlagen, in denen viele Motoren durch den systematischen Einbau von Kondensatoren kompensiert wurden, hat man bereits Spannungsbesserungen von 3 bis 5% festgestellt.

Über die Kondensatorleistung im Verhältnis zur Motorleistung entscheidet der Tarif. Selten wird man über eine Kompensation von $\cos\varphi = 0{,}96$ bis 0,98 bei Vollast hinausgehen. Die Kondensatorleistung ist durch Kapazität und Spannung eindeutig festgelegt, der Kondensator stellt seine Leistung unabhängig davon, ob sie gebraucht wird oder nicht, zur Verfügung. Da bei abnehmendem Drehmoment auch der Blindleistungsbedarf des Motors zurückgeht, kommt man bei Entlastung auf eine Zunahme des Leistungsfaktors, der sogar in das voreilende Gebiet übergehen kann (Abb. 96). Für einen Asynchronmotor mit 22 kW, 1000 U/min, 50 Per./sec wurden für verschiedene Kapazitäten die $\cos\varphi$-Kurven eingezeichnet. Der Vollastblindleistungsbedarf wurde zu 100% angenommen und für verschiedene Kondensatoren, die 50 bis 125% des Magnetisierungsbedarfes liefern, die $\cos\varphi$-Kurven eingetragen. Das Diagramm beweist, daß man schon bei 100proz. Kompensation bei Teillasten auf starke Voreilung übergeht und daß Kondensatoren für 75% der Blindlast über den gesamten Lastbereich durchaus zufriedenstellende $\cos\varphi$-Werte ergeben.

Durch das Parallelschalten des Kondensators zum Motorfeld erhält man eine magnetisch selbständige Maschine. Der voll kompensierte Motor bezieht keine Blindlast aus dem Netz, die Feldleistung pendelt lediglich zwischen Motorwicklung und Kondensator. Diese Überlegung führt zwangläufig zu der Erkenntnis, daß der Motor auch nach dem Abtrennen vom Netz einen magnetisch selbständigen Organismus darstellt, der in der Lage ist, Spannung zu halten. Nach Öffnen des Ständerschalters wird der Motor eine bestimmte Zeit, die durch die Massenträgheit und die Reibungswiderstände gegeben ist, weiterlaufen. Bei kleinen Motoren wird man mit Auslaufzeiten von wenigen Sekunden, bei größeren Motoren, besonders bei Schwungmassenantrieben, auch mit mehreren Minuten rechnen können. In jedem Fall arbeitet der Motor kurz nach dem Abschalten noch praktisch mit voller Drehzahl. Das Kriterium für das Zustandekommen der Selbsterregung liefert das Magnetisierungsdiagramm des Motors (Abb. 97).

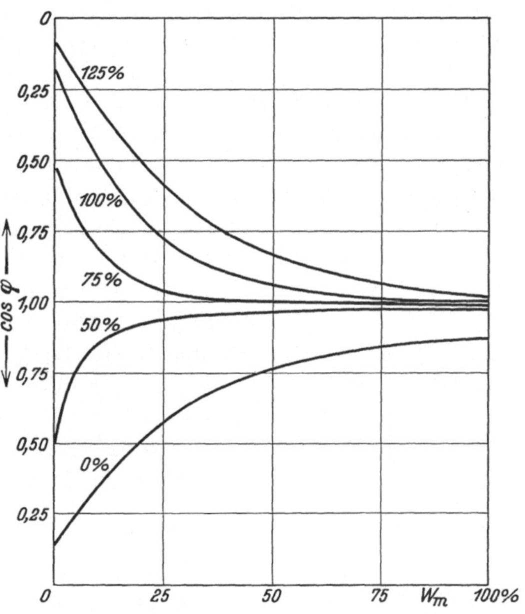

Abb. 96. Leistungsfaktor eines Asynchronmotors bei Kompensation mit verschiedenen Kapazitäten.

Trägt man die Klemmenspannung der Maschine als Funktion des Magnetisierungsstromes auf, so erhält man die bekannte Magnetisierungskurve. Je nach der Sättigung des Motoreisens ergeben sich mehr oder weniger stark gekrümmte Kurven, die jeweils den Charakter der betreffenden Maschine wiedergeben. In das gleiche Diagramm zeichnet man auch die Kennlinie des Kondensators ein. Da beim Kondensator der Strom proportional mit der Spannung wächst, liefert der Kondensator eine Gerade, die durch den Koordinatenursprung geht.

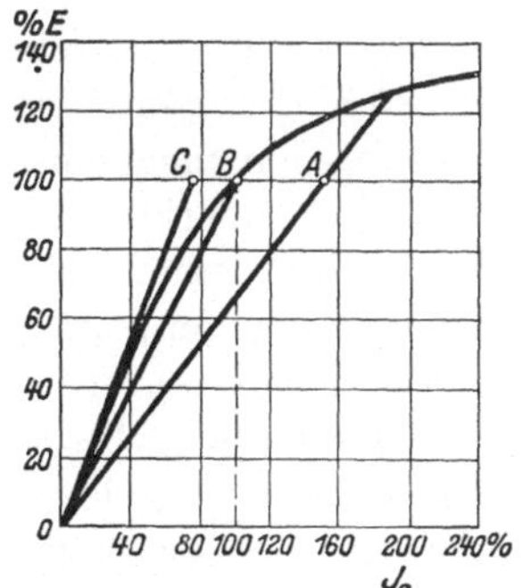

Abb. 97. Selbsterregung bei Drehstrom-Asynchronmotoren.

Selbsterregung ist dann zu erwarten, wenn die Kondensatorkennlinie die Magnetisierungskurve schneidet. Der Schnittpunkt liefert gleichzeitig die Spannung, die am Ende des Selbsterregungsvorganges zu erwarten ist; genauere Untersuchungen über den Selbsterregungsvorgang finden sich später bei der Behandlung des Kondensatorgenerators.

Im Diagramm sind 3 besonders markante Punkte hervorgehoben. Punkt A gibt diejenige Kondensatorleistung an, die bei Vollast des Motors $\cos\varphi = 1$ hervorruft, im Augenblick des Abschaltens beträgt die Klemmenspannung 124%. Verringert man die Kondensatorleistung auf 68%, so ermäßigt sich der Vollastleistungsfaktor auf 0,984, die Selbsterregungsspannung wird gleich der Netzspannung (Punkt B). Eine weitere Abnahme der Kapazität auf 51% Leistung liefert $\cos\varphi = 0{,}97$, Selbsterregung tritt hierbei nicht ein. Da bereits 68% der Nennblindlast genügen, um die Selbsterregungsspannung auf 100% zu treiben, wird man normalerweise mit Spannungserhöhungen von 10 bis 20% zu rechnen haben.

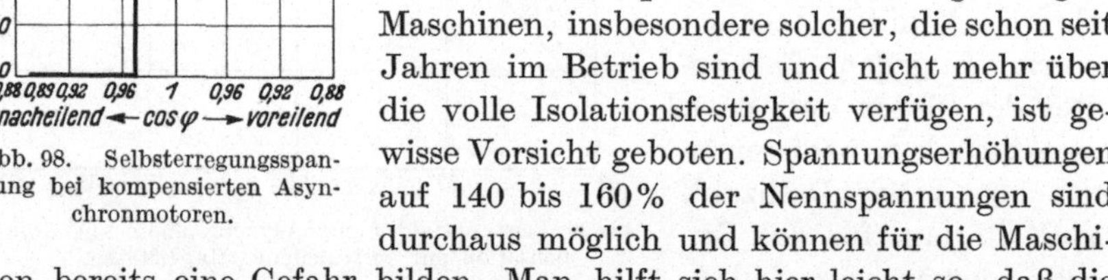

Abb. 98. Selbsterregungsspannung bei kompensierten Asynchronmotoren.

Der Übersicht halber wurde aus dem Diagramm (Abb. 97) das Diagramm (Abb. 98) abgeleitet. Es gibt die Selbsterregungsspannung als Funktion des Vollastleistungsfaktors direkt an.

Bei der Kompensation schwach gesättigter Maschinen, insbesondere solcher, die schon seit Jahren im Betrieb sind und nicht mehr über die volle Isolationsfestigkeit verfügen, ist gewisse Vorsicht geboten. Spannungserhöhungen auf 140 bis 160% der Nennspannungen sind durchaus möglich und können für die Maschinen bereits eine Gefahr bilden. Man hilft sich hier leicht so, daß die Kondensatoren über einen getrennten Schalter angeschlossen werden oder man wählt die Kapazität entsprechend geringer.

Bei kombinierten Antrieben, bei denen der Motor mit einer Dampf- oder Wasserkraftmaschine auf eine gemeinsame Welle treibt, kann betriebsmäßig der Zustand eintreten, daß der abgeschaltete Motor über die Transmission mechanisch angetrieben wird und infolge Selbsterregung an den Ständerklemmen Spannung erhält. Da man einen abgeschalteten Motor stets für spannungslos hält, ist bei dieser Betriebsweise Vorsicht geboten, um Unfällen vorzubeugen.

Der Kondensator ist ein Speicher elektrischer Energie, er kann auch im abgeschalteten Zustand Spannung behalten, es sei denn, daß man die Beläge durch eine leitende Verbindung überbrückt. Da die in Dreieck oder Stern geschaltete Ständerwicklung in vom Netz abgeschalteten Zustand einen Kurzschluß für den Kondensator darstellt, tritt nach dem Abschalten bzw. nach dem Zusammenbruch der selbsterregten Spannung ein sofortiger Ausgleich der Restladung ein.

Der Schalter braucht nur auf die Bedürfnisse des Motors Rücksicht zu nehmen. Der Schalter, der für den Motor gut genug ist, ist auch für den Kondensator ausreichend. Bei Niederspannung und sehr kleiner

Leistung genügt der Hebelschalter mit Sicherungen, bei mittleren Leistungen wird man das Schütz mit thermischer Auslösung und Sicherungen als Kurzschlußschutz anwenden. Selbstverständlich können auch die üblichen Schaltautomaten herangezogen werden.

Der Einschaltvorgang stellt in keinem Fall eine besondere Beanspruchung des Schalters dar. Schutzmaßnahmen sind nur empfehlenswert, wenn mehrere durch Kondensatoren kompensierte Motoren in unmittelbarer Nähe voneinander aufgestellt werden, da dann beim Schalten eines Kondensators auf einen bereits im Betrieb befindlichen starke Ausgleichsströme eintreten können. Die Dämpfung durch die natürlichen Leitungswiderstände ist jedoch fast überall ausreichend groß, daß auch in solchen Fällen häufig jeder Schutz entbehrlich wird. Es ist eine überflüssige Vorsicht, wenn man für Niederspannungsanlagen Schutzschalter mit Vorkontaktwiderständen oder Drosselspulen empfiehlt, da der Komplikation der Schalter praktisch kein Erfolg gegenübersteht.

Die Auslösestromstärke wird nach dem Motorstrom, nicht nach dem Kondensatorstrom eingestellt. Der gemeinsame Schalter stellt also für den Kondensator einen nur unvollkommenen Schutz dar. Der Kondensatornennstrom kann die Hälfte und weniger des Motorstromes ausmachen. In Anlagen, in denen Überlastungen des Kondensators durch Spannungssteigerungen und Harmonische zu befürchten sind, empfiehlt es sich, vor die Kondensatoren Sicherungen zu legen, die für den Kondensatornennstrom bemessen sind. Erfolg bringen jedoch nur träge Sicherungen, da man sonst mit Rücksicht auf die Schaltströme den Sicherungsnennstrom so hoch legen muß, daß ein Überlastungsschutz nicht mehr vorhanden ist. Der Kondensator ist gegen Überlastungen meist unempfindlich, auch die Überlastungsmöglichkeiten sind für den Kondensator weit geringer als für den Motor, so daß man sich in der Regel auch mit einem weniger vollkommenen Schutz abfinden kann.

5. Der Kondensatorgenerator.

Der Kondensator kann Magnetisierungsenergie liefern, er kann deshalb auch die magnetisch unselbständige Asynchronmaschine in die Reihe der selbständigen Generatoren erheben. Unter gewissen Voraussetzungen arbeitet die Asynchronmaschine als selbständig taktgebender Generator mit ähnlichen Eigenschaften, wie sie die Synchronmaschine aufweist. Trotzdem zeigen beide Maschinengattungen in manchen Punkten ein grundsätzlich verschiedenes Verhalten. Bei der Synchronmaschine ist die Frequenz des Ständers starr an die Drehzahl gebunden. Aus Drehzahl und Polzahl läßt sich in jedem Falle die Frequenz, welche die Maschine abgibt, genau errechnen. Auch beim Asynchrongenerator bestehen gewisse Beziehungen zwischen der Drehzahl und der Frequenz, jedoch ist die Bindung zwischen diesen Größen nicht in gleicher Weise starr, sondern noch von einem weiteren Faktor, dem Schlupf der Maschine abhängig. Ähnlich wie beim Asynchronmotor ist auch beim Asynchrongenerator der Schlupf eine Funktion der Belastung bzw. der in den Stromkreisen enthaltenen Ohmschen Widerstände.

Der Kondensatorgenerator zeigt ähnliche Eigenschaften wie der selbständig takthaltende Asynchrongenerator mit Drehstrom-Erregermaschine. Bei beiden Maschinengattungen macht es Schwierigkeiten, die Spannung zu regeln, und in beiden Fällen besteht ein hoher Grad von Empfindlichkeit gegen starke induktive Belastungen.

Jede Asynchronmaschine, gleichgültig, ob sie als Motor oder als Generator betrieben wird, arbeitet während des Betriebes mit einem Drehfeld. Das vollkommene Drehfeld bleibt seiner Größe nach konstant und rotiert im Raum mit einer Geschwindigkeit, die durch Netzfrequenz und Polzahl festgelegt ist. Wird die Asynchronmaschine vom Netz getrennt, so wird das Feld nie vollkommen auslöschen, sondern immer ein gewisses Restfeld durch die Wirkung der Remanenz übrigbleiben. In Abb. 99 ist das Restfeld durch den Pfeil Φ angedeutet, es durchsetzt den Läufer und schließt sich über den Luftspalt im Ständereisen der Maschine. Von der Drehstrommaschine wurde lediglich ein Ständerwicklungszweig mit dem Kondensator gezeichnet, von der Läuferwicklung 2 Stäbe, die über die Kurzschlußringe miteinander verbunden sind. Wird die vom Netz getrennte Asynchronmaschine aus dem Stillstand mechanisch angetrieben, so bewegen sich die Rotorstäbe in diesem Feld Φ, so daß in ihnen eine Spannung induziert wird, die einen geringen Strom im Läufer auslöst. Dieser geringe Strom hat eine Veränderung des Feldzustandes in der Maschine zur Folge und induziert deshalb auch in der Ständerwicklung eine geringe Spannung. Da die Ständerwicklung über einen Kondensator geschlossen ist, wird der Kondensator langsam aufgeladen. Wegen der räumlichen Anordnung der Wicklungen und aus Symmetriegründen spielt sich dieser Vorgang in den einzelnen Phasen nicht gleichzeitig ab. Es entsteht vielmehr im Ständer ein Drehstrom geringer Frequenz und Spannung. Bei kleinen Drehzahlen ergeben sich kleine Schnittgeschwindigkeiten und damit äußerst kleine Spannungen. Die Magnetisierungsleistung des Kondensators wird nicht ausreichen, um den Blindleistungsbedarf der Maschine zu decken. Aus diesem Grunde wird es nicht möglich sein, daß bei kleinen Drehzahlen nennenswerte Ströme auftreten können.

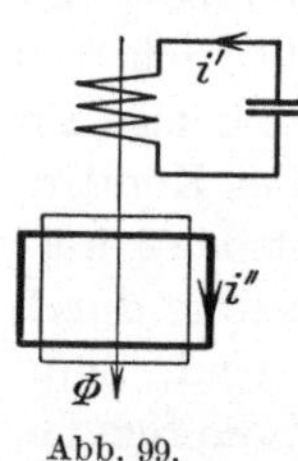

Abb. 99.

Wenn die Maschine im Leerlauf bis zur asynchronen Betriebsdrehzahl beschleunigt wurde und bei Nennfrequenz an verschiedene Spannungen gelegt wird, dann erhält man für jeden Spannungswert den dazugehörigen Blindstrom. Trägt man die einander zugeordneten Stromspannungswerte in einem rechtwinkligen Koordinatensystem auf, dann entsteht die bekannte Magnetisierungskurve des Motors, die in ihrem unteren Teil geradlinig verläuft und von einem gewissen Stromwert ab in einen gewölbten Kurvenast übergeht. In das gleiche Diagramm kann man auch den Blindstrom, den der Kondensator liefert, eintragen. Da beim Kondensator der Strom proportional mit der Spannung wächst, ist die Kondensatorcharakteristik durch eine Gerade gegeben (Abb. 100). Für die Spannung E' beträgt beispielsweise die Differenz zwischen dem Blindstrom, den der Motor benötigt, und dem vom Kondensator gelieferten Strom $(J'_k - J'_l)$. Da der Kondensatorstrom beträchtlich größer ist als der Blindstrom des Motors, ist eine überschüssige Blindleistung vorhanden, die zu einem Anwachsen der Spannung führt. Die Spannung wird in der Maschine so lange in die Höhe getrieben, bis ein Gleichgewichtszustand erreicht ist. Das Gleichgewicht zwischen der Magnetisierungsleistung des Motors und der Blindleistung des Kondensators ist bei der Spannung vorhanden, bei der sich die Leerlaufcharakteristik des Motors mit der Kondensatorcharakteristik schneidet.

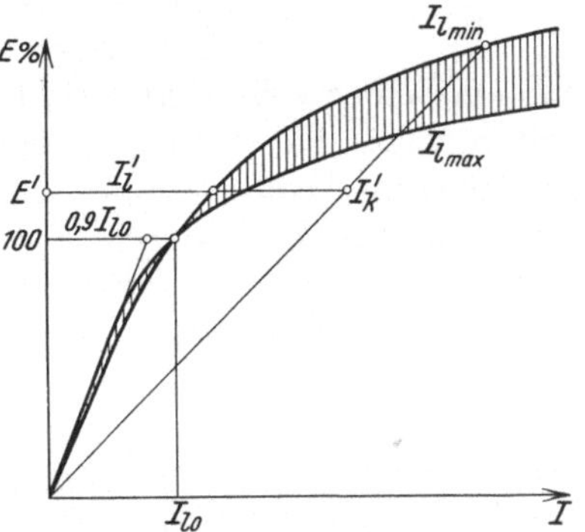

Abb. 100. Magnetisierungskurven verschiedener Asynchronmotoren.

Wenn die Leerlaufcharakteristik des Motors bekannt ist, so läßt sich leicht aus der Kapazität des Kondensators auch die Kondensatorkennlinie eintragen, und man erhält in jedem Fall sofort Aufschluß, ob die angeschlossene Kapazität ausreichend ist, eine selbsterregte Spannung hervorzurufen oder nicht. Je größer die Kondensatorkapazität wird, desto höher wird auch die Spannung sein, die durch Selbsterregung im Motor erzeugt wird.

Wenn man Asynchronmotoren der verschiedensten Leistung, Spannung und Drehzahl untersucht und ihre Leerlaufcharakteristiken in ein gemeinsames Diagramm einträgt, dann kann man feststellen, daß die verschiedenen Kurven nicht allzusehr voneinander abweichen. Besonders der linear verlaufende Teil der Magnetisierungskurven dürfte sich für alle Motoren decken. Das in Abb. 100 gezeigte Diagramm enthält 2 Grenzkurven, die den gesamten Bereich umschließen, in dem sich nahezu alle Motor- bzw. Generatorkennlinien bewegen.

Wenn man den Magnetisierungsstrom, den der Motor im Leerlauf bei Nennspannung aufnimmt, mit J_{l_0} bezeichnet, dann wird das Eintreten von Selbsterregungserscheinungen bereits bei einem etwas kleineren Kondensatorstrom eintreten, und zwar bei etwa $0{,}9\,J_{l_0}$. Dieser Wert von $0{,}9\,J_{l_0}$ dürfte für praktisch alle Asynchronmaschinen Gültigkeit haben.

Kritischer Leistungsfaktor. Bei der Kompensation von Asynchronmotoren durch Kondensatoren wird man sich deshalb bis zu einem gewissen Kompensationsgrad unterhalb derjenigen Grenze bewegen, bei der Selbsterregung zu erwarten ist. Wenn dagegen der Leistungsfaktor des kompensierten Motors einen gewissen Wert überschreitet, wird man mit Sicherheit auf Selbsterregungsspannungen rechnen können. Wegen des ziemlich gleichmäßigen Magnetisierungsverhaltens aller Asynchronmaschinen besteht die Möglichkeit, eine allgemeingültige Formel für denjenigen $\cos\varphi$-Wert abzuleiten, bei dem das Eintreten von Selbsterregung zu befürchten ist. Dieser Wert des Leistungsfaktors sei mit $\cos\varphi_k$ bezeichnet. Der Blindleistungsbedarf der Asynchronmaschine schwankt zwischen Leerlauf und Vollast meist im Verhältnis 1 : 2. Bei Nennspannung und voller Belastung wird also der Blindleistungsbedarf doppelt so groß sein wie im Leerlauf. Abb. 101 zeigt das Leistungsdreieck des vollbelasteten Motors mit und ohne Kondensator, wobei die Kapazität so gewählt wurde, daß man gerade an der Grenze des Selbsterregungszustandes liegt. Für die beiden Dreiecke gilt die Beziehung:

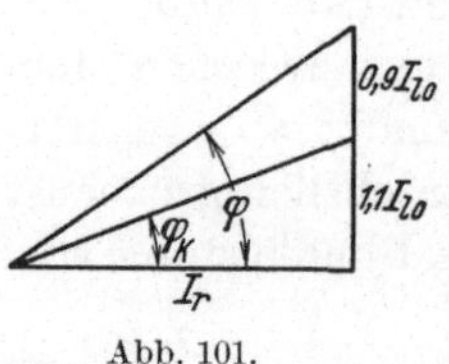

Abb. 101.

$$\operatorname{tg}\varphi = \frac{2\,J_{l_0}}{J_r}, \qquad \operatorname{tg}\varphi_k = \frac{1{,}1\,J_{l_0}}{J_r},$$

somit ist:

$$\frac{\operatorname{tg}\varphi}{\operatorname{tg}\varphi_k} = \frac{2\,J_{l_0}}{1{,}1\,J_{l_0}} = 1{,}82\,.$$

Die Werte von $\operatorname{tg}\varphi$ und $\operatorname{tg}\varphi_k$ lassen sich nun leicht durch eine bekannte trigonometrische Beziehung durch den $\cos\varphi$ zum Ausdruck bringen; man erhält hierdurch:

$$\cos\varphi_k = \frac{1{,}82\cos\varphi}{\sqrt{1 + 2{,}3\cos^2\varphi}}\,.$$

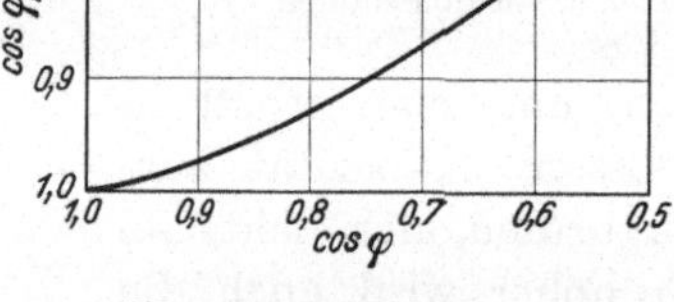

Abb. 102. Kritischer Leistungsfaktor.

Wird der Leistungsfaktor durch den Anschluß der Kondensatoren größer als er sich aus dem Formelwert ergibt, so ist mit Selbsterregung zu rechnen. Diese Beziehung beruht zwar auf Voraussetzungen, die nicht für alle Asynchronmotoren streng erfüllt sind, sie wird trotzdem mit ziemlicher Annäherung den kritischen Leistungsfaktor angeben und dem Betriebsmann vor allem deshalb wertvolle Anhaltspunkte liefern, weil er die Leerlaufcharakteristik des Motors nicht kennt und deshalb versuchen muß, aus bekannten Werten den Selbsterregungspunkt zu ermitteln. Wenn man in die Gleichung für den Leistungsfaktor alle Werte zwischen $\cos\varphi = 0{,}5$ und 1 einsetzt, dann erhält man die im Diagramm (Abb. 102) gezeichnete Kurve. Bei niedrigen Leistungsfaktoren ist also eine beträchtliche Erhöhung des Leistungsfaktors ohne Selbsterregungsgefahr möglich, während bei höheren Werten für den Leistungsfaktor schon geringe Kapazitäten zur Selbsterregung führen.

Generatorfrequenz. Kondensator und Ständerwicklung bilden einen Schwingungskreis, dessen Eigenfrequenz durch folgende Beziehung gegeben ist:

$$\nu = \sqrt{\frac{1}{LC} - \left(\frac{R}{2L}\right)^2}.$$

Wenn man nicht künstlich den Wirkwiderstand der Maschine vergrößert, kann das 2. Glied unter der Wurzel vernachlässigt werden, so daß die Beziehung in die einfachere Form übergeht:

$$\nu = \frac{1}{\sqrt{LC}}.$$

Die Eigenfrequenz stimmt demnach mit der Netzfrequenz genau überein, da für den auf $\cos\varphi = 1$ kompensierten Motor die Resonanzbedingungen $\frac{1}{\omega C} = \omega L$ besteht, die für die Frequenz ω denselben Wert $1/\sqrt{LC}$ zur Voraussetzung hat.

Es soll nun untersucht werden, ob und in welchem Umfang eine Veränderung der Frequenz durch Änderung der Kapazität möglich ist. Die Induktivität ist für den Generator nicht konstant, sondern von der Spannung bzw. der Sättigung abhängig. Die Magnetisierungsleistung, welche die Maschine benötigt, ist durch die Magnetisierungscharakteristik festgelegt, die jedem Spannungswert einen bestimmten Erregerstrom zuordnet. Um den Wert für ωL zu erhalten, braucht man lediglich für jeden Punkt der Leerlaufcharakteristik den Quotienten E/J zu bilden. Aus Diagramm Abb. 103 ist zu entnehmen, daß im geradlinigen Teil der Charakteristik der Wert für ωL konstant ist und erst nach dem Sättigungsknie langsam abnimmt. Für die verschiedenen Spannungswerte wurde die notwendige Kondensatorleistung aufgesucht und sowohl der Verlauf für C wie für L als Funktion des Magnetisierungsstromes aufgetragen. Es läßt sich nun leicht das Produkt LC bilden und hierdurch nachweisen, daß LC praktisch über den gesamten Bereich konstant ist. Eine Regelung der Frequenz ist nicht möglich.

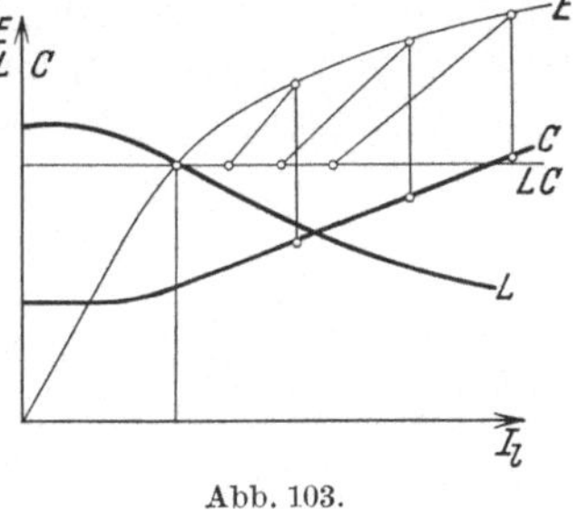

Abb. 103.

Auch der Kondensatorgenerator muß als Drehfeldmaschine dem allgemeinen Frequenzgesetz gehorchen

$$f_{st} = f_l + f_m,$$

wobei mit f_{st} die Frequenz des Ständerkreises, mit f_l die Läuferfrequenz und mit f_m die Drehzahl bezeichnet ist. Die Läuferfrequenz ist gegeben durch den Ohmschen Widerstand und die Belastung: bei Leerlauf und den natürlichen Widerständen der Wicklungszweige wird die Läuferfrequenz praktisch $= 0$ sein, so daß

$$f_{st} = f_m,$$

d. h. der Kondensatorgenerator erzeugt praktisch die gleiche Frequenz und besitzt eine ähnliche Frequenzdrehzahlabhängigkeit wie die Synchronmaschine. Bei Senkung der Drehzahl geht die Kondensatorleistung zurück, ebenso wird auch der Blindleistungsbedarf der Maschine reduziert, so daß über einen weiten Drehzahlbereich Stromresonanz und damit stabiles Spannungsverhalten des Generators erzielt werden kann.

Um eine Regelung der Frequenz zu erreichen, muß man in den Ständerkreis der Maschine Widerstände einschalten. Setzt man in die Frequenzgleichung die Bedingung für Stromresonanz ein, dann erhält man:

$$\nu = \sqrt{\omega_0^2 - \left(\frac{R}{2L}\right)^2},$$

wobei mit ω_0 die Frequenz des leerlaufenden Generators bezeichnet wurde. Durch Verändern des Widerstandsverhältnisses $R/2L$ kann man jede gewünschte Frequenz zwischen der Betriebsfrequenz ω_0 und der Frequenz 0 erhalten. Für

$$R = 2\sqrt{\frac{L}{C}}$$

müßte der Generator Gleichstrom liefern. Selbstverständlich kann der Kondensator keine Gleichstrommagnetisierung aufrechterhalten, so daß schon bei kleinen Frequenzen der Generator in einen labilen Bereich gerät, bei dem geringste Widerstandsänderungen einen Spannungszusammenbruch herbeiführen. Die Frequenzwerte bei veränderlichem Widerstand liegen auf einem Kreis mit dem Radius ω_0.

Da die Regelung der Frequenz nur durch Einschalten von Wirkwiderständen erfüllt werden kann, hat sie für den generatorischen Betrieb keine große Bedeutung. Das Gesetz der Leistungsteilung gilt für den Motorbetrieb in gleicher Weise wie für den selbständigen Generator. Je weiter sich die erzwungene Frequenz von der natürlichen entfernt, desto größer ist auch der Leistungsverlust. Eine gewisse Bedeutung kann jedoch dem Kondensatorgenerator als Steuerelement erwachsen. Alle Tachometer, die mit Kommutatoren oder Schleifringen arbeiten, bilden eine unangenehme Störungsquelle. Schleifringlose Wechselstromtachometer arbeiten mit permanenten Magneten, sie sind wenig konstant, liefern geringe Energien und haben eine starre Frequenzdrehzahlcharakteristik. Wegen der elastischen Kupplung zwischen Drehzahl und Frequenz kann der Kondensatorgenerator Differentialwirkung ersetzen und deshalb komplizierte mechanische Apparate überflüssig machen.

Beim Anlassen synchroner und asynchroner Maschinen sind häufig während der Anlaßperiode Schalthandlungen auszuführen, die bei ganz bestimmten Drehzahlen ausgeführt werden müssen. Der Kondensatorgenerator liefert erst bei einer gewissen Drehzahl, die durch C und L genau festgelegt werden kann, Spannung und ist deshalb in der Lage,

Abb. 104. Spannungsanstieg durch Selbsterregung beim Abschalten einer leerlaufenden Asynchronmaschine.

mit verhältnismäßig unempfindlichen Apparaten genaue Drehzahlkommandos zu geben.

Abb. 104 zeigt das Oszillogramm, das beim Abschalten einer leerlaufenden Asynchronmaschine, die durch Kondensatoren kompensiert wird, aufgenommen wurde. Kurz nach dem Abschalten erreicht die Spannung an den Ständerklemmen den 1,3fachen Wert der Netzspannung. Das Oszillogramm läßt deutlich erkennen, daß durch das Abtrennen des Netzes die Frequenz keine Änderung erfährt. Erst beim langsamen Absinken der Drehzahl werden auch die Schwingungen langsamer. In der Nähe der Nenndrehzahl pendelt jedoch der Magnetisierungsstrom nach wie vor im Rhythmus der Netzfrequenz. Die Spannungskurven, welche vom Kondensatorgenerator erzeugt werden, sind im allgemeinen gut sinusförmig. Abb. 105 zeigt das Oszillogramm von Strom und Spannung eines leerlaufenden Kondensatorgenerators. Da keinerlei Belastung vorhanden war, kommen die Oberwellen im Kondensatorstrom stark zum Ausdruck. Da der Kondensator für Oberwellen überaus empfindlich ist, zeigt die Stromkurve trotz der glatten Spannungskurve nicht unbeträchtliche Verzerrungen. Selbstverständlich würde bereits eine ganz geringe Wirkbelastung genügen, um auch der Stromkurve einen ähnlichen Verlauf zu erteilen, wie ihn die Spannungskurve aufweist.

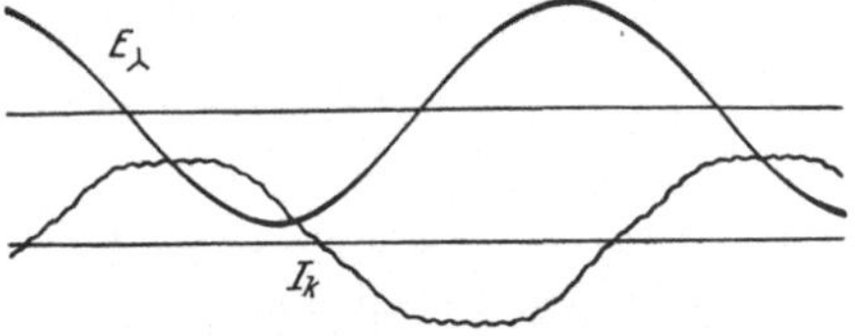

Abb. 105. Strom- und Spannungskurve eines leerlaufenden Kondensatorgenerators.

Der Spannungsverlauf für induktive oder kapazitive Belastungen läßt sich leicht aus dem Magnetisierungsdiagramm des Motors ableiten. Schaltet man parallel zur Ständerwicklung Drosselspulen oder Kondensatoren, so wird die Kennlinie des Erregerkondensators eine gewisse Drehung erfahren. Bei induktiver Belastung dreht sich die Kondensatorkennlinie auf die Ordinatenachse zu, bei kapazitiven Belastungen wandert sie gegen die Abszissenachse. Das Diagramm (Abb. 106) zeigt den Betrieb eines Generators, der im Leerlauf mit der Spannung E_0 arbeitet. Legt man an diesen Generator einmal die Last $E\omega C$, dann erhöht sich die Spannung von E_0 auf den Wert E_1, während ein induktiver Strom vom Wert $E/\omega L$ die Spannung auf den Wert E_2 absinken läßt. Auf diese Art und Weise läßt sich leicht für jeden induktiven oder kapazitiven Belastungsstrom die Spannung des Generators graphisch festlegen. Im Diagramm (Abb. 107) sind für die verschiedensten Stromwerte die Spannungen eingetragen. Bei kapazitiver Last wächst die Spannung

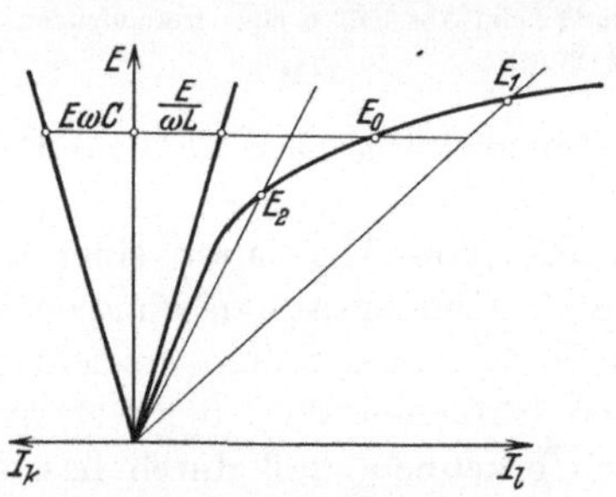

Abb. 106. Kapazitive und induktive Belastung eines Kondensatorgenerators.

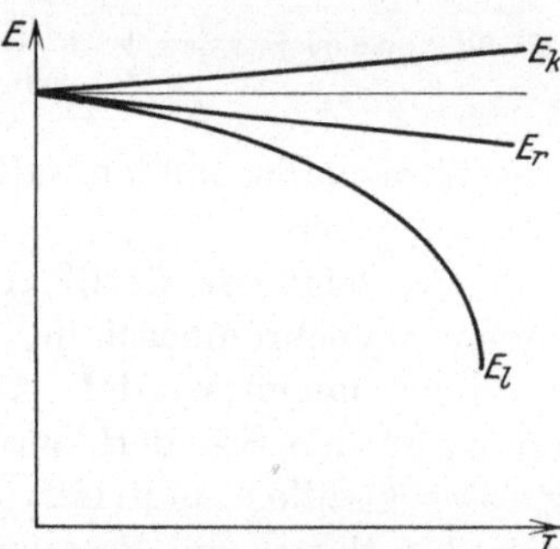

Abb. 107. Klemmenspannung eines Kondensatorgenerators bei ohmscher, induktiver und kapazitiver Belastung.

langsam an, bei induktiver Last fällt sie schon bei kleinen Strömen verhältnismäßig rasch ab, um bei Überschreitung eines gewissen induktiven Stromes vollends zusammenzubrechen. Die Charakteristik für induktionsfreie Belastungen liegt zwischen der kapazitiven und induktiven Spannungskurve. Man erhält nahezu proportional mit dem Strom eine Abnahme der Generatorspannung. Das Abkippen der Spannung tritt bei Ohmscher Belastung erst bei sehr viel höheren Werten ein als bei induktiver Belastung. Diese hohe Empfindlichkeit bringt es mit sich, daß der Kondensatorgenerator praktisch keine große Bedeutung erlangen kann. Wenn ein derartiger Generator ein kleines Netz speist, an dem sowohl rein Ohmsche Verbraucher wie auch kleine Motoren liegen, so kann schon das Zuschalten eines sehr kleinen Kurzschlußläufers die Spannung des Generators zum Zusammenbrechen bringen. Der erste Stromstoß, der bei Kurzschlußläufern zum Aufbau des Feldes dem Netz entnommen wird, kann das 10- bis 20fache des Nennstromes betragen, so daß die Gefahr des Abkippens der Generatorspannung sehr groß ist.

Bremsverhalten. Es ist besonders interessant, das Arbeiten des Kondensatorgenerators im Bremsbetrieb zu studieren. Man muß hierbei die

Betrachtungsweise für 3 verschiedene Betriebszustände getrennt durchführen, und zwar soll zunächst das Arbeiten bei Nenndrehzahl untersucht werden.

Im Drehzahlbereich in der Nähe des Synchronismus arbeitet die Maschine nach den Gesetzen, die eben für das generatorische Arbeiten festgestellt wurden. Die Frequenz ist durch die Drehzahl festgelegt, sie wird ungefähr mit der Netzfrequenz übereinstimmen. Die Spannung läßt sich leicht aus der Leerlaufcharakteristik bzw. den Spannungscharakteristiken ermitteln. Die Größe der Bremsleistung ist einzig und allein abhängig von Größe und Art der eingeschalteten Widerstände.

Bei der Steigerung der Antriebsdrehzahl wird man ein Anwachsen der Generatorspannung zu erwarten haben. Die Faktoren, die auf eine Erhöhung der Spannung hinarbeiten, sind die erhöhte Frequenz, die im Kondensator besonders bei Spannungssteigerungen auf eine starke Erhöhung der kapazitiven Blindlast führen. Spannungsdämpfend wirkt die Sättigung des Generators sowie die erhöhte Frequenz, die den Blindstromkonsum der Asynchronmaschine erhöht. Wenn man den genauen Spannungsverlauf ermitteln wollte, müßte man mit graphischen Methoden arbeiten und von der Magnetisierungscharakteristik der Maschine ausgehen. Auch rechnerische Verfahren führen zum Ziel, da man jede magnetische Charakteristik durch eine mathematische Funktion darstellen kann. Um mit einem Minimum an Rechenarbeit auszukommen, soll nur der gekrümmte Teil der Magnetisierungscharakteristik durch eine Parabel nachgebildet werden. Dieses Vorgehen ist ohne weiteres zulässig, da nur der übersynchrone Drehzahlbereich untersucht wird und eine Kontrolle der tatsächlichen Magnetisierungskennlinie mit der angenommenen weitgehende Übereinstimmung zeigt.

Unter Berücksichtigung der Konstanten der Parabel kann man den Zusammenhang zwischen Strom und Spannung durch die Beziehung $E^2 = J$ zum Ausdruck bringen. Den Verlauf der Reaktanz erhält man zu $L = \frac{E}{J\omega} = \frac{1}{E \cdot n}$, wenn sich die Frequenz proportional mit der Drehzahl ändert. Die Bedingung für das Blindlastgleichgewicht lautet:

$$W_l = \frac{E^2}{\omega L} = W_k = E^2 \omega C .$$

Ersetzt man in dieser Gleichung den Wert von L durch $\frac{1}{E \cdot n}$ und ω durch n, dann erhält man

$$E = kn .$$

Die Spannung steigt also proportional der Drehzahl an.

Aus diesem Grunde kann man den Kondensatorgenerator auch zum Abbremsen bei Antrieben heranziehen, bei denen eine starke Drehzahlsteigerung zu erwarten ist. Die Spannungen, die selbst bei beträchtlichen Drehzahlerhöhungen auftreten können, halten sich in mäßigen

Grenzen, da die Generatorspannung durch die Sättigung stark eingeschränkt wird. In den meisten Fällen wird es auch durchaus erwünscht sein, daß die Generatorspannung mit wachsender Drehzahl ansteigt und damit eine Erhöhung der Bremsleistung sicherstellt.

Weit wichtiger als das Bremsen im übersynchronen Betrieb wird das Bremsen im untersynchronen Betrieb sein. Asynchronmotoren haben bekanntlich die unangenehme Eigenschaft, daß beim untersynchronen Arbeiten nur Gegenstrombremsung möglich ist, die nicht nur eine beträchtliche Verschwendung an Energie darstellt, sondern gleichzeitig zu einer Vergrößerung der Modelleistung führt. Besonders bei Schwungmassenantrieben wird die untersynchrone Bremsung überaus unangenehm, da im Sekundärkreis der Maschine das Dreifache derjenigen Energie zu vernichten ist, die bei voller Drehzahl in den bewegten Massen aufgespeichert war. Wenn es gelingt, durch Kondensatorerregung auch im untersynchronen Betrieb eine Bremswirkung zu erzielen, dann muß sowohl eine beträchtliche Ersparnis an Verlusten wie auch eine günstigere Ausnutzung des Motormodells möglich sein.

Es soll zunächst untersucht werden, bis zu welcher geringsten Drehzahl der Kondensatorgenerator belastet werden kann. Da bei abnehmender Drehzahl sowohl die Spannung wie auch die Frequenz zurückgeht, ist mit einem starken Rückgang der Kondensatorleistung zu rechnen. In dem Augenblick, in dem die Kondensatorleistung kleiner wird als die notwendige Blindleistung der Maschine, ist mit einem völligen Zusammenbruch der Klemmenspannung zu rechnen. Die genaue rechnerische Ermittlung des Spannungsverlaufes beim Absinken der Drehzahl ist nicht einfach, da die Sättigung des Motors eine wichtige Rolle spielt und jede Rechnung stark kompliziert. Um trotzdem die kritische Drehzahl, bei der der Spannungszusammenbruch erfolgt, festzustellen, sei folgender Kunstgriff für die Rechnung angewendet: Wenn man annimmt, daß der Generator mit einer Synchronmaschine parallel arbeitet, die in der Lage ist, überschüssige Magnetisierungsleistung aufzunehmen, dann wird der Zusammenbruch der Spannung bei derjenigen Drehzahl einsetzen, bei der die Hilfsmaschine gezwungen wird, dem Kondensatorgenerator Blindleistung zur Verfügung zu stellen. Wenn man annimmt, daß der Drehzahlbereich von Synchronismus bis Stillstand mit proportionaler Spannung durchlaufen wird, dann ändert sich die Blindleistung des Kondensators mit der 3. Potenz der Drehzahl (Abb. 108),

$$W_k = W_{k_0} \cdot n^3 .$$

Der Blindleistungsbedarf der Maschine geht dagegen nur linear zurück,

$$W_l = W_{l_0} \cdot n .$$

W_l ist also proportional der Drehzahl. Um den Schnittpunkt zwischen den beiden Leistungskurven zu ermitteln, muß das Verhältnis der Kondensatorleistung zum Blindleistungsbedarf der Maschine bei voller Drehzahl bekannt sein. Wenn man die Rechnungsweise zunächst auf den Leerlaufsfall beschränkt und einen Motor zugrunde legt, der bei Vollast auf $\cos\varphi = 1$ kompensiert wurde, dann ist die Kondensatorblindleistung bei voller Drehzahl doppelt so groß wie die Magnetisierungsleistung des Generators, also $2W_{l_0} = W_{k_0}$.

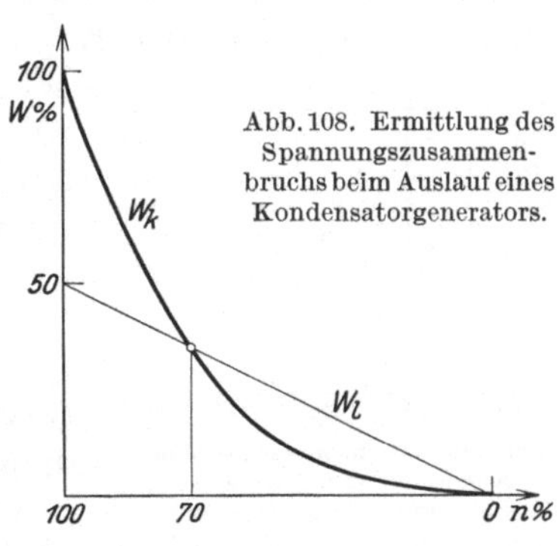

Abb. 108. Ermittlung des Spannungszusammenbruchs beim Auslauf eines Kondensatorgenerators.

Aus der Bedingung $W_l = W_k$ folgt $n = \frac{1}{\sqrt{2}} = 0{,}705$. Es ist also damit zu rechnen, daß bei 70% der Synchrondrehzahl die Generatorspannung zusammenbricht. Wenn man Wert darauf legt, bis zu möglichst tiefen Drehzahlen eine wirksame Bremsung sicherzustellen, muß die Kondensatorleistung im Vergleich zur Blindleistung der Maschine beträchtlich gesteigert werden. Dies ist auf verschiedenen Wegen möglich. Man kann beispielsweise den Kondensator, der während des Betriebes in Sternschaltung arbeitet, für die Bremsperiode in Dreieck legen oder Reihenparallelschaltung anwenden, oder man kann bei gleicher Kondensatorleistung die Blindleistung des Motors herabsetzen durch Dreieck-Sternschaltung der Motorwicklung. Um für alle diese Betriebsfälle die kritische Drehzahl aufzusuchen, sei die Gleichung in der allgemeinen Form geschrieben:

$$n_x = \frac{1}{\sqrt{\frac{W_{k_0}}{W_{l_0}}}}.$$

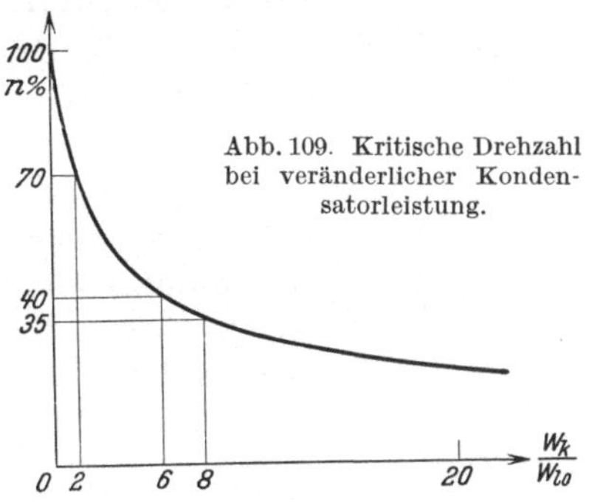

Abb. 109. Kritische Drehzahl bei veränderlicher Kondensatorleistung.

Der Quotient unter dem Wurzelzeichen ergibt dabei das Verhältnis der Kondensatorleistung zur notwendigen Kompensationsleistung im Leerlauf. Bei Stern-Dreieckschaltung des Motors und Kompensation bei Vollast auf $\cos\varphi = 1$ wird dieser Wert $= 6$, bei Reihenparallelschaltung der Kondensatoren $= 8$. Hieraus ergibt sich, daß man mit Stern-Dreieckschaltung bis zu 40% Drehzahl die Spannung aufrechterhalten kann, während bei Reihenparallelschaltung der Spannungszusammenbruch erst bei 35% der Nenndrehzahl einsetzt.

Im Diagramm (Abb. 109) sind die Werte für die kritische Drehzahl als Funktion des Quotienten W_k/W_{l_0} aufgetragen. Diese Darstellung läßt erkennen, daß man bei einer Steigerung des Quotienten über den

Wert 8 bis 10 kaum mehr einen nennenswerten Erfolg erzielt. Es wird deshalb für die praktischen Bedürfnisse lediglich Stern-Dreieck- oder Reihenparallelschaltung in Betracht zu ziehen sein.

Das Drehmoment, mit dem sich der Generator gegen das Absinken der Drehzahl stemmt, ist sowohl vom Widerstand wie von der Drehzahl, der Spannung und der Kapazität abhängig. Mit sinkender Drehzahl geht die Spannung zunächst proportional zurück, um bei einer gewissen Drehzahl sofort auf 0 zusammenzubrechen. Das Drehmoment muß einen ähnlichen Verlauf nehmen. Im Diagramm (Abb. 110) wurden die Drehmomentkurven als Funktion der Drehzahl aufgetragen, und zwar wurde für den Bremsvorgang Stern-Dreieckschaltung gewählt. Bei Nenndrehzahl beträgt das Moment in der Dreieckschaltung das 1,5fache des Nennmoments, es ist bereits bei etwa 75% Drehzahl auf die Hälfte des Nennmoments abgesunken. In diesem Punkt wird der Motor von Dreieck auf Stern umgeschaltet, wodurch das Moment sich wieder auf das 1,4fache erhöht, um bei etwa 37% auf 0 abzusinken. Dieses Diagramm zeigt, daß es im allgemeinen nur bis zur halben Drehzahl möglich sein wird, mit Kondensatorbremsung den Antrieb wirksam zu verzögern.

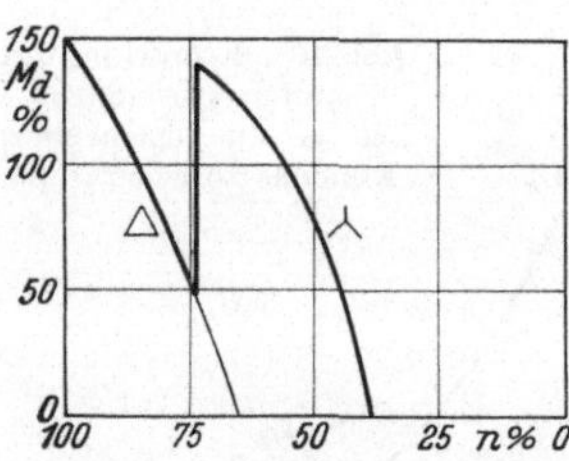

Abb. 110. Bremsmomente eines Kondensatorgenerators bei Stern- und Dreieckschaltung.

6. Asynchronmotor mit Reihenkondensator.

Der Kondensator hat als Partner des Kurzschlußläufers zunächst wirtschaftliche Funktionen zu übernehmen. Beim parallelgeschalteten Kondensator ergeben sich zwar auch technische Effekte, wie Verringerung des Anlaufstromes, geringere Spannungsabfälle in den Zuleitungen oder physikalisch interessante Erscheinungen wie Selbsterregungsvorgänge usw., doch treten diese Fragen neben der wirtschaftlichen Bedeutung des Kondensators in den Hintergrund.

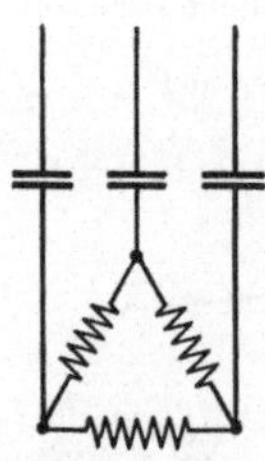
Abb. 111.

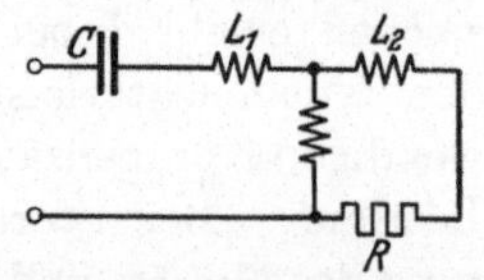

Abb. 112. Ersatzstromkreis eines Asynchronmotors mit Reihenkondensator.

Bei der Reihenschaltung von Kondensatoren mit Induktionsmotoren (Abb. 111) liegen die Verhältnisse umgekehrt. Die wirtschaftliche Bedeutung ist hier gering, dagegen sind die mit der Serienschaltung verbundenen Anlauf- und Betriebseigenschaften des Motors so interessant, daß sich eine genauere Untersuchung dieser Schaltkombination wohl lohnt.

Die Anlaufeigenschaften eines Kurzschlußläufers lassen sich am einfachsten an Hand des Ersatzstromkreises untersuchen (Abb. 112). Der

Einfluß des Erregerkreises wird vernachlässigt, da er im Rahmen der folgenden Näherungsrechnungen keine Rolle spielt. Das Drehmoment des normalgeschalteten Motors ist im Stillstand durch folgende Beziehung festgelegt:

$$M = k \cdot \frac{E^2}{R^2 + (\omega L)^2},$$

wobei k einen Proportionalitätsfaktor bedeutet und $L = L_1 + L_2$ die Summe der wirksamen Blindwiderstände berücksichtigt. Legt man nun in die Zuleitungen des Motors Kondensatoren, dann verringert sich die Reaktanz auf den Wert $\omega L - \frac{1}{\omega C}$, und die Gleichung für das Drehmoment geht in die Form über:

$$M_k = k \cdot \frac{E^2}{R^2 + \left[\omega L - \frac{1}{\omega C}\right]^2}.$$

Um den Einfluß des Kondensators zu verfolgen, genügt es, wenn man das gesuchte Drehmoment M_k auf das normale Anzugsmoment M des Motors bezieht, ohne die Absolutwerte zu bestimmen:

$$\frac{M_k}{M} = \frac{1 + \left(\frac{\omega L}{R}\right)^2}{1 + \left(\frac{\omega L}{R}\right)^2 \left(1 - \frac{1/\omega C}{\omega L}\right)^2}.$$

Diese letzte Gleichung liefert die Steigerung bzw. die Verringerung des Motormoments für jedes gewünschte Verhältnis des induktiven Widerstandes ωL zum kapazitiven Widerstand $1/\omega C$. Die Aufgabe, das Anzugsmoment des Motors durch Serienkondensatoren zu beeinflussen, wird nur dann wirtschaftlich gelöst werden können und praktische Bedeutung gewinnen, wenn bereits diejenigen Kapazitäten, die man zur Verbesserung des Leistungsfaktors benötigt, hinreichende Effekte auslösen. Man wird deshalb in der letzten Gleichung das Widerstandsverhältnis durch ein Leistungsverhältnis ersetzen und sich hierbei auf den Blindleistungsbedarf des Motors bei Vollast beziehen.

Schon früher wurde festgestellt, daß Kurzschlußläufer im allgemeinen bei Vollast den doppelten Blindleistungsbedarf haben wie im Leerlauf, also $W_{lb} = 2 W_{l_0}$. Aus dieser Bedingung kann man leicht das Verhältnis des wirksamen Blindwiderstandes bei Vollast ωL_b zum Blindwiderstand bei Leerlauf ωL_0 ermitteln.

$$\omega L_0 = \omega L_b \cdot \frac{2}{\sin^2 \varphi_b}.$$

Aus den Widerstandsdiagrammen (Abb. 113) des Motors beim Anlauf und während des Betriebes bei Vollast kann man folgende Beziehung ableiten:

$$\omega L_b = \omega L_a \cdot \frac{J_a}{J_b} \cdot \frac{\sin \varphi_b}{\sin \varphi_a},$$

wobei mit J_a der normale Anlaufstrom des Motors ohne Kondensator und mit J_b der Vollastnennstrom bezeichnet ist. Aus den letzten beiden Gleichungen erhält man:

$$\omega L_a = \frac{\omega L_0}{2m}, \quad \text{wobei} \quad m = \frac{J_a}{J_b} \cdot \frac{1}{\sin\varphi_a \sin\varphi_b}.$$

Die Leistung des Kondensators beträgt $W_k = E^2 \cdot \omega C$, wenn er parallel zum Motor an die Netzspannung E gelegt wird. Ebenso läßt sich auch die Leerlaufsblindleistung des Motors durch Spannung und Reaktanz darstellen. $W_{l_0} = \frac{E^2}{\omega L_0}$. Durch diese Festlegungen erhält man für das Widerstandsverhältnis: $\frac{1/\omega C}{\omega L_a} = \frac{W_{l_0}}{W_k} \cdot 2\,m$ oder wenn man W_{l_0} durch $W_b/2$ ersetzt:

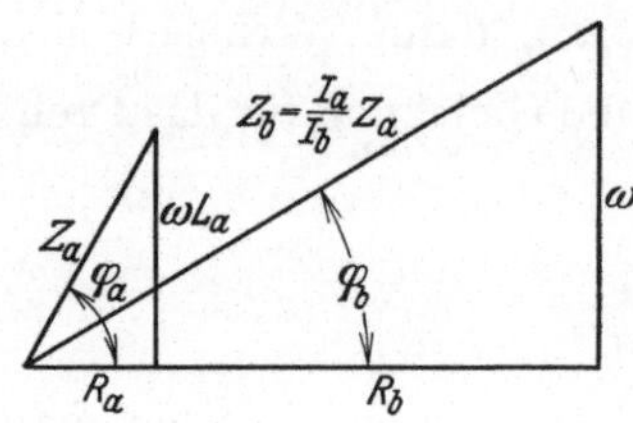

$$\frac{\frac{1}{\omega C}}{\omega L_a} = \frac{W_{lb}}{W_k} \cdot m.$$

Berücksichtigt man ferner, daß $\operatorname{tg}\varphi_a = \frac{\omega L_a}{R_a}$ ist, dann kann man die Gleichung für den Verlauf des Anzugsmoments auch in der Form schreiben:

$$\frac{M_k}{M} = \frac{1 + \operatorname{tg}^2\varphi_a}{1 + \operatorname{tg}^2\varphi_a\left(1 - \frac{W_{lb}}{W_k}\,m\right)^2} = \frac{1}{\cos^2\varphi_a + \sin^2\varphi_a\left(1 - \frac{W_{lb}}{W_k} \cdot m\right)^2}.$$

Beim Anlauf von Kurzschlußläufern kann man mit $\cos\varphi_a = 0{,}4$ rechnen. Der Leistungsfaktor bei Vollast und Nenndrehzahl liegt in der Regel zwischen 0,85 bis 0,90, so daß man bei $\cos\varphi = 0{,}88$ mittlere Maschinen berücksichtigt. Mit diesen Werten erhält man für

$$m = \frac{J_a/J_b}{\sin\varphi_a \cdot \sin\varphi_b} = \frac{4{,}4}{0{,}92 \cdot 0{,}48} = 10$$

und $\qquad \operatorname{tg}\varphi = 2{,}3.$

Abb. 114. Drehmoment, Anlaufstrom und Kondensatorspannung bei veränderlicher Kapazität.

Nach diesen Vorarbeiten läßt sich durch Verändern von W_{lb}/W_k leicht der Verlauf des Anzugsmomentes als Funktion der Kondensatorleistung bestimmen (Abb. 114). Es zeigt sich, daß der normale Kondensator $W_k = W_{lb}$ den Widerstand des Stromkreises derartig hoch treibt, daß das Motormoment bis auf 1,5% des Normalen herabsinkt und dadurch den Motor am Anlaufen verhindert. Man benötigt die 5fache Kondensatorleistung, um nur das normale Moment zu erzielen. Steigert man die Kapazität auf noch größere Werte, dann erzielt man ganz beträchtliche Momentsteigerungen, die bei 10facher Kondensatorleistung ihr Maximum erreichen. Bei weiterer Vergrößerung der Kapazität nimmt das Moment mehr und mehr ab. Die Kurve hat Resonanzcharakter, die größten Ströme und Drehmomente treten im Resonanzfall ein. Die Resonanzbedingung lautet:

$$W_k = m W_{lb}.$$

Setzt man diesen Wert in die Gleichung für das Anzugsmoment ein, dann erhält man:

$$\frac{M_k}{M} = \frac{1}{\cos^2\varphi_a}.$$

Das größte Moment beträgt demnach $\frac{1}{\cos^2\varphi_a} = \frac{1}{0{,}16}$, also das $6^1/_4$fache des normalen Anzugsmomentes. Motoren, die mit 1,5fachem Normalmoment anlaufen, können bei Reihenschaltung entsprechend großer Kapazitäten bis zum 10fachen ihres Betriebsmomentes entwickeln.

Mit der Steigerung des Drehmoments ist zwangläufig eine Steigerung des Stromes verknüpft. In einem Stromkreis, der aus Serienschaltung von R, L und C gebildet wird, beträgt der Strom:

$$J = \frac{E}{\sqrt{R^2 + \left(\omega L - \frac{1}{\omega C}\right)^2}}.$$

Durch Quadrieren dieser Gleichung erhält man bis auf den Proportionalitätsfaktor k die gleiche Beziehung wie für das Drehmoment. Man kann demnach den prozentualen Anzugsstrom ohne weiteres durch die folgende Gleichung zum Ausdruck bringen.

$$\frac{J_{ak}}{J_a} = \sqrt{\frac{M_a}{M}} = \sqrt{\frac{1}{\cos^2\varphi_a + \sin^2\varphi_a\left(1 - \frac{W_{lb}}{W_k}\,m\right)^2}}.$$

Der Höchstwert des Stromes wird bei Resonanz erreicht. Durch Einsetzen der Resonanzbedingung $W_k = m \cdot W_{lb}$ erhält man für den Resonanzstrom:

$$\frac{J_{ab}}{J_a} = \frac{1}{\cos\varphi_a}.$$

Die Stromsteigerung bewegt sich in mäßigen Grenzen, da $1/\cos\varphi_a$ für normale Kurzschlußläufer den Wert 2,5 annimmt. Rechnet man für den normalen Motor mit $\frac{J_a}{J_b} = 4{,}4$, dann erhält man durch Serienkondensatoren, deren Kapazität Resonanz liefert: $4{,}4 \cdot 2{,}5 = 11$fachen Betriebsstrom beim Hochlaufen. Da sich die Wirkungen von Reaktanz und Kapazität eliminieren, erfolgt der Anlauf mit reinem Wirkstrom, was auch daraus hervorgeht, da der 11fache Strom das 10fache Drehmoment erzeugt. Auch der Stromverlauf J_{ak} in Abhängigkeit der Größe des Kondensators wurde im Diagramm eingetragen. Bei Kapazitäten, die bis zum 5fachen der Normalkapazität betragen, sind die Ströme kleiner als der Anlaufstrom ohne Kondensator. In diesem Gebiet sind jedoch auch die Drehmomente nur Bruchteile des normalen Anzugsmomentes. Bemerkenswert ist, daß die Anlaufströme wegen des überwiegend kapazitiven Widerstandes voreilend sind, also zur Kompensation des Netzes beitragen. Im Bereich zwischen $W_k = (5 \text{ bis } 10) \cdot W_{lb}$ wachsen die Anzugsmomente über den Normalwert, damit ist zwangläufig auch ein Ansteigen des Anlaufstromes verbunden. Diese Stromsteigerungen lösen entsprechende Spannungserhöhungen und damit Überlastungen des Kondensators aus. Die Werte für W_k in der Gleichung für das Drehmoment berücksichtigen lediglich die erforderliche Kapazität, nicht jedoch die Kondensatorleistung, die sich aus Strom und Spannungsbeanspruchung errechnet. Um einen genauen Überblick über den Aufwand an Kondensatoren zu erhalten, ist deshalb auch der Verlauf der Kondensatorspannung als Funktion der Kapazität festzulegen.

Infolge der Serienschaltung des Kondensators mit der Motorwicklung hat der Kondensator den gesamten Anlaufstrom J_{ak} zu führen. Die Klemmenspannung beträgt deshalb:

$$E_k = \frac{J_{ak}}{\omega C} = \frac{E_n^2}{W_k} J_{ak} = E_n \frac{W_a}{W_k} \sqrt{\frac{M_k}{M}},$$

wobei mit E_n die Netzspannung und mit $W_a = J_a \cdot E_n$ die Anlaufscheinleistung des Motors bezeichnet wurde. Den Wert von W_a kann man durch die Blindleistungsaufnahme des Motors bei Vollast W_{lb} und den Anlaufstrom ersetzen. $W_a = \frac{J_a}{J_b} \cdot \frac{W_{lb}}{\sin\varphi}$, wodurch die Gleichung für die Kondensatorspannung in folgende Form übergeht:

$$\frac{E_k}{E_n} = \frac{J_a}{J_b \sin\varphi_b} \cdot \frac{W_{lb}}{W_k} = \frac{1}{\sqrt{\cos^2\varphi_a + \sin^2\varphi_a \left(1 - \frac{W_{lb}}{W_k} m\right)^2}}.$$

Im Zustand der Resonanz wird man annähernd die höchste Kondensatorspannung zu erwarten haben. Durch Einsetzen der Resonanzbedingung $W_l = m \cdot W_{lb}$ erhält man den betreffenden Spannungswert zu:

$$\frac{E_k}{E_n} = \frac{J_a}{J_b} \cdot \frac{1}{m \sin\varphi_a \cos\varphi_a} \cong 2{,}3\,.$$

Der Spannungsverlauf bei anderen Kapazitätswerten geht aus dem Diagramm (Abb. 114) hervor. Während Drehmoment und Strom bei $C = 0$, also bei unendlich großen kapazitivem Widerstand ebenfalls 0 ergeben, beginnt die Spannungskurve bei $\frac{E_k}{E_n} = 100\,\%$. Bei sehr kleinen Kapazitäten kommt praktisch kein Stromfluß zustande, so daß die volle Netzspannung an den Klemmen des Kondensators wirksam ist. Mit zunehmender Kondensatorleistung steigt auch die Spannung, bis sie im Resonanzgebiet das 2,5fache der Netzspannung erreicht. Eine weitere Vergrößerung der Kapazität bringt ein Absinken von Spannung, Strom und Moment. Berücksichtigt man bei der Dimensionierung des Kondensators, daß seine Leistung mit dem Quadrat der Spannung wächst, dann erhält man bei Resonanz 10fache Kapazität, bei 2,3facher Spannung also $10 \cdot 2{,}3^2 = 53$fache Leistung. Man wird also die Kondensatoren beim Anlauf auf jeden Fall stark überlasten müssen, um die Kapazitäten in erträglichen Grenzen zu halten. Der Vollständigkeit halber sei darauf hingewiesen, daß selbstverständlich auch der Motor beim Anlauf erhöhte Spannungen zugeführt erhält.

Die Anwendung von Reihenkondensatoren ist nur dann wirtschaftlich tragbar, wenn es sich darum handelt, aus einem möglichst kleinen Motormodell sehr hohe Drehmomente herauszuholen. Beim Antrieb von Zentrifugen baut man häufig die Motoren ins Innere der Zentrifugen ein. Des beschränkten Raumes wegen muß man für das Verhältnis: Motorvolumen zu Anzugsmoment, ein Optimum anstreben. Der Zentrifugenmotor hat im allgemeinen fast ausschließlich Beschleunigungsarbeit zu verrichten. Kleine Anzugsmomente bedingen lange Anlaufzeiten, also starke thermische Beanspruchungen des Motors und niedrige Spielzahlen. Hier kann man durch den Serienkondensator unter Umständen gewisse Fortschritte erzielen, da das Motorvolumen stark reduziert wird, das Anlaufmoment jedoch so hohe Werte erreicht, daß sich die Spielzahlen steigern lassen.

Bei Anwurfsmotoren ist man ebenfalls bestrebt, das Motormodell so klein wie möglich zu halten, um die axiale Baulänge des Gesamtaggregats zu beschränken und die Verluste während des Betriebs klein zu halten. Da auch der Anwurfsmotor nicht nach Leistung, sondern nach dem Anzugsmoment berechnet wird, kann man auch hier durch Serienkondensatoren technische Fortschritte sicherstellen. Auch bei manchen anderen Antrieben trifft man bisweilen die Forderung, daß der Motor bei kleinen Abmessungen möglichst hohe Anzugsmomente abgibt, so daß dem Serienkondensator immerhin eine gewisse, wenn auch sehr beschränkte Bedeutung zukommt.

7. Der Kondensatormotor.

Erst in letzter Zeit ist auch dem Starkstromkondensator kleiner Leistung im Kondensatormotor ein aussichtsreiches Anwendungsgebiet erwachsen. Die bekannten Einphasenwechselstrommotoren mit und ohne Kommutator haben durchweg Mängel, die besonders bei verwöhnten Ansprüchen zur Abhilfe drängten. Der Einphaseninduktionsmotor läuft schwer an, der Repulsionsmotor benötigt einen Kommutator und ist schon dadurch unbeliebt. Die Lösung brachte der Kondensatormotor. Er ist seinem Wesen nach ein Einphaseninduktionsmotor, also kommutatorlos. Die guten Anlaufeigenschaften verdankt er dem Kondensator, der ihn auch während des Betriebes vom Blindstrom befreit und seine Laufeigenschaften günstig beeinflußt.

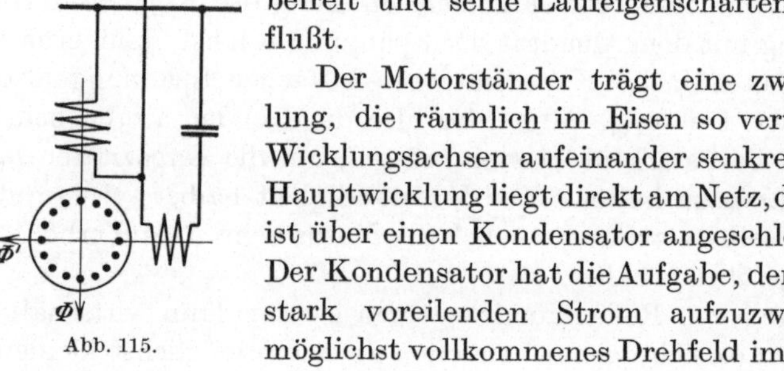

Abb. 115.

Der Motorständer trägt eine zweiphasige Wicklung, die räumlich im Eisen so verteilt ist, daß die Wicklungsachsen aufeinander senkrecht stehen. Die Hauptwicklung liegt direkt am Netz, die Hilfswicklung ist über einen Kondensator angeschlossen (Abb. 115). Der Kondensator hat die Aufgabe, dem Hilfsfeld einen stark voreilenden Strom aufzuzwingen, um ein möglichst vollkommenes Drehfeld im Motor zu erzeugen. Der Läufer stellt einen normalen Kurzschlußläufer dar, der mit dem Ständer induktiv gekuppelt ist. Der Kondensator hat demnach die Aufgabe, dem Einphaseninduktionsmotor die Eigenschaften des Zweiphasenmotors zu verleihen, eine Aufgabe, die strenggenommen nur für einen bestimmten Belastungsfall erfüllt werden kann. Da sich die Blindwiderstände in der Hauptwicklung und die Streufelder mit der Belastung ändern, erhält man nur bei einer ganz bestimmten Belastung den angestrebten ausgeglichenen Zustand des Motors. Meist dimensioniert man Motor und Kondensator derart, daß der ausgeglichene Zustand bei Vollast eintritt.

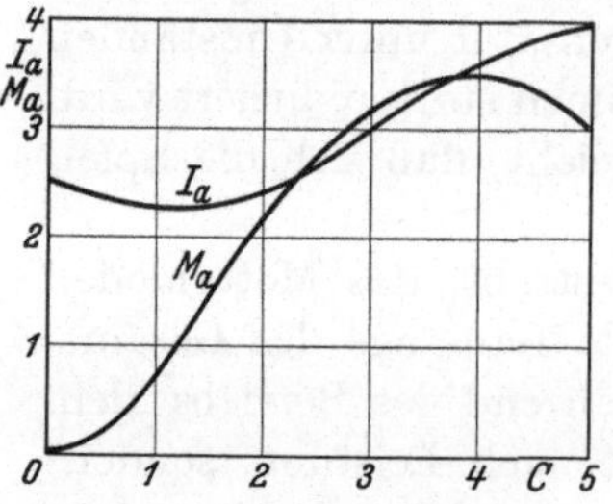

Abb. 116. Anlaufmoment und Anlaufstrom eines Kondensatormotors bei veränderlicher Kapazität.

Die wirksamen Blindwiderstände eines Induktionsmotors sind drehzahlabhängig, sie betragen im Stillstand meist nur Bruchteile der Betriebswerte. Die Kapazitäten, die bei Vollast und Nenndrehzahl den ausgeglichenen, also den günstigsten Betriebszustand herbeiführen, können beim Anlauf nur geringe Anzugsmomente erzeugen. Um auch im Stillstand nennenswerte Drehmomente zu erhalten, ist ein Vielfaches der Betriebskapazität notwendig. Trägt man das Anzugsmoment als Funktion der Kapazität auf, wobei die Betriebskapazität $= 1$ gesetzt wird, dann erhält man eine Kurve mit Resonanzcharakter, deren Maximum bei $C = 4$ liegt (Abb. 116). Der Betriebskondensator erzeugt etwa 0,7faches Anzugsmoment, während die 4fache Kapazität 3,5faches Nennmoment liefert. Der Kondensatormotor entwickelt demnach Drehmomente, die mindestens die Werte eines günstig gebauten Drehstrommotors erreichen. Die Kapazität ist bestimmend für die Größe des Anlaufstromes. Die geringsten Anlaufströme erhält man für $C = 1$, bei maximalem Anzugsmoment steigt der Strom auf das 3,5fache des Nennstromes. Der Kondensatormotor liefert also nicht nur hohe Momente, sondern auch kleine Anlaufströme.

Der Resonanzcharakter der Momentenkurve entsteht durch die Serienschaltung induktiver und kapazitiver Widerstände. Bei Widerstandsgleichheit fließt in der Hilfsphase reiner Wirkstrom, so daß man während der Anlaufperiode auch günstige $\cos\varphi$-Werte erhält. Das Diagramm bezieht sich auf einen Motor für eine Nennleistung von $^1/_6$ PS, 220 Volt, 50 Per./sec, 1500 U/min mit Anlauf-, dagegen ohne Be-

	1	*2*	*3*
Schaltung	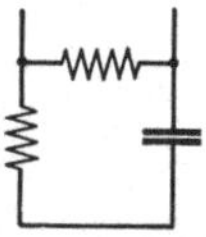	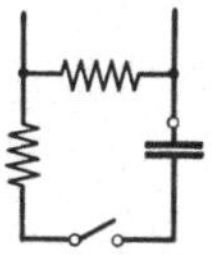	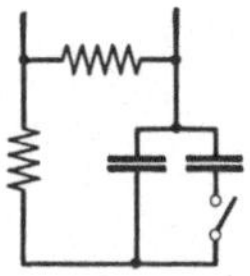
Anzugsmoment	$M_a = 0{,}4 \div 0{,}6\, M_n$	$M_a = 1{,}0 \div 3{,}5\, M_n$	$M_a = 1{,}0 \div 3{,}5\, M_n$
Wirkungsgrad Leistungsfaktor Kippmoment	ähnlich Drehstrommotor gleicher Type	ähnlich Einphasenmotor gleicher Type	ähnlich Drehstrommotor gleicher Type

Abb. 117. Kondensatormotor-Grundschaltungen.

triebskondensator. Je nach den besonderen Erfordernissen haben sich 3 Grundschaltungen für Kondensatormotoren in der Praxis eingebürgert (Abb. 117).

Schaltung *1* zeigt die einfachste Bauform, bei welcher der Betriebskondensator dauernd in Serie zur Hilfswicklung liegt. Bei dieser Schaltung läßt sich das Motormodell besonders günstig ausnutzen. Man kann aus einer Maschine nahezu die Drehstromleistung herausholen, das Anzugsmoment beträgt 40 bis 60% des Nennmomentes, Wirkungsgrad und Leistungsfaktor erreichen nahezu die Werte eines Drehstrommotors. Die Maschine ist stark überlastbar, auch das Kippmoment ist nur unwesentlich kleiner als beim Drehstrommotor.

Falls während des Anlaufs größere Widerstandsmomente zu überwinden sind, dann muß die Grundschaltung *2* verwendet werden, wobei zur Hilfswicklung eine sehr viel größere Kapazität, der sog. Anlaufkondensator, in Reihe geschaltet wird. Je nach der Größe des Kondensators kann das Anzugsmoment bis 350% des Nennmomentes erreichen. Durch ein Schaltorgan (Fliehkraftschalter oder Stromrelais) wird der Kondensator nach dem Anlauf abgeschaltet, so daß der Motor während des Betriebes als Einphasenmaschine läuft. Wirkungsgrad, Leistungsfaktor und Kippmoment decken sich mit den Werten eines normalen Einphaseninduktionsmotors.

Die Schaltung *3* stellt eine Kombination der Schaltungen *1* und *2* dar, der Motor erhält durch den Anlaufkondensator hohe Anzugsmomente und durch den Betriebskondensator günstige Laufeigenschaften. Wirkungsgrad und Leistungsfaktor werden durch den Betriebskondensator wesentlich verbessert.

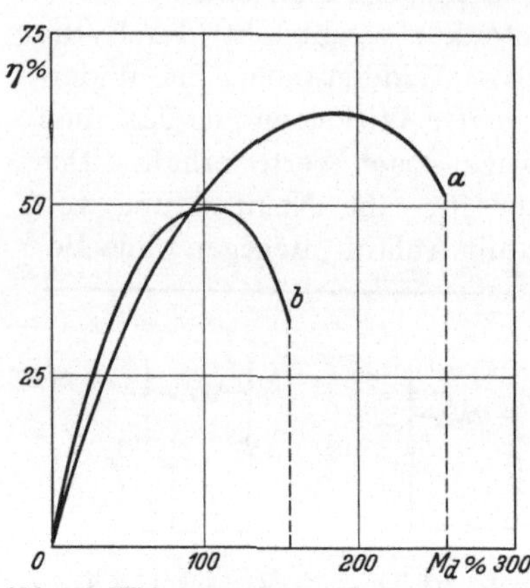

Abb. 118. Wirkungsgrad eines Kondensatormotors mit und ohne Betriebskondensator.

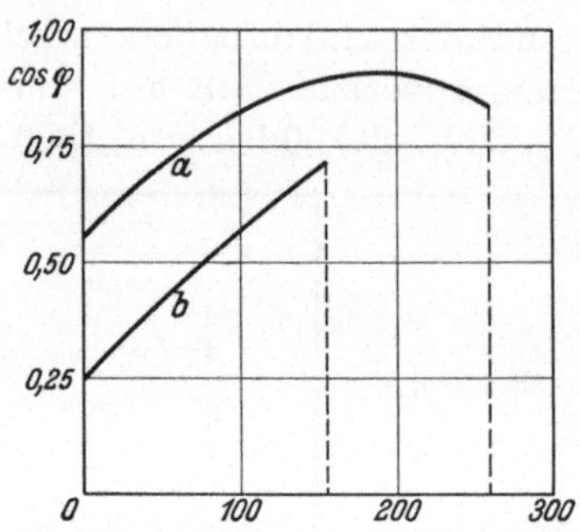

Abb. 119. Leistungsfaktor eines Kondensatormotors mit und ohne Betriebskondensator.

Abb. 118 zeigt den Verlauf des Wirkungsgrades bei einem Motor für $^1/_6$ PS mit und ohne Betriebskondensator (Kurve *b*). Der Kondensator bringt eine Wirkungsgradsteigerung um etwa 15%. Der Leistungsfaktor, der beim Einphaseninduktionsmotor $\cos\varphi = 0{,}6$ beträgt, geht bis auf $\cos\varphi = 0{,}9$ (Abb. 119). Aus den Kurven erkennt man gleichzeitig, daß auch das Kippmoment beim Betrieb mit Kondensator wesentlich gesteigert wird. Während die Kurve für einen Einphasenmotor (*b*) nur bis $M_d = 160\%$ geführt wird, erhält man für den Kondensatormotor etwa das 2,5fache Nennmoment als Kippmoment. Der Kondensatormotor eignet sich deshalb besonders für Antriebe, bei denen häufig größere Überlastungen zu erwarten sind.

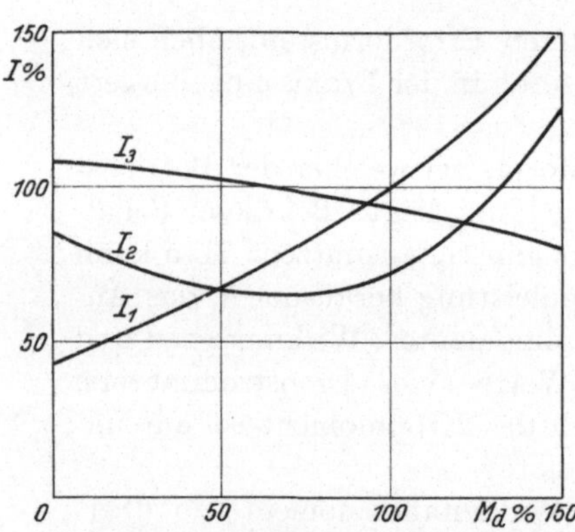

Abb. 120. Stromdiagramm eines Kondensatormotors.

Einen tieferen Einblick in die Arbeitsweise des Kondensatormotors gibt das Stromdiagramm (Abb. 120). Der dem Netz entnommene Strom J_1 wächst nahezu proportional mit dem Drehmoment. Der Strom in der Hauptphase J_2 zeigt ein ausgesprochenes Minimum bei etwa $^2/_3$ Last. Im Leerlauf fließen in der Hauptwicklung größere Ströme als bei Volllast. Man kann deshalb Antriebe, bei denen längerdauernde Leerlaufsperioden ausgeschlossen sind, besonders günstig ausnutzen. Auch in der Hilfswicklung steigt der Strom J_3 bei Entlastung des Motors an. Die Beanspruchung des Kondensators ist demnach im Leerlauf am größten.

Die am Kondensator wirksame Spannung ist nicht nur vom Drehmoment, sondern auch von der Drehzahl abhängig. Bei Nenndrehzahl ist die Spannung wesentlich höher als im Stillstand.

Als Kondensatoren werden heute noch vorwiegend Papierkondensatoren mit Öl- oder Paraffinimprägnierung verwendet. Da sich diese Bauart für Spannungen mit einigen hundert Volt besonders günstig herstellen läßt, ist man bestrebt, die Reaktanz der Wicklung so abzustimmen, daß man mit Kondensatoren höherer Spannungsfestigkeit, aber geringerer Kapazität auskommt. Bei Anschluß an 110 Volt werden bedeutend höhere Kapazitäten benötigt als bei 220 Volt; man rechnet im allgemeinen mit zweifacher Kapazität. Sehr ungünstig liegen die Verhältnisse bei umschaltbaren Motoren für 110 und 220 Volt. Bei der niedrigen Spannung wird hier 4fache Kapazität benötigt, wenn man es nicht vorzieht, einen Hilfstransformator zu verwenden. Der Transformator braucht nur für die geringe Leistung der Hilfsphase dimensioniert zu werden und bietet den Vorteil, daß bei 110 und 220 Volt der gleiche Kondensator Verwendung finden kann. Es sind bereits Bestrebungen vorhanden, für Kondensatormotoren Elektrolytkondensatoren heranzuziehen. Da sich elektrolytische Kondensatoren mit hoher Kapazität für kleine Spannungen sehr wirtschaftlich herstellen lassen, besteht die Möglichkeit, daß man auf diesem Gebiet Elektrolytkondensatoren stärker verwenden wird.

Bei den meisten Kleinantrieben in Haushalt und Gewerbe werden größere Anzugsmomente verlangt, als man mit dem dauernd eingeschalteten Betriebskondensator erreichen kann. Bei allen selbsttätig arbeitenden Anlagen, wie Kühlschränken, Hauswasserpumpen usw., müssen deshalb automatisch arbeitende Schaltgeräte zum Abtrennen des Anlaufkondensators vorgesehen werden. Man verwendet in der Regel Fliehkraftschalter, die beim Hochlaufen, wenn der Motor etwa 80—90% der Betriebsdrehzahl erreicht hat, den Anlaufkondensator abtrennen.

Da beim Schalten von Kondensatoren oft recht erhebliche Beanspruchungen der Kontakte eintreten, sollte man dem empfindlichsten Teil des Kondensatormotors, dem Fliehkraftschalter, besondere Aufmerksamkeit zuwenden.

Motoren, die nur mit einem Anlaufkondensator ausgerüstet sind, können normalerweise keine gefährlichen Beanspruchungen der Schalterkontakte herbeiführen. Der Kondensator behält zwar beim Öffnen des

Fliehkraftschalters seine Ladung, so daß beim Stillsetzen des Motors und Schließen des Fliehkraftschalters der Kondensator plötzlich kurzgeschlossen wird. Der hohe Blindwiderstand der Stromschleife, die durch die Serienschaltung von Haupt- und Hilfswicklung gebildet wird, liefert einen sehr kleinen Entladestrom. Lediglich beim Abkippen des Motors könnten größere Ausgleichsströme auftreten. Man wird im allgemeinen auch bei dieser einfachen Schaltung parallel zum Kondensator Entladewiderstände legen, schon um beim evtl. Versagen des Fliehkraftschalters eine sichere Entladung des Kondensators herbeizuführen.

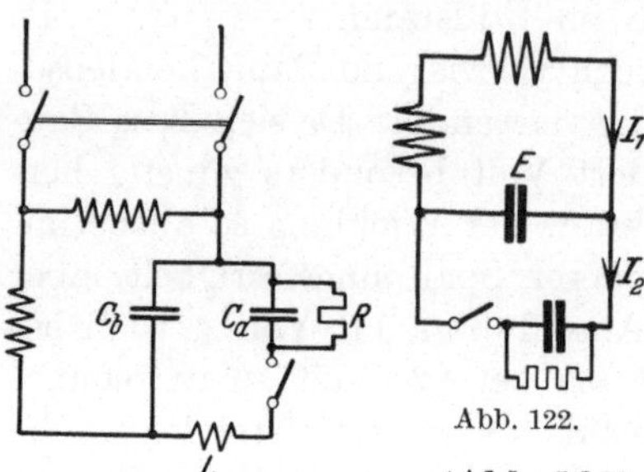

Abb. 121. Schaltung eines Kondensatormotors mit Anlauf- und Betriebskondensator.

Abb. 122.

Größere Ausgleichsströme, die zum Verbrennen oder Festschweißen der Kontakte führen, sind jedoch bei Motoren mit Anlauf- und Betriebskondensator leicht möglich (Abb. 121). Beim Hochlaufen des Motors öffnet der Fliehkraftschalter, und der Anlaufkondensator C_a behält seine Spannung. Betrachtet man zunächst den normalen Auslauf des Motors, dann erhält man folgende Vorgänge: Nach dem Öffnen des Hauptschalters wird die Spannung an den Motorklemmen nicht plötzlich zusammenbrechen, sondern mit absinkender Drehzahl langsam kleiner werden, da durch den Betriebskondensator C_b Selbsterregungsspannungen auftreten. Wenn der Fliehkraftschalter etwa bei 80% Drehzahl schließt, dann wird der Kondensator C_a auf C_b geschaltet, wobei C_b noch eine gewisse Restladung enthält. Bei kleiner Reaktanz der durch C_a und C_b gebildeten Leiterschleife kann der Ausgleichsstrom ein hohes Vielfaches des Nennstromes betragen, die Ausgleichsleistung wird an den Berührungspunkten der Schalterkontakte in Wärme umgesetzt. Noch gefährlicher werden die Beanspruchungen, wenn die Maschine durch Überlastung kippt. Der Kondensator C_b führt dann praktisch die volle Betriebsspannung, ferner wird C_a die volle Ladung aufweisen, so daß außerordentlich hohe Ausgleichsströme zirkulieren.

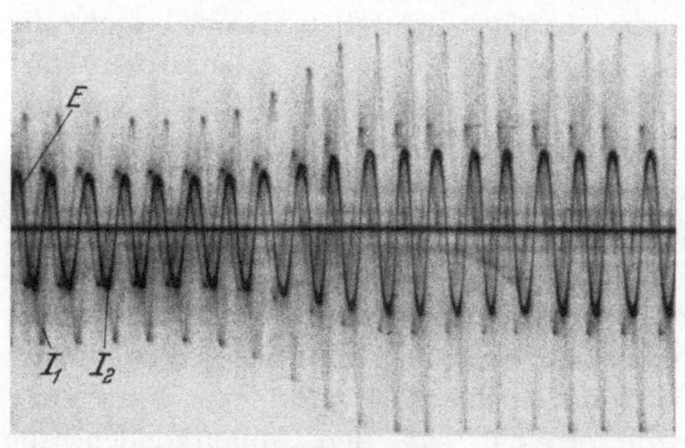

Abb. 123. Anlauf eines Kondensatormotors bei geschlossenem Fliehkraftschalter.

Um den hierbei möglichen Schäden vorzubeugen, können 3 verschiedene Maßnahmen, einzeln oder in Kombination, Anwendung finden.

1. Entladewiderstände für C_a,
2. Dämpfungsdrosselspulen L,
3. geeignete Schalterkonstruktionen.

Entladewiderstände wird man stets vorsehen. Zur Dämpfung der Ausgleichsströme genügen bereits sehr kleine Reaktanzen von wenigen Windungen, die sich in den Verbindungsleitungen, evtl. im Kondensator selbst, leicht unterbringen lassen. Der Fliehkraftschalter muß einen großen Kontaktweg aufweisen, da immerhin Spannungsdifferenzen bis 1000 Volt auftreten können. Es ist ferner zweckmäßig, die Öffnungsdrehzahl hoch und die Schließdrehzahl sehr tief zu legen, so daß bei Überlastungen ein rasches Flattern der Kontakte vermieden wird. Man hat außerdem festgestellt, daß Sprungschalter dauerhafter sind als Schalter mit schleichender Kontaktgabe.

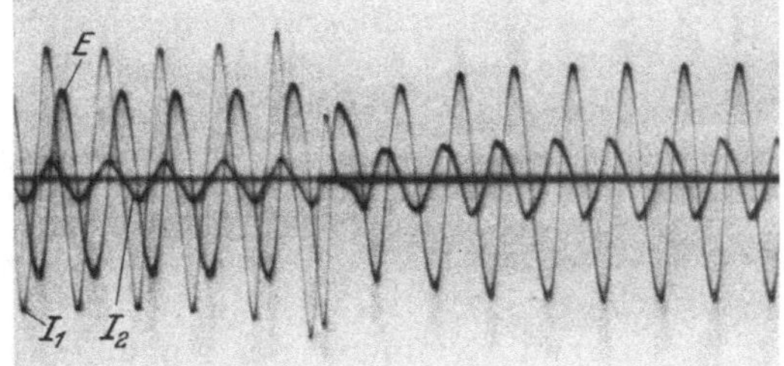

Abb. 124. Normaler Anlauf. Fliehkraftschalter öffnet bei 85% der Nenndrehzahl.

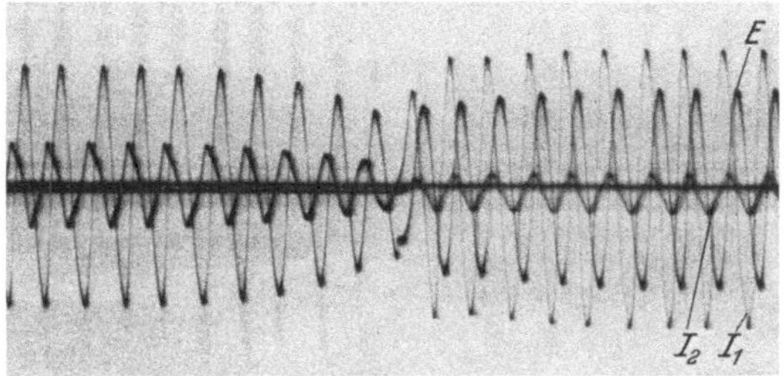

Abb. 125. Abkippen des Motors und Schließen des Fliehkraftschalters.

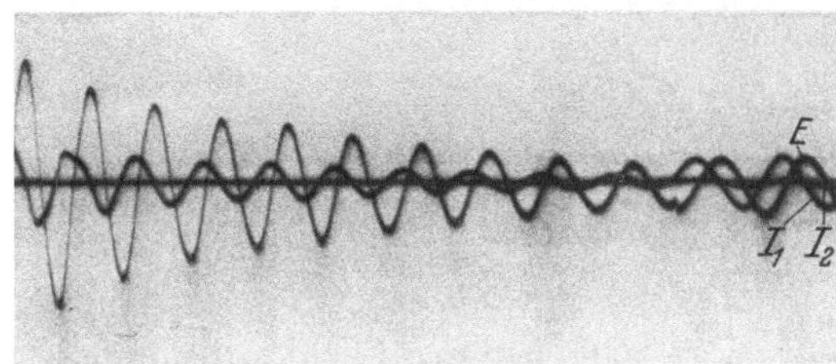

Abb. 126. Freier Auslauf des Motors, Schließen des Fliehkraftschalters.

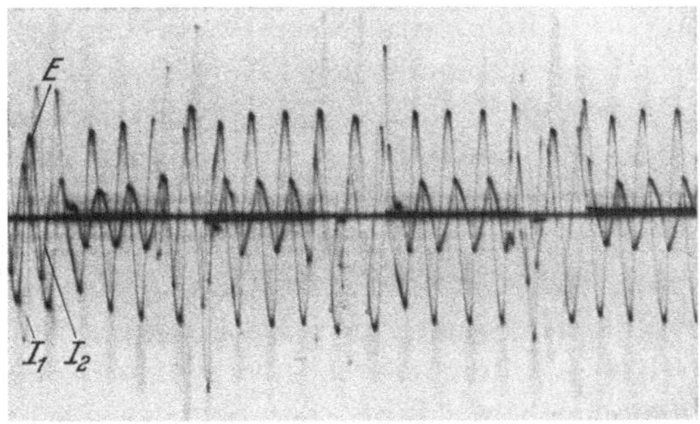

Abb. 127. Schlecht arbeitender Fliehkraftschalter.

Die beigefügten oszillographischen Aufnahmen (Abb. 123÷127) geben Einblick in die bei Kondensatormotoren möglichen Betriebszustände. Die Motorleistung ist $^1/_6$ PS bei 220 Volt, 1500 U/min, 50 Per./sec. Der Betriebskondensator hatte eine Kapazität von 5,6 μF, der Anlaufkondensator 17,5 μF. Die aufgezeichneten Werte I_1, I_2 und E sind dem Stromlaufbild (Abb. 122) zu entnehmen. Beim Anlauf mit geschlossenem Fliehkraftschalter steigt der Strom in der Hilfsphase an, ebenso ist Strom und Spannung am Anlaufkondensator bei Nenndrehzahl wesentlich höher als bei Stillstand (Abb. 123). Das Oszillogramm (Abb. 124) zeigt einen normalen Anlauf, bei dem der Fliehkraftschalter bei 85% der Nenndrehzahl anspricht und die Abschaltung des Anlaufkondensators vornimmt, ohne daß Strom- oder Spannungsstöße auftreten. Auch beim Abkippen sind Störungen nicht zu erwarten, wenn beim Schließen des Fliehkraftschalters der Anlaufkondensator entladen ist, da der Ausgleichsstrom geringe Blindwiderstände zu überwinden hat (Abb. 125). Besonders interessant sind die Vorgänge beim freien Auslauf des Motors, wenn der Netzschalter geöffnet wird (Abb. 126). Man erkennt deutlich das langsame Abklingen der selbsterregten Spannung, die den Strom I_1 in der Hilfsphase nur langsam absinken läßt. Das Schließen des Fliehkraftschalters macht sich in einer sprunghaften Änderung der Spannungskurve bemerkbar, der Strom I_1 steigt plötzlich bis zur Hälfte seines Nennwertes an. Je tiefer die Schließdrehzahl des Schalters liegt, desto geringer werden auch die beim Auslauf des Motors auftretenden Strom- und Spannungsstöße. Einen schlecht arbeitenden Schalter zeigt Abb. 127. Der Motor ist bis zur Kippgrenze belastet, die Kontakte des Fliehkraftschalters öffnen und schließen in rascher Folge und verursachen sehr hohe Strom- und Spannungsschwankungen. Bei dieser Betriebsweise ist ein rascher Abbrand, wenn nicht ein vollkommenes Verschweißen der Kontakte unvermeidbar. Einen Motor mit Anlauf- und Betriebskondensator für zweifaches Anzugsmoment zeigt Abb. 128. Die Kondensatoren sind in gemeinsamem Gehäuse untergebracht und mit 2 einstufigen Selbstschaltern zusammengebaut. Einer der Schalter übernimmt den betriebsmäßigen Schutz des Motors, der 2. Schalter sorgt für das Abtrennen des Anlauf-

Abb. 128. Kondensatormotor mit Anlauf- und Betriebskondensator.

kondensators nach Erreichen der Betriebsdrehzahl. Der 2. Schalter ersetzt demnach einen Fliehkraftschalter. Diese Betriebsweise ist jedoch nur bei handbedienten Anlagen möglich.

Der Kondensatormotor hat nur in Einphasennetzen Daseinsberechtigung. Damit ist auch sein Leistungs- und Anwendungswert stark eingeschränkt. Das Hauptanwendungsgebiet sind kleingewerbliche Anlagen und Antriebe für Haushaltungsmaschinen. Die am häufigsten vorkommenden Leistungen liegen zwischen 50 und 500 Watt.

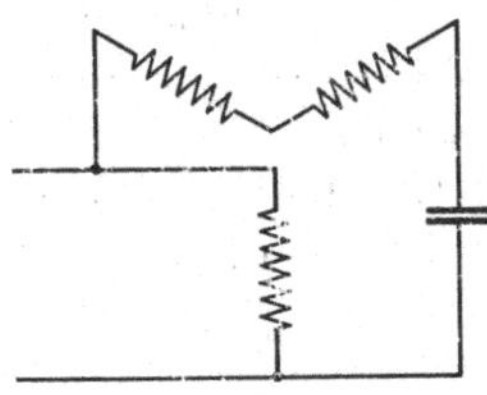

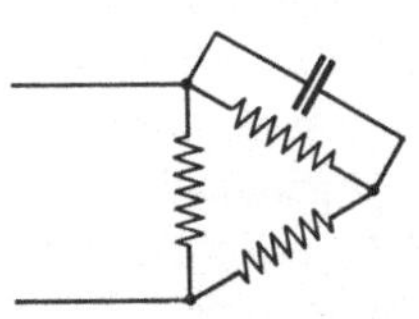

Abb. 129. Drehstrommotor mit Kondensator zum Anschluß an Einphasennetze.

Neben dem Einphasenmotor mit besonderer Wicklung verwendet man bisweilen auch Drehstrommotoren, die durch Zuschalten von Kondensatoren auch an Einphasennetze mit günstigen Laufeigenschaften betrieben werden können. Die wichtigsten Schaltungen sind in Abb. 129 dargestellt. Die für den Lauf günstigste Kapazität ergibt etwa 0,4- bis 0,6faches Anzugsmoment. Durch größere Kondensatoren läßt sich auch hier das Anzugsmoment auf ähnliche Werte steigern, wie sie beim Einphasenkondensatormotor möglich sind. Diese Schaltungen bringen keine neuen physikalischen Effekte, sondern sind nur vom wickeltechnischen und fabrikationstechnischen Standpunkt aus interessant.

III. Der Kondensator in Verteilungsnetzen.

Als Kompensationsorgan sind die Aufgaben des Kondensators scharf vorgezeichnet: Erzeugung der Blindleistung an der Stelle des Verbrauchs zur Erzielung tariflicher Vergünstigungen. Der Kondensator als Glied in der Reihe der Übertragungsorgane hat jedoch noch andere Funktionen zu übernehmen: er greift hier entscheidend in die Betriebsführung ein und kann bei der Planung und Ausgestaltung der Fernleitungen zu einem wesentlichen Faktor werden. Die Quellen elektrischer Energie fallen nicht mit den Zentren des größten Verbrauchs zusammen, und das ewig wechselnde Spiel des Konsums verlangt weitgehenden Zusammenschluß der Erzeugeranlagen. Die Probleme, die bei der Übertragung großer Leistungen auf weite Entfernungen zur Lösung drängen, haben die Fachwelt in den letzten Jahren beschäftigt, jedoch noch zu keiner restlosen Klärung geführt. Die Drehstromübertragung bietet zwar gewisse Schwierigkeiten, jedoch ist die Überwältigung der hohen Spannungen praktisch gelöst und die Bereitstellung der für die Leitungen notwendigen Blindleistung durch den Kondensator möglich. Doch auch der Konkurrent, die Gleichstromübertragung, hat gerade in den letzten Jahren stark an Boden gewonnen, so daß die Wahl des Übertragungssystems auch heute noch umstritten ist.

Bei den Betrachtungen dieses Kapitels soll deshalb darauf verzichtet werden, die Wahl des Stromsystems zu diskutieren und den Kondensator im Rahmen des Stabilitätsproblems ausführlich zu behandeln. Der technische Fortschritt wird hier von selbst die notwendige Klärung bringen. Auch wenn man von diesen überaus wichtigen Fragen absieht, bleibt dem Kondensator noch ein weites Betätigungsfeld offen, das technisch und wirtschaftlich in gleicher Weise zum Studium anregt. Der Blindlastbedarf der Überlandnetze ist zwar nicht genau bekannt, doch lassen sich auf Grund der in den letzten 10 Jahren gebauten Blindleistungsmaschinen doch Schätzungen anstellen, die wenigstens der Größenordnung nach wertvolle Aufschlüsse geben. An reinen Blindstromerzeugern dürften in den letzten 10 Jahren in Europa viele 100000 kVA installiert worden sein, immerhin eine stattliche Zahl, gemessen an den Kondensatorleistungen, die heute im gleichen Versorgungsgebiet untergebracht sind. Diese Zahl beweist die außerordentliche Bedeutung, die dem Kondensator als Blindleistungslieferant zukommt.

1. Blindleistungsbedarf von Freileitungen und Kabeln.

Die Übertragung elektrischer Energien über größere Entfernungen erfolgt in der Regel durch Freileitungen. Da man jedoch in den letzten Jahren gelernt hat, auch Kabel für außerordentlich hohe Spannungen betriebssicher zu isolieren, erscheint es nicht ausgeschlossen, daß man in Zukunft auch für Fernübertragungen sich des Kabels in stärkerem Maße bedient. Wenn auch das Kabel höhere Anschaffungskosten mit sich bringt, so eliminiert es doch eine Reihe von Störungsquellen, beispielsweise Überspannungen, die durch atmosphärische Entladungen hervorgerufen werden, und erhöht damit die Betriebssicherheit beträchtlich.

Kabel und Freileitungen zeigen außer ihrem Ohmschen Widerstand auch induktive und kapazitive Widerstände, die besonders bei langen Leitungen überaus große Werte annehmen können. Um sich ein Bild über Größe und Art der Widerstände machen zu können, seien einige Widerstandswerte für Kabel und Freileitungen angeführt.

Die Leistungskonstanten einer Freileitung können aus der Leitungsanordnung und den Leitungsdimensionen berechnet werden. Bei 50 Per. und den üblichen Mastanordnungen liegt die Induktivität in der Größenordnung von 0,4 Ohm je Phase und Kilometer Streckenlänge.

Die durch die Freileitung hervorgerufene Blindlast ist vom Leitungsstrom abhängig, sie beträgt für eine 3-Phasenleitung

$$W_l = 3\,\frac{J^2 \cdot \omega L}{1000}\,\text{BkVA/km} = \frac{3\,J^2 \cdot 0{,}4}{1000}\,\text{BkVA/km}.$$

Da die Blindleistung im Quadrat mit dem Strom anwächst, wird man schon allein um die Kompensationsmittel billig zu gestalten, bestrebt sein, auf möglichst hohe Übertragungsspannungen zu gehen.

Die Leitungskapazität ist bei Freileitungen in der Regel ohne praktische Bedeutung. Als Anhaltspunkt kann man mit etwa 360 Kiloohm je Phase und Streckenkilometer rechnen. Für die kapazitive Ladeleistung erhält man somit

$$W_k = \frac{3 \cdot J^2}{1000} = \frac{\omega C}{1000} \cdot E^2\,\text{BkVA/km}.$$

Bei sehr langen Leitungen können jedoch die Kapazitäten bei kleiner Last, besonders bei Leerlauf und hohen Spannungen, schon zu Schutzmaßnahmen zwingen.

Bei Kabeln spielt der induktive Widerstand in der Regel eine untergeordnete Rolle, da er nur einen Bruchteil der Werte bei Freileitungen ausmacht und die Kabelnetze stets ein sehr viel kleineres Ausmaß haben. Dagegen ist die Kapazität von Kabeln meist beträchtlich; bei einem Kabel mit 50 mm² Querschnitt und Ölpapierisolation sowie den üblichen Abständen zwischen 2 Leitern erhält man je Kilometer eine Kapazität von 0,133 μF/km.

2. Kondensator und Blindleistungsmaschine.

Kondensatorbatterien von mehreren 100 kVA wurden vor wenigen Jahren nicht nur als Wagnis betrachtet, sondern waren auch rein wirtschaftlich nicht lebensfähig, da schon bei wenigen kVA der Preis einer umlaufenden Maschine wesentlich tiefer lag als der des Kondensators. Nur eine kurze Spanne Zeit war notwendig, um hier einen völligen Wandel zu schaffen. Durch die hochgezüchtete Fabrikationstechnik ist es heute möglich, selbst Leistungen von mehreren 1000 kVA mit Kondensatoren billiger zu erstellen als mit Maschinen.

Um die Wettbewerbsfähigkeit des Kondensators gegenüber der Maschine möglichst einwandfrei festzulegen, müssen alle Komponenten untersucht werden, die die Wirtschaftlichkeit des Betriebes beeinflussen: also Anschaffungskosten, Verluste, Stromkosten und Benutzungsdauer. Um eine gerechte Vergleichsbasis zu finden, soll angenommen werden, daß an irgendeiner Stelle des Übertragungsnetzes, nicht jedoch in einer bereits vorhandenen Anlage, der Anschluß des Blindleistungserzeugers zu erfolgen hat.

Die Gestehungskosten des Kondensators sind stark von der Spannung abhängig. Größere Anlagen arbeiten meist mit Hochspannung, so daß für den Vergleich die Nennspannung auf 6 kV festgelegt werden soll. Beim Kondensator wachsen die Anschaffungskosten etwa proportional mit der Leistung, während umlaufende Maschinen mit wachsender Leistung ein Absinken des Preises je kVA ergeben. Trägt man die Gestehungskosten von Kondensatoren P_k und Maschinen P_m in Abhängigkeit von der Leistung auf, dann erhält man für Kondensatoren eine Gerade, die durch den Koordinatenursprung geht, für Maschinen eine Kurve mit Sättigungscharakter (Abb. 130). Berücksichtigt man bei den Anschaffungskosten sämtliche Kostenkomponenten, also auch alle zusätzlichen Aufwendungen, wie Anlaßgeräte, Steuergeräte, Gebäude, Montage usw., dann erhält man bei etwa 6000 kVA den Schnittpunkt beider Kurven, also gleiche Anschaffungskosten für Kondensator und Maschine. Um auch bei besonders gelagerten Verhältnissen entsprechende Korrekturen anbringen zu können, seien nachstehend die Kosten aufgeführt:

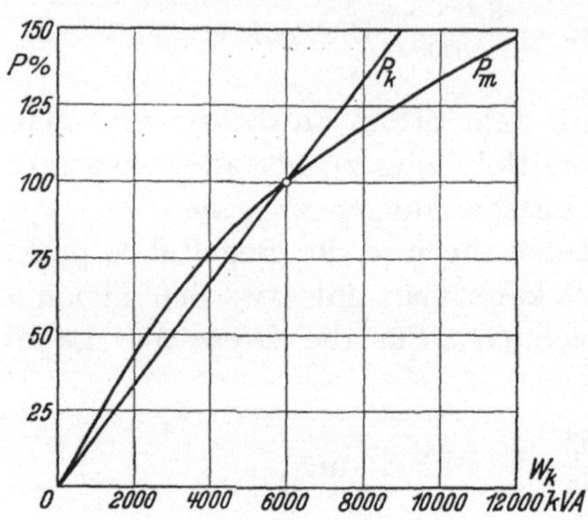

Abb. 130. Anschaffungskosten von Kondensatoren und Blindleistungsmaschinen.

Blindleistungsmaschine.	
1. Hauptmaschine	54,00%
2. Erregermaschine	6,75%
3. Zubehör	22,00%
4. Gebäude, Fundamente usw.	11,50%
5. Montage usw.	5,75%
Summe:	100,00%

Kondensator.	
1. Kondensatorelemente	79%
2. Gerüst, einschl. Verkleidung und Zubehör	13%
3. Montage usw.	8%
Summe:	100%

Die vorstehenden Werte beziehen sich auf eine Maschine asynchroner Bauart. Hinsichtlich der Anschaffungskosten lassen sich auch bei Synchronmaschinen keine wesentlichen Vorteile erzielen. Dieser Vergleich bringt das überraschende Ergebnis, daß bei Neuanlagen schon bei einer ganz beträchtlichen Leistung von 6000 kVA der Kondensator mit den gleichen Anschaffungskosten auskommt wie die Maschine. Bei größeren Leistungen allerdings überwiegen die Kondensatorkosten beträchtlich.

Für den Kondensator weit günstigere Verhältnisse bringt der Vergleich der Verluste. Bezüglich der Verluste ist die Synchronmaschine gegenüber der Asynchronmaschine im Vorteil, was sich besonders im Gebiet höherer Leistungen bemerkbar macht. Es gelingt heute, synchrone Blindleistungsmaschinen zu bauen, die bei einer Leistung von 30000 kVA einen Verlust von nur 13 Watt je kVA aufweisen. Im Diagramm (Abb. 131) sind auch für kleinere Maschinen die spezifischen Verluste je kVA eingetragen. Man erkennt, daß auch bei kleineren Leistungen, beispielsweise bei 10000 kVA, die Verluste noch sehr gering sind, sie betragen 19 Watt je kVA, liegen also unterhalb 2%. Trotz dieser erheblichen Fortschritte erreichen die Maschinenverluste immer noch ein Vielfaches der Kondensatorverluste. Der Kondensator liefert unabhängig von der Nennleistung einen Verlust von 2—3 Watt je kVA und hat demnach bei Leistungseinheiten von 30000 kVA nur $^1/_5$ der

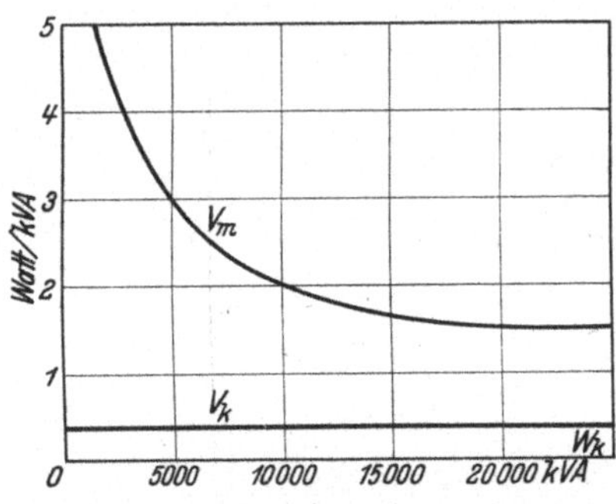

Abb. 131. Verluste von Kondensatoren und Blindleistungsmaschinen.

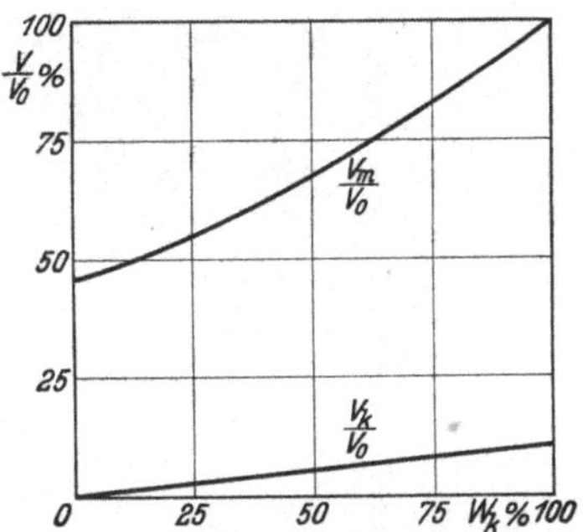

Abb. 132. Verlustverhalten von Kondensatoren und Blindleistungsmaschinen bei wechselnder Belastung.

Maschinenverluste. Gerade diese niedrigen Verlustwerte sind es, die dem Kondensator auch bei höheren Anschaffungskosten noch einen wirtschaftlichen Betrieb ermöglichen. Für den Vergleich zwischen Maschine und Kondensator ist außer den Vollastverlusten auch das Verlustverhalten bei wechselnder Last sehr wichtig (Abb. 132). Beim Kondensator nehmen die Verluste proportional mit der Leistung ab, die Maschine braucht dagegen im Leerlauf noch etwa die halben Vollastverluste. Die Vergleichswerte beziehen sich auf eine Anlage mit 6000 kVA Nennleistung. Der Kondensator ist demnach nicht allein durch den geringen Vollastverlust im Vorteil, er hat außerdem ein günstigeres Verhalten bei Teillasten.

Um sich einen Überblick zu verschaffen, ob es wirtschaftlich ist, mit Kondensatoren oder Maschinen zu arbeiten, wird man die festen und beweglichen Kosten ermitteln und einander gegenüberstellen. Die wichtigsten Komponenten, die den Vergleich beeinflussen, sind Stromkosten und Benutzungsdauer. Da sich der Kondensatorbau auch heute noch in der Entwicklung befindet, ist es zweckmäßig, nicht mit den absoluten Kosten zu rechnen, sondern das Verhältnis der Anschaffungskosten von Kondensator und Maschine in die Rechnung einzusetzen. Durch das Preisverhältnis $P\,\frac{K}{M}$ kann man dann nicht nur den veränderlichen Kondensatorkosten Rechnung tragen, sondern auch die jeweiligen örtlichen Verhältnisse, wie Gebäudekosten, Montage usw., berücksichtigen. Die Vergleichsrechnung wurde für eine Anlage mit 10000 kVA und für eine solche mit 30000 kVA durchgeführt und in beiden Fällen das Preisverhältnis zu 1,2, 1,4 und 1,6 angenommen. Bei diesen Voraussetzungen läßt sich für jede Betriebszeit derjenige Strompreis errechnen, bei dem die jährlichen Kosten für Maschine und Kondensator gleich groß sind (Abb. 133). Man erhält hyperbelähnliche

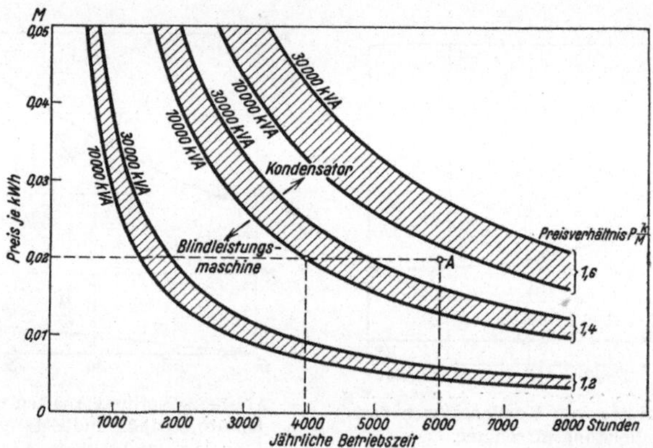

Abb. 133. Wirtschaftlicher Vergleich zwischen Kondensatoren und Blindleistungsmaschinen.

Kurven, die bei einem für Kondensatoren günstigen Anschaffungspreis näher zum Achsenkreuz rücken. Für jeden Wert des Preisverhältnisses ergibt sich ein durch die Grenzkurve für 10000 bzw. 30000 kVA eingeschlossenes Flächenstück, welches die Zwischenleistungen umfaßt.

Zu den Anschaffungskosten der Maschine sind auch die Kosten für das gesamte Zubehör, wie Schaltanlage, Regel- und Steuergeräte usw., gerechnet. Während bei der Maschine stufenlose Regelung vorhanden ist, wurde beim Kondensator eine Leistungsregelung in 7 Stufen angenommen. Diese Stufenzahl läßt sich bereits mit 3 Schaltern erreichen. Die Kondensatorverluste wurden reichlich mit 3 Watt je kVA eingesetzt, während die Verlustwerte für Maschinen dem Diagramm (Abb. 131) entnommen sind. Für die festen Kosten ist maßgebend die Verzinsung (7%) des Anlagekapitals und dessen Amortisation (15%). Da in den meisten Anlagen weder Maschinen noch Kondensatoren dauernd mit Vollast arbeiten, wurde ferner die Annahme gemacht, daß innerhalb der Gesamtbetriebszeit eine gleichmäßige Benutzungsdauer des Regelbereiches vorhanden ist. Unter dieser Voraussetzung ergeben sich bei der Blindleistungsmaschine etwa 70% der Vollastverluste, beim Kondensator dagegen nur 50% der Kondensatorvollastverluste.

Betrachtet man beispielsweise eine Anlage mit einer Maschinenleistung von 10000 kVA und rechnet mit einem Strompreis von 2 Pfennigen je kWh, dann erhält man bei knapp 4000 Betriebsstunden pro Jahr gleiche Kosten bei Kondensator und Maschine. Bei geringerer Betriebszeit wird die Blindleistungsmaschine, bei größerer Betriebsdauer der Kondensator kleinere Jahreskosten verursachen. Bei einer Maschinenleistung von 30000 kVA und gleichen Stromkosten beträgt die jährliche Mindestbetriebszeit, um Kostengleichheit zu erzielen, 5000 Betriebsstunden. Dieses Resultat hat zur Voraussetzung, daß die Summe aller Anschaffungskosten bei Kondensatoren höchstens 40% höher liegen als bei Maschinen. Beträgt der Mehrpreis des Kondensators gegenüber der Maschine nur 20% ($P^K/_M = 1{,}2$), dann genügen bereits 2000 jährliche Betriebsstunden, um ein wirtschaftliches Arbeiten des Kondensators sicherzustellen. Nur bei einem sehr ungünstigen Preisverhältnis ($P^K/_M = 1{,}6$) und bei sehr hohen Maschinenleistungen (30000 kVA) würde (bei 8000 Betriebsstunden) die Maschine geringere Gesamtkosten verursachen als der Kondensator.

Von untergeordneter Bedeutung, doch immerhin erwähnenswert, ist ein Vergleich des Raumbedarfs zwischen Maschine und Kondensator. Abgesehen von den Fundamenten ist die Maschine auch sonst im Raumbedarf ziemlich anspruchsvoll. Alle Teile müssen im Betrieb bequem zugänglich sein, für den Ausbau des Läufers ist der notwendige Betriebsraum vorzusehen. Für Montage und Demontage sind Hebezeugeinrichtungen unerläßlich, die auch beträchtlichen Raum über der Maschine beanspruchen. Anlaß-, Schalt-, Regel- und Überwachungsgeräte können an einer geeigneten Stelle untergebracht werden, ohne das notwendige Raummaß zu erhöhen. Beim Kondensator — Batteriebauweise vorausgesetzt — entfallen alle Montage- und Transporteinrichtungen. Die Wartung ist nahezu überflüssig, da die geschlossenen Kondensatorelemente jeden Eingriff oder jede Wartung von vornherein ausschließen. Die notwendige Kontrolle beschränkt sich auf ein gelegentliches Nachsehen der evtl. schadhaft gewordenen Elemente oder Auswechslung der Sicherungen. Wegen der hohen Lebensdauer — der Ausfall an Elementen dürfte in 10 Jahren vielleicht 1‰ betragen — sind also Kontrollen nur selten notwendig; naturgemäß braucht man auch auf die Zugänglichkeit des Kondensators nicht den Wert zu legen, wie bei Maschinen.

Bei der Aufstellung von Maschinen ist man zwar nicht unbedingt an ein massives Gebäude gebunden, doch ist es heute in Europa im allgemeinen nicht üblich, Blindleistungsmaschinen im Freien aufzustellen. Für die Unterbringung der Kondensatorelemente genügt ein einfacher Gerüstbau, der mit Blechtafeln verkleidet wird, so daß die Kondensatoren den Witterungseinflüssen einigermaßen entzogen sind. Im übrigen bietet es auch nur geringe Schwierigkeiten, Kondensatoren in Freiluftausführung herzustellen. Der Kondensator eignet sich von Natur aus für die Freiluftbauweise ebenso wie der Transformator. Diese Verhältnisse bringen es mit sich, daß die Kondensatoren auch bei Anlagen mit höheren Leistungen geringeren Raum beanspruchen als Maschinen.

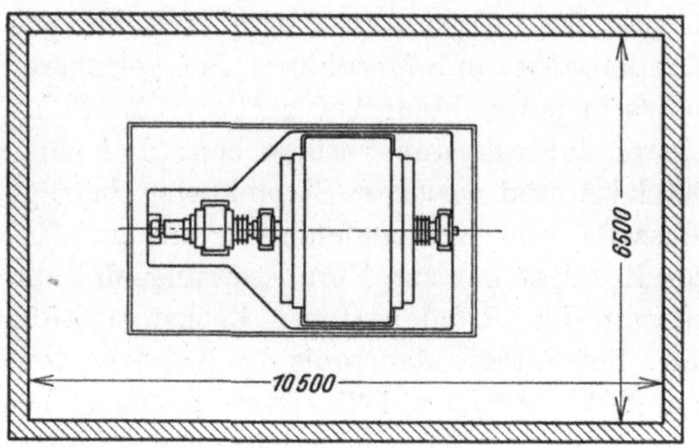

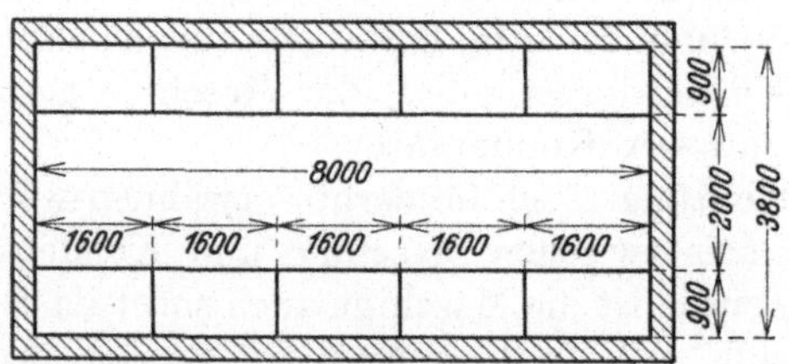

Abb. 134. Raumbedarf von Kondensatoren und Blindleistungsmaschinen.

Abb. 234 zeigt den Grundriß einer Blindleistungsmaschine für 8000 kVA und eine Batterie gleicher Leistung. Man erkennt, daß sich der Kondensator etwa mit halber Grundfläche zufrieden gibt. Die notwendige Raumhöhe beträgt für den Kondensator $3^1/_2$ m; mindestens die gleiche Höhe ist für das Maschinenhaus notwendig.

Größere Blindleistungsenergien werden meist zur Kompensation von Überlandnetzen notwendig. Es tritt deshalb der Bedarf nach einer bestimmten Blindleistung nicht momentan auf, sondern steigt langsam entsprechend dem wachsenden Anschluß an Verbrauchern. Verwendet man umlaufende Maschinen, dann ist man wegen der Anschaffungs- und Betriebskosten gezwungen, von vornherein möglichst große Maschinen zu installieren, die längere Zeit, oft während vieler Jahre, nur mit geringer Blindlast zu arbeiten haben.

Der Kondensator ist auch in dieser Hinsicht weit beweglicher und anpassungsfähiger und gestattet ohne Schwierigkeiten einen kontinuierlichen Ausbau und eine allmähliche Steigerung seiner Leistungskapazität entsprechend dem wachsenden Bedarf. Bei Anwendung der Batteriebauweise läßt sich der Kondensator organisch erweitern und auf eine beliebige Endleistung ausbauen.

Auch hinsichtlich der Reservehaltung zeigt der Kondensator entscheidende Vorzüge. Wird beispielsweise in einer Anlage eine Blindleistungsenergie von 30000 kVA benötigt, dann hat man die Wahl zwischen einer Maschine für die volle Leistung oder 2 Maschinen je 15000 kVA oder 3 Maschinen je 10000 kVA. Die wirtschaftlichste Betriebsführung wird wahrscheinlich eine Maschine mit voller Leistung bringen, sie zwingt jedoch gleichzeitig zur Aufstellung einer Reservemaschine, so daß eine Gesamtleistung für 60000 kVA zu installieren ist. Bei Verwendung einer Modelleistung von 15000 kVA wäre eine Gesamtleistung von 45000 kVA und bei 10000 kVA nur eine solche von 40000 kVA einzubauen. Auf jeden Fall zwingt die Verwendung von umlaufenden Maschinen zu einer erheblichen Mehrinvestierung an Kapital als der Kondensator. Würde man die geforderte Leistung von 30000 kVA durch Kondensatoren aufbringen, dann würde es genügen, mit einer Reserve von vielleicht 10%, also 3000 kVA zu rechnen.

Diese Vorzüge des Kondensators, geringe Reservehaltung und äußerste Beweglichkeit im Ausbau dürften mitunter in der Preisfrage zugunsten des Kondensators entscheiden, auch dann, wenn vielleicht die jährlichen Kosten ohne Berücksichtigung dieser Tatsache zugunsten der umlaufenden Maschine sprechen sollten.

3. Kondensator und Generator.

Dimensionierung. Drehstromgeneratoren werden im allgemeinen für $\cos\varphi = 0{,}7$ bis $0{,}8$ ausgelegt, weil dieser Wert ziemlich gut dem Vollastleistungsfaktor vieler Verbraucher entspricht, weil gleichzeitig noch keine nennenswerte Modellvergrößerung des Generators notwendig wird. Beispielsweise kann eine Maschine, die für $\cos\varphi = 0{,}7$ ausgelegt ist, ebensoviel Blindleistung als Wirkleistung abgeben, trotzdem die Scheinleistung nur 40% über Wirk- bzw. Blindleistung liegt (Abb. 135). Bei $\cos\varphi = 0{,}8$ erhält man noch günstigere Werte, hier braucht die Scheinleistung nur 25% größer zu sein als die Wirklast, trotzdem die Maschine immer noch 60% der Wirklast als Blindleistung liefern kann. Der Anschluß vieler kleiner Motoren kann dazu führen, daß der Generator wohl die Wirkbelastung hergeben kann, nicht jedoch dem starken Blindleistungsbedarf gewachsen ist. Normalerweise wird man unter diesen Umständen die Motoren durch Kondensatoren kompensieren, es können jedoch Gründe vorhanden sein, die Kompensation in die Zentrale zu verlegen. Der Kondensator übernimmt dann teilweise die Funktion des Generators und gestattet die volle Ausnutzung der Antriebsmaschine. Die Größe des notwendigen Kondensators läßt sich durch ein einfaches Diagramm ermitteln (Abb. 136). Die Nennwerte für Wirk- und Blind-

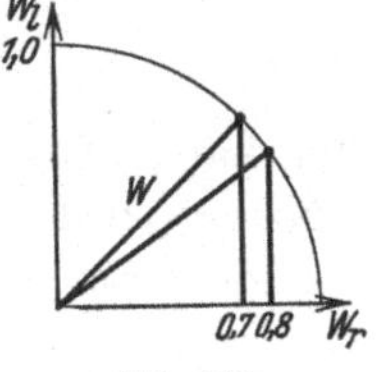

Abb. 135.

leistung seien durch das Dreieck OAB gegeben, dann stellt der Kreis K die Grenzleistung des Generators dar. Wenn die Werte des Verbrauchers durch die Wirklast OD und die Blindlast DC gegeben sind, erhält man das Verbraucherdreieck OCD. Der Schnittpunkt X der Geraden CD mit dem Kreis K liefert dann die Größe der Kondensatorbatterie, sie ist gleich der Leistung CX, womit das Betriebsdreieck des Generators auf OXD zurückgeht.

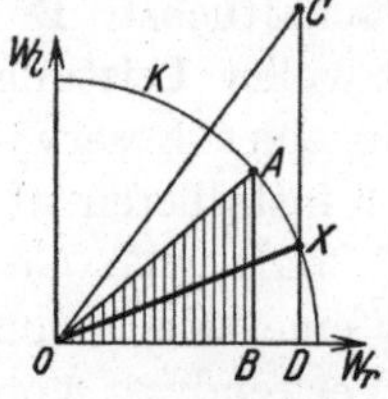

Abb. 136. Ermittlung der Kondensatorleistung zur Entlastung des Generators.

Betriebseigenschaften. Die Netzspannung konstant zu halten, ist Aufgabe des Generators, der Kondensator kann nur helfend eingreifen und die Spannungsabfälle korrigieren. Der steigende Ausbau der Netze mit Kondensatoren führt jedoch zu der Gefahr, daß trotz abnehmenden Blindleistungsbedarfs die Kondensatoren eingeschaltet bleiben und mehr Blindleistung zur Verfügung stellen, als verbraucht werden kann. Diese Gefahr ist besonders deshalb vorhanden, weil viele Konsumenten gern die geringen Verluste des dauernd eingeschalteten Kondensators in Kauf nehmen, wenn sie hierfür die Annehmlichkeiten des völlig bedienungslosen Betriebs eintauschen, der sie aller Regel- und Schaltsorgen enthebt. Die Gefahr der kapazitiven Belastung von Generatoren wird im übrigen durch den Kondensator nicht neu geschaffen, sondern nur besonders akut, sie besteht in gleicher Weise bei leerlaufenden Freileitungen und ausgedehnten Kabelnetzen.

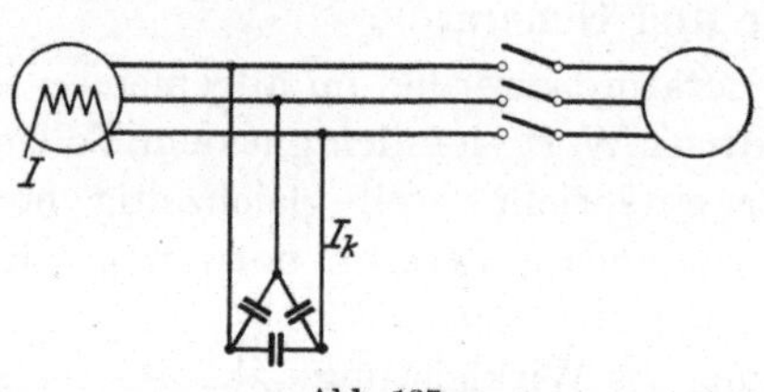

Abb. 137.

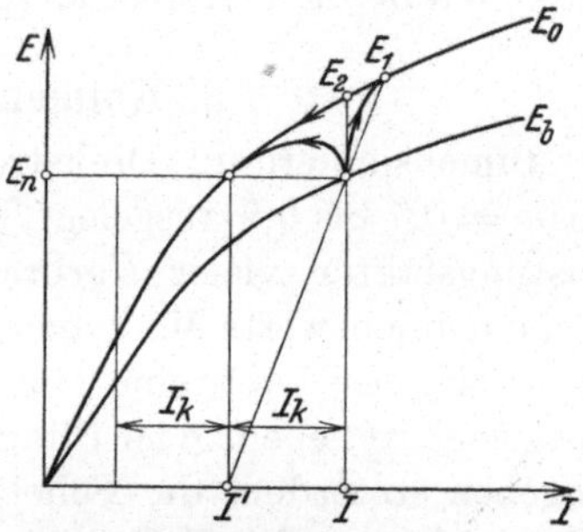

Abb. 138. Spannungsänderungen beim Parallelbetrieb eines Generators mit Kondensatoren.

Das Schaltbild (Abb. 137) zeigt einen Dreiphasengenerator, an dem außer einem Verbraucher eine Kondensatorenbatterie angeschlossen ist. Das Spannungsverhalten des Generators im Leerlauf und bei Belastung ist durch die Spannungscharakteristiken gegeben, die für eine bestimmte Last jeder Erregung die Klemmenspannung der Maschine zuordnen. Im Diagramm (Abb. 138) ist die Leerlaufcharakteristik mit E_0 und die Belastungscharakteristik mit E_b bezeichnet. Bei Belastung sinkt die Spannung ab; soll die Klemmenspannung auch bei wechselnder Last konstant bleiben, dann muß die Erregung entsprechend geändert werden. Die Nennspannung der Maschine sei E_n, sie erfordert bei Last den Erregerstrom J, bei Leerlauf jedoch nur J'. Wenn der Kondensator so bemessen ist, daß er gerade den Magnetisierungsbedarf des Verbrauchers deckt, dann genügt auch bei Belastung der Leerlaufstrom J', um Nennspannung zu halten. Wird der Schalter geöffnet, dann schnellt die Spannung zunächst auf den Wert E_1 hoch, bis der Erregerstromregler das Maschinenfeld so stark geschwächt hat, bis wieder Nennspannung erreicht wird. Das Maß, um das sich die Maschinenspannung vorübergehend über die Nennspannung erhöht, hängt in erster Linie von der Geschwindigkeit des Reglers, in zweiter Linie von der magnetischen Trägheit der Maschine ab. Unter günstigen Verhältnissen kann sich der Vorgang auch nach der gekrümmten Kurve mit einer sehr viel geringeren Spannungssteigerung abwickeln. Beim Betrieb ohne Kondensatoren wäre als höchster Spannungspunkt E_2 zu erwarten. Durch die Eigenschaft des Kondensators, bei erhöhter Spannung die Leistung zu steigern, klettert jedoch die Spannung bis auf den Wert E_1 hoch. Im stationären Zustand ist der Erregerstrom auf den geringen Wert $J' - J_k$ vermindert worden.

Während bei diesem Beispiel die Verhältnisse willkürlich so gewählt wurden, daß der Regler noch die Macht hat, die Nennspannung zu erzwingen, können bei größeren Kondensatorleistungen sehr wohl die Spannungen weit über den Nennwert getrieben werden, auch wenn der Regler in der Endstellung die Gleichstromerregung der Maschine völlig abgeschaltet hat. Arbeitet der unerregte Generator auf einen Kondensator mit der Charakteristik E_k, dann stellt sich an den Maschinenklemmen bereits die Spannung E_1 ein (Abb. 139). Dieser Spannungswert liegt bereits wesentlich über der Nennspannung E_n, die durch die Gleichstromerregung J_0 hervorgerufen würde. Addieren sich die Kondensator- und die Gleichstromerregung, dann nimmt die Kennlinie des Kondensators die Lage E_k' ein, und die Generatorspannung steigt auf den Wert E_2 an. Soll bei eingeschaltetem Kondensator die Nennspannung der Maschine nicht überschritten werden, dann muß die Gleichstromerregung negativ sein, man müßte auf „Gegenerregung" übergehen. Der Erregerstrom im Polrad müßte seine Richtung umkehren und den Wert J_0' annehmen, wobei die Kondensatorkennlinie in die Lage E_k'' übergeht. Synchronmaschinen neigen jedoch schon bei kleiner Erregung zum Pendeln, sie würden bei Gegenerregung unbedingt außer Tritt fallen und den Betrieb stören. Bei Maschinen, die hauptsächlich zur Span-

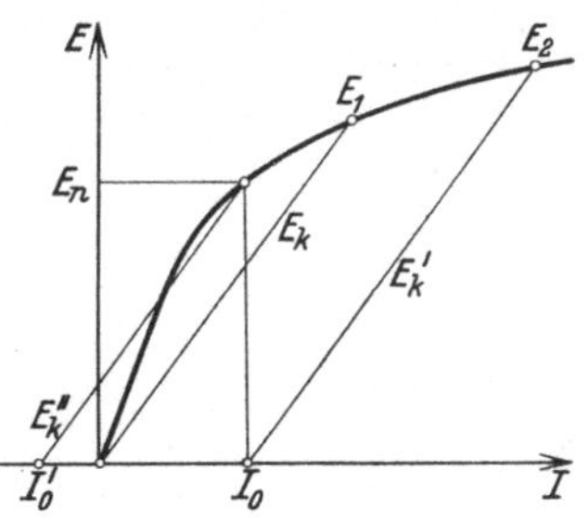

Abb. 139. Spannungserhöhungen durch Übererregung bei Synchrongeneratoren.

nungsreglung gebaut werden, kann man bei vergrößertem Luftspalt und verstärkter Erregung geringe induktive wie auch kapazitive Belastung des Netzes herbeiführen. Asynchronmaschinen lassen sich dagegen zur Blindleistungserzeugung ebensogut verwenden wie zur Blindleistungsaufnahme, sie könnten also ohne Gefahr die überschüssige Blindleistung des Kondensators aufnehmen.

4. Kondensator und Netzspannung.

Erzeugung der Wirk- und Blindlast müssen dem Verbrauch die Waage halten. Für das Wirklastgleichgewicht sind die Kraftmaschinenregler verantwortlich, für die Blindlast die Spannungsregler. Dem Spannungsregler ist lediglich die Spannung an der Maschine oder an einer bestimmten Stelle des Netzes zugänglich. Alle übrigen Netzteile müssen sich mit der Spannung zufriedengeben, die aus den Netzwiderständen und Lastverteilungen resultiert. In Netzen, die durch Erzeugeranlagen sehr verschiedenen Charakters, beispielsweise Dampf- und Wasserkraftanlagen gespeist sind, treten bei der Lastverteilung bisweilen Schwierigkeiten auf. Jedes Werk will Wirklast liefern, sich aber am Blindbedarf möglichst wenig beteiligen. Das Ergebnis sind zu hohe Frequenz und zu niedrige Spannung.

Mit umlaufenden Maschinen ist die Frage der Spannungsregelung leicht zu lösen. Bei Synchronmaschinen genügt ein kleiner Widerstand im Erregerstromkreis, bei Asynchronmaschinen ein kleiner Transformator mit variablem Übersetzungsverhältnis, um die Blindleistungsabgabe dem Bedarf anzupassen und damit die Spannung zu halten. Nicht so einfach liegen die Verhältnisse beim Kondensator. Der Kondensator ist von Natur aus nicht regelbar, er hat überdies eine Spannungsleistungscharakteristik, die denkbar unerwünscht ist. Eine Spannungssteigerung im Netz weist auf einen Blindleistungsüberschuß hin, die ideale Maschine sollte hierauf durch Leistungsrückgang reagieren (Abb. 140). Der Kondensator erhöht jedoch seine Blindleistungslieferung quadratisch mit dem Anwachsen der Netzspannung. Bei 110% Spannung gibt der Kondensator bereits 121% Leistung. Hinzu kommt, daß Spannungserhöhung für die angeschlossenen Verbraucher erhöhte Sättigung und damit Oberwellengefahr bedeutet, wodurch eine weitere Überlastung des Kondensators möglich wird. Bei Spannungsabsenkungen dagegen, wenn das Netz blindleistungshungrig ist, geht auch der Kondensator stark mit der Leistungsabgabe zurück.

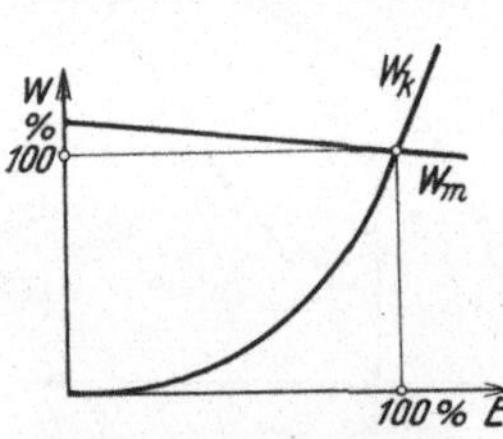

Abb. 140. Leistungscharakteristik von Kondensatoren und Blindleistungsmaschinen.

Beim Anschluß von Kondensatoren, deren Leistung im Verhältnis zur Netzleistung groß ist, muß deshalb der Einfluß des Kondensators auf die Netzspannung genau untersucht werden. Es sei zunächst der einfachste Fall betrachtet, wobei ein Verbraucher über eine längere Freileitung mit Strom versorgt wird. In der Regel wird der Verbraucher nicht nur Wirk-, sondern auch Blindleistung von der Zentrale beziehen. Die Spannungsverhältnisse zeigt das Vektordiagramm (Abb. 141). Die Spannungsdifferenz ΔE wird in erster Linie durch den über die Leitung zu transportierenden Blindstrom und den induktiven Widerstand der Leitung gegeben. Da sowohl Freileitungen wie die zugeschalteten Transformatoren über ziemliche Blindwiderstände verfügen, hat man in der Praxis mit Spannungsabfällen, die 5 bis 10% der Nennspannung betragen, zu rechnen. Aus der Beziehung:

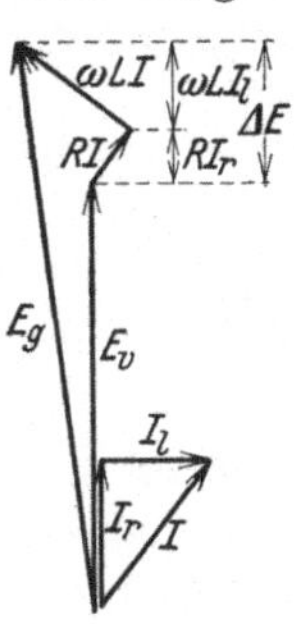

Abb. 141. Vektordiagramm einer Übertragungsleitung.

$$\Delta E = R \cdot J_r + \omega L \cdot J_l$$

erkennt man, daß der Wirkstrom nur geringen Einfluß haben kann, da er lediglich im Produkt mit dem Ohmschen Widerstand spannungsmindernd wirkt. Das Diagramm beweist, daß man den Spannungsabfall durch Kompensation beträchtlich einschränken kann, da beim Leistungsbezug mit $\cos\varphi = 1$ das Glied $\omega L \cdot J_l$ völlig verschwindet, Voraussetzung hierfür ist, daß der Kondensatorstrom $= J_l$ ist.

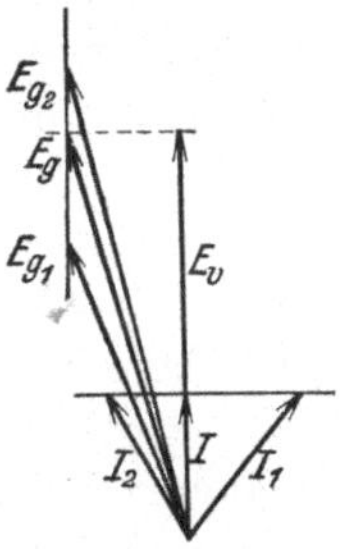

Abb. 142.

Um den Einfluß des Kondensators verfolgen zu können, sei der Wirkwiderstand vernachlässigt; es wird ferner die Annahme gemacht, daß der Erregerstromregler des Generators an die Verbraucherspannung angeschlossen ist und demnach die Spannung der Konsumenten auf dem Nennwert erhält. Die Spitze des Vektors E_g gleitet dann auf einer Parallelen zu E_v, wenn die Spitze von J auf einer Senkrechten zu E_v geführt wird (Abb. 142). Bei $\cos\varphi = 1$ wird E_v praktisch gleich E_g, während bei weiterer Vergrößerung des Kondensators die Spannung am Verbraucher die Generatorspannung überwiegt. Trägt man sich die Spannungsabfälle als Funktion des Leistungsfaktors auf, dann erhält man eine Kurve, die durch den Koordinatenursprung geht (Abb. 143) und zu beiden Achsen symmetrisch liegt. Bei Überdimensionierung des Kondensators erhält man in die Zentrale zurückflutende Blindleistung und eine Verbraucherspannung, die höher ist als die Generatorspannung. Diese Verhältnisse gelten zwar für sämtliche Blindstromerzeuger, sie können bei Konden-

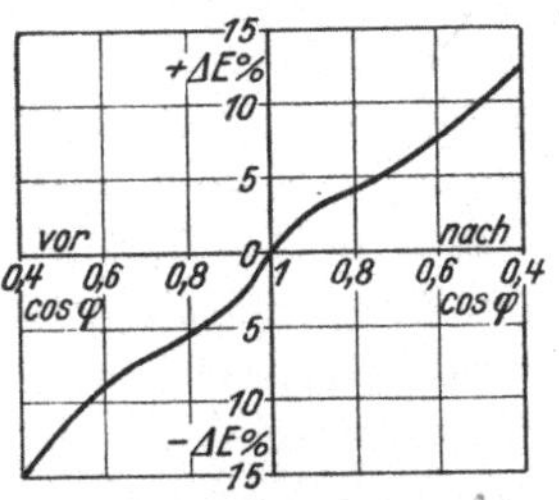

Abb. 143. Netzspannungsänderungen bei veränderlicher Kompensation.

satoren besonders auffallend in Erscheinung treten, weil der Kondensator das Bestreben hat, durch Blindleistungsänderungen erzeugte Spannungsänderungen zu vergrößern.

5. Selbsttätige Regelungen mit Kondensatoren.

Überall, wo man die Betriebsführung der menschlichen Hand entzieht und die Aufrechterhaltung eines bestimmten Gleichgewichtszustandes mechanischen Einrichtungen überträgt, wird man zu einem genauen Studium der Gesetze gezwungen, nach denen sich die zu regelnde Größe ändert, um den verschiedenen Regelorganen ihre Funktionen beim Ablauf des Regelprozesses zuweisen zu können. Während sich umlaufende Maschinen im allgemeinen durch Beeinflussung ihres magnetischen Feldes leicht in Regelvorgänge eingliedern lassen, zeigt der Kondensator eine gewisse Starrheit, welche die Lösung der Regelaufgaben erschwert. Wenn jedoch der Kondensator die Funktionen der Blindleistungsmaschine restlos übernehmen soll, dann muß er auch befähigt werden, seine Leistung dem schwankenden Bedarf anzupassen. Die Leistung des Kondensators ist durch Kapazität, Spannung und Frequenz eindeutig bestimmt. Eine Regelung seiner Leistung ist nur möglich durch eine Änderung der Spannung oder Kapazität. Die Regelung der Klemmenspannung des Kondensators ist technisch möglich, sie scheidet aus Gründen der Wirtschaftlichkeit aus. Der einzig gangbare Weg ist also die Veränderung der Kapazität. Während man in der Schwachstromtechnik im Drehkondensator über ein wertvolles Steuerinstrument verfügt, verbietet der grundsätzliche Aufbau des Starkstromkondensators ähnliche Konstruktionen, so daß man sich hier damit begnügen muß, durch Schalthandlungen die Kapazität zu variieren.

Das Bedürfnis nach selbsttätiger Regelung kann die verschiedensten Ursachen haben. Netzspannung oder Tarifvorschriften werden meistens die Veranlassung geben. Der Tarifzwang legt die Arbeitsweise von vornherein genau fest, er führt zur $\cos\varphi$-Steuerung, selten zur Blindleistungsregelung. Ist die Netzspannung der Urheber, dann wird die Spannungssteuerung den richtigen Weg zur Abhilfe bringen. In besonders einfachen und übersichtlich gelagerten Betrieben kann auf jede selbsttätige Regelung verzichtet werden, und zwar dann, wenn man schon im voraus die Änderungsgesetze der Blindleistung kennt. Liegt der zeitliche Verlauf des Blindleistungsbedarfs fest, dann hilft die Fahrplansteuerung, also eine reine Zeitsteuerung über alle Schwierigkeiten hinweg, da ein einfaches Uhrwerk zur festgesetzten Zeit die Schaltmanöver einleitet, die dann zwangsläufig abrollen. Die Blindleistungslieferung wird sich dem Bedarf ebenso genau anpassen, als es möglich war, den Konsum im voraus abzuschätzen.

Zeitsteuerung. Es ist eine bekannte und leicht erklärliche Erscheinung, daß im Netz die Wirklast stärker und rascher schwankt als die Blindlast. Der Wirklastkonsum ist von mehr Faktoren abhängig als der Blindkonsum, und es ist eine übliche Erscheinung, daß zu Zeiten geringen Wirkbedarfs der $\cos\varphi$ stark absinkt, da sich der Blindleistungsbedarf weit weniger ändert, da er an andere Gesetze gebunden ist. Das Leistungsdiagramm (Abb. 144) zeigt den Lastbedarf eines Versorgungsnetzes mit gemischten Verbrauchern, also Industrieanlagen und Haushaltungen. Die Kurve für die Wirklast zeigt außer der abendlichen Lichtspitze mit gutem Leistungsfaktor, die Höchstbelastung während der Vor- und Nachmittagsstunden bei mäßigem Leistungsfaktor. In

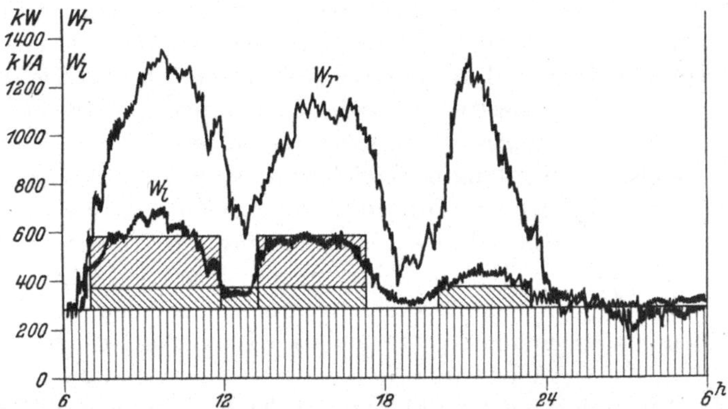

Abb. 144. Blind- und Wirkleistungsbedarf eines Versorgungsnetzes mit gemischten Verbrauchern.

der Mittagspause und nach 6 Uhr abends tritt in der Regel ein starker Leistungsrückgang ein. Die Kurve für den Blindleistungsbedarf hat ähnlichen Charakter. Die Spitzen sind jedoch stark abgeschliffen und die Lichtspitze kommt nur sehr schwach zum Ausdruck. Für die Kompensation dieser Anlage würde eine Batterie mit 3 Leistungsstufen vollauf genügen. Die Grundlast mit etwa 300 kVA wird von der dauernd eingeschalteten Grundbatterie übernommen, während 2 Teilbatterien für 100 bzw. 200 kVA die Spitzen decken. Von 7 bis 12 Uhr und von 13 bis gegen 18 Uhr sind sämtliche Einheiten eingeschaltet, während die Mittagspause und die geringe Abendspitze von der kleinsten Einheit gedeckt werden kann.

Eine Fahrplansteuerung für diese Anlage könnte mit den einfachsten Schalt- und Steuerorganen auskommen. Die Fahrplansteuerung verdient gerade bei der Blindleistungsregelung größte Beachtung, da sie den Eigenheiten des Kondensators weitgehendst Rechnung trägt und für viele Fälle vollkommen ausreichend ist.

Zustandsregelung. Erst wenn die Zeitsteuerung versagt, wird man zur Zustandsregelung übergehen. Der grundsätzliche Unterschied zwischen der Zeitsteuerung und Zustandsregelung läßt sich am besten durch die schematische Darstellung (Abb. 145) zum Ausdruck bringen. Bei der Zeitsteuerung spielt sich der Steuervorgang gewissermaßen linear ab. Als Impulsorgan dient die Schaltuhr, die über ein Verstärkerelement den Schalter betätigt und den Kondensator in Funktion setzt. Der Augenblick der Kommandoerteilung ist bestimmend für den Ablauf der Operation, die Richtigkeit des Endzustandes ist durch das Kommando sichergestellt, jede Korrektur unterbunden. Die Zustandsregelung dagegen liefert eine Art Kreisprozeß. Die Zustandsänderung wirkt über ein Impulsgerät, den Verstärker und Schalter auf den Kondensator, und dieser kompensiert die Zustandsänderung, womit die Regelhandlung beendet ist. War jedoch die Kapazität zu groß oder zu klein, um den Gleichgewichtszustand herbeizuführen, dann durchläuft eine neue Schaltkette den Kreis und dieses Spiel wiederholt sich so lange, bis der angestrebte Ausgleich eingetreten ist. Die Zeitsteuerung ist demnach starr und bestimmt, die Zustandsregelung beweglich und tastend, sie stellt ganz allgemein, besonders aber beim Kondensator, eine beträchtliche Verschärfung der Aufgabe dar.

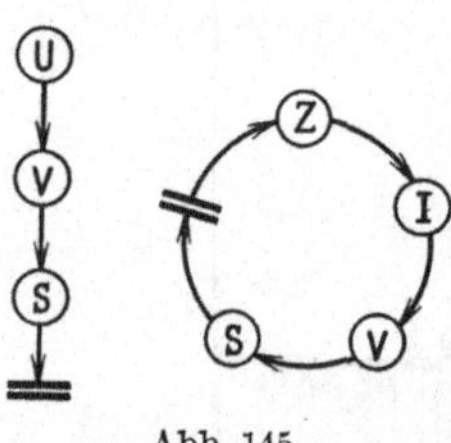

Abb. 145.

Die Netzzustände, welche die Kapazität des Kondensators vorschreiben, können sein: Spannung, Leistungsfaktor, Blindleistung, Blindstrom, Scheinstrom.

Bei der Spannungsregelung übernimmt der Kondensator die Korrektur der Spannungsgefälle, die durch Blindstrom und Leitungsreaktanz entstehen. Die Bedingungen, denen der Kondensator zu gehorchen hat, sind von den Blindleistungsmaschinen, die in großer Zahl an den Schwerpunkten der Verteilungsnetze bereits seit Jahren in Betrieb sind, bekannt.

Setzt man an die Stelle des Spannungsrelais das $\cos\varphi$- oder Blindlastrelais, dann läßt sich der Kondensator zur Konstanthaltung des Leistungsfaktors oder zur Erzielung eines bestimmten Blindflusses verwenden. An Stelle der Blindleistung kann auch der Blindstrom das Kommando übernehmen. Bei konstanter Netzspannung sind Strom- und Leistungsregelung äquivalent. Eine Sonderart der Kondensatorregelung stellt die Steuerung in Abhängigkeit des Scheinstromes dar, eine Methode, die sich weniger für selbsttätigen Betrieb als für Handsteuerung eignet. Der Scheinstrom enthält die Wirk- und Blindkomponente, eine Vergrößerung oder Verringerung des Blindstromes kommt also auch im Scheinstrom zum Ausdruck. Wenn man in einer Anlage den Einbau von Spannungswandlern vermeiden will und den Gesamtstrom bereits durch einen Strommesser anzeigt, dann läßt sich das Regelgesetz des Kondensators auch aus der Veränderung des Scheinstromes ableiten. Die Kapazität muß so lange vergrößert oder verringert werden, bis der Scheinstrom ein Minimum erreicht. Man kann demnach durch probeweises Zu- und Abschalten von Kondensatoren erkennen, ob der Leistungsfaktor vor- oder nacheilend ist und die Kapazität so lange variieren, bis der Scheinstrom seinen kleinsten Wert annimmt. In handbedienten Anlagen wird dieses Vorgehen bisweilen eine zweckmäßige und billige Methode darstellen, die jedoch für selbsttätiges Arbeiten zu Komplikationen zwingen würde.

Regelgenauigkeit. Alle Regelvorgänge, sowohl bei elektrischen wie auch bei Kraftmaschinen, gehören mit zu den schwierigsten Aufgaben, da sie auf dem Zusammenarbeiten verschiedener Größen beruhen, die sich gegenseitig beeinflussen und nur unter bestimmten Voraussetzungen einen stabilen Betrieb ergeben. Das Impulsorgan, das die eingetretene Zustandsänderung meldet, ist meist ein schwingungsfähiges Gebilde, das bei Ablenkungen aus dem Gleichgewichtszustand Schwingungen mit bestimmter Dauer ausführt. Ebenso neigt auch häufig die zu regelnde Größe, sei es eine Spannung, Drehzahl oder ein bestimmter Leistungsfluß zu Pendelungen, die sich den Reglerschwingungen überlagern und diese verstärken oder schwächen können. Für die Beurteilung des Regelverlaufs spielt die Zeit eine Rolle, welche die zu regelnde Größe benötigt, um einen erteilten Befehl auszuführen. Umlaufende Maschinen, besonders solche hoher Leistung, brauchen oft beträchtliche Zeit, damit die Klemmenspannung der Erregung nachfolgen kann. Der Kondensator dagegen arbeitet ganz außerordentlich rasch. Bei Spannungs- oder Kapazitätsänderungen wird sich der neue Leistungsfluß schon nach etwa $^1/_{100}$ sec einstellen, bei Maschinen vielleicht erst nach 1 sec. Der Kondensator arbeitet also sehr viel schneller, er vermeidet aus diesem Grunde viele Schwierigkeiten, die bei Maschinen zu besonderen Kunstgriffen zwingen können.

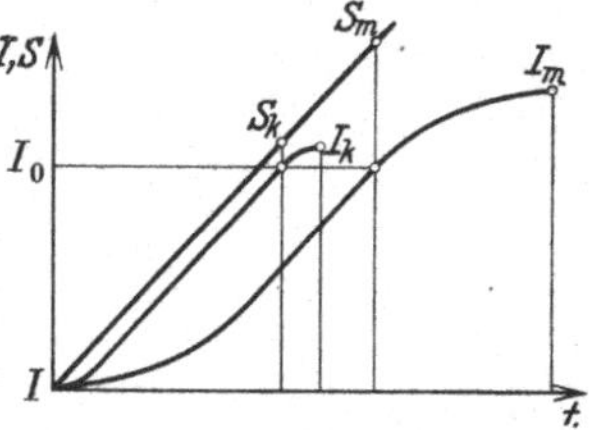

Abb. 146. Regelvorgang bei Kondensatoren und Blindleistungsmaschinen.

Setzt man für Maschine und Kondensator gleichwertige Regler, also gleiche Regelgeschwindigkeit voraus, dann erhält man die im Zeitdiagramm (Abb. 146) skizzierten Verhältnisse. Bei einer Zustandsänderung, die eine Stromsteigerung vom Wert J auf den Wert J_0 notwendig macht, beträgt der Reglerweg für den Kondensator S_k, für die Maschine S_m. Wegen des verschieden großen Schlupfes bei Maschine und Kondensator schießt der Strom bei der Maschine weit über das Ziel hinaus und erreicht den Wert J_m, der sehr viel größer sein muß als der Kondensatorstrom J_k. Man muß bei der Maschine mit starker Überregelung rechnen, während der Kondensator wegen des praktisch trägheitsfreien Arbeitens sich der idealen Stromzeitkurve, die sich mit der Reglerkurve deckt, stark nähert.

Von einer idealen Regeleinrichtung verlangt man über den gesamten Regelbereich Proportionalität zwischen Strom und Reglerweg. In Abb. 147 ist ein Vergleich gezogen zwischen Maschine und Kondensator. Beim Kondensator soll der Strom durch kontinuierliches Verändern der Klemmenspannung gesteuert werden, während bei der Maschine ein Widerstand im Erregerkreis gleichmäßig verstellt wird. Der Strom ändert sich dann beim Kondensator nach einer Geraden, bei der Maschine nach der bekannten Sättigungskurve. Kunstgriffe gestatten es, auch bei der Maschine annähernd Proportionalität zwischen Strom- und Reglerweg herzustellen. Der Kondensator zeigt diese Eigenschaft bereits durch sein natürliches Verhalten, er ist also auch in dieser Beziehung überlegen.

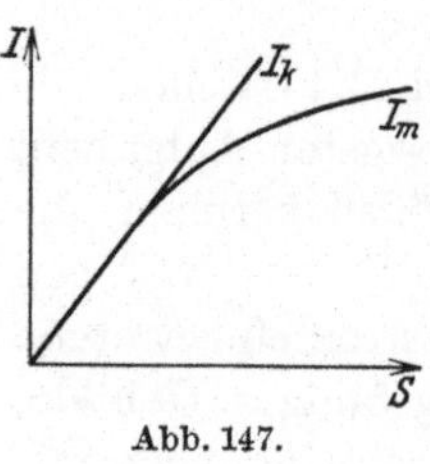

Abb. 147.

Man darf jedoch erwarten, daß der Kondensator in einem anderen Punkt versagt, und zwar hinsichtlich der erzielbaren Regelgenauigkeit. Kondensatorregelungen werden nur dann wirtschaftlich tragbar, wenn man sich auf wenige Leistungsstufen beschränkt. Hohe Regelempfindlichkeit und Genauigkeit setzt eine stufenlose Anpassung der Blindleistungslieferung an den Konsum voraus, eine Forderung, die der Kondensator nur unvollkommen erfüllen kann. Es lohnt sich deshalb, die Empfindlichkeitsgrenzen, die die Leistungsstufung des Kondensators vorschreibt, zu studieren.

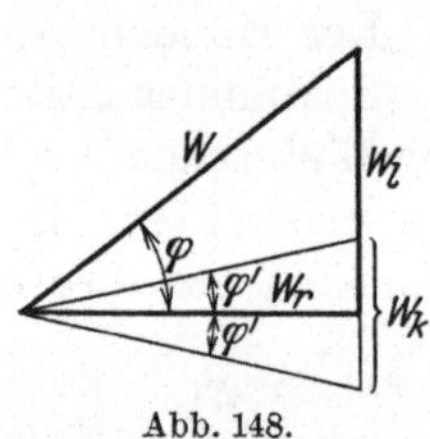

Abb. 148.

Bei der $\cos\varphi$-Regelung hat der Kondensator dafür zu sorgen, daß die Leistungsdreiecke des Konsumenten bei jeder Belastung einander ähnlich sind. Es sei zunächst der einfachste Fall betrachtet, bei dem $\cos\varphi = 1$ gefordert ist; die geringste Wirkleistung, die in der Anlage auftreten kann, wird mit W_r bezeichnet, die geringste Kondensatorleistung mit W_k. Die notwendigen $\cos\varphi$-Toleranzen, die aus der Bedingung nach Pendelfreiheit resultieren, lassen sich aus den Leistungsdreiecken (Abb. 148) ablesen. Der zulässige Fehlwinkel darf $\pm\varphi'$ betragen, d. h. bei $\cos\varphi'$ darf das Relais noch nicht ansprechen, da es sonst die Batterie dauernd zu- und abschalten würde, also eine unnötige Beunruhigung der Anlage auslösen würde.

$$\cos\varphi' = \frac{1}{\sqrt{1 + \left(\frac{W_k}{2W_r}\right)^2}}.$$

Der Grenzwert für $\cos\varphi'$ ist ausschließlich vom Verhältnis der Kondensatorleistung zur kleinsten Wirkleistung abhängig. Wenn beispielsweise die geringste Wirklast 100 kW beträgt, die kleinste Kondensatorleistung dagegen 20 kVA, dann erhält man $\cos\varphi' = 0{,}995$. Bei ungünstigen Verhältnissen, wenn die Kondensatorleistung die Hälfte der Wirklast ausmacht, würde die Toleranz auf

$$\cos\varphi = \frac{1}{\sqrt{1 + \left(\frac{0{,}5}{2}\right)^2}} = 0{,}97$$

festzulegen sein. Vielfach schreibt der Tarif nicht $\cos\varphi = 1$, sondern einen niedrigeren Wert vor; während für $\cos\varphi = 1$ die obere und untere Toleranz gleich sind, kommt man bei anderen Leistungsfaktorwerten auf verschieden große Winkeltoleranzen. Für beliebige Leistungsfaktorwerte soll der größte Wert des Winkels φ mit φ_1, der kleinste mit φ_2 bezeichnet sein. Die Toleranzen sind wiederum abhängig von der kleinsten Leistungsstufe des Kondensators W_k bzw. dem Verhältnis von W_k zum geringsten Leistungsverbrauch W_r der Anlage. Aus den in Abb. 149 gezeichneten Leistungsdreiecken läßt sich folgendes Verhältnis ablesen:

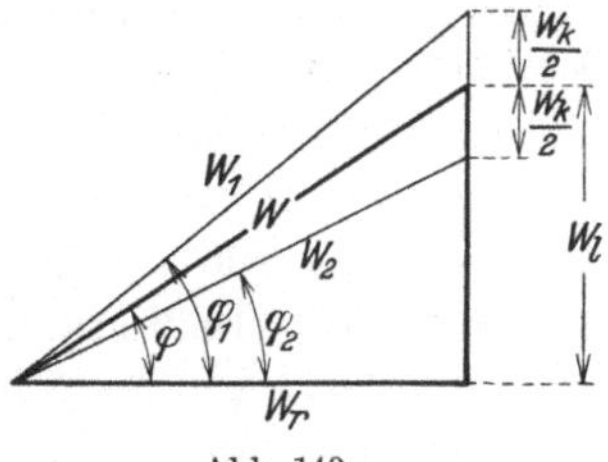

Abb. 149.

$$\frac{\cos\varphi_1}{\cos\varphi} = \frac{W}{\sqrt{W_r^2 + \left(W_l + \frac{W_k}{2}\right)^2}}.$$

Wenn man in diese Gleichung die Werte für:

$$W_r = W \cdot \cos\varphi \quad \text{und} \quad W_l = W \cdot \sin\varphi$$

einsetzt, dann erhält man nach einigen Umformungen:

$$\cos\varphi_1 = \frac{\cos\varphi}{\sqrt{1 + (1 - \cos^2\varphi)\left[\left(\frac{W_k}{2W_l} + 1\right)^2 - 1\right]}}.$$

Auch in dieser Beziehung spielt das Verhältnis W_k/W_l eine große Rolle. Es ergibt sich beispielsweise für $\cos\varphi = 0{,}9$ und $\frac{W_k}{W_l} = 0{,}4$ $\cos\varphi_1 = 0{,}865$. Bei dem noch ungünstigeren Wert von $\frac{W_k}{W_l} = 1{,}0$ würde die Toleranz sogar auf $\cos\varphi_1 = 0{,}81$ vergrößert werden müssen. In ganz ähnlicher Weise läßt sich auch die untere Winkeltoleranz $\cos\varphi_2$ ableiten, sie beträgt

$$\cos\varphi_2 = \frac{\cos\varphi}{\sqrt{1 + (1 - \cos^2\varphi)\left[\left(\frac{W_k}{2W_l} - 1\right)^2 - 1\right]}}.$$

Wenn man auch hier die gleichen Werte wie früher einsetzt, dann erhält man:

für $\frac{W_k}{W_l} = 0{,}2$ $\cos\varphi_2 = 0{,}94$,

für $\frac{W_k}{W_l} = 0{,}5$ $\cos\varphi_2 = 0{,}97$.

Diese Werte zeigen deutlich, daß der Kondensator besonders bei sehr kleinen Netzbelastungen überaus große Toleranzen verlangt, wenn ein Pumpen der Schaltapparatur vermieden werden soll. Da die hohen Toleranzen bei Belastung nicht notwendig sind und bei kleiner Netzlast der Leistungsfaktor keine Rolle spielt, wenn er nur mindestens den vom Tarif vorgeschriebenen Wert erreicht, kann man den Betrieb so einrichten, daß unterhalb einer gewissen Mindestlast die kleinste Kondensatorleistung dauernd eingeschaltet bleibt und die Automatik stillgesetzt wird.

Regeltechnisch einfache und klare Verhältnisse ergeben sich bei der Blindleistungs- oder Blindstromregelung. Auch die $\cos\varphi$-Steuerung läßt sich in dem Spezialfall, wenn $\cos\varphi = 1$ erreicht werden soll, auf eine Blindstromregelung zurückführen, da man dem Regelmechanismus die Aufgabe zuweisen kann, den Blindfluß stets zu 0 zu machen. Die Bedingung für Pendelfreiheit ist hier sehr einfach, sie schreibt vor, daß die kleinste Kondensatoreinheit weniger Blindleistung abgeben darf, als die Anlage bei geringster Last konsumiert. Ganz allgemein gilt, daß beim Sollwert W_l die Regelung frühestens bei $W_l + W_k$ zum Ansprechen kommen darf.

Spannungsregelung. Die Spannungskorrekturen, die der Kondensator zu übernehmen vermag, sind durch die Reaktanz der Übertragungsorgane eng begrenzt. Wenn die Kondensatorleistung dem maximalen Blindleistungsbedarf der Verbraucher angepaßt ist, beträgt das Spannungsintervall $2\Delta E$, wobei die tiefste Konsumentenspannung $E - \Delta E$ bei abgeschaltetem Kondensator und maximalem Blindstrombezug und die höchste Verbraucherspannung $E + \Delta E$ bei Leerlauf und eingeschalteter Kondensatorbatterie erzielt wird.

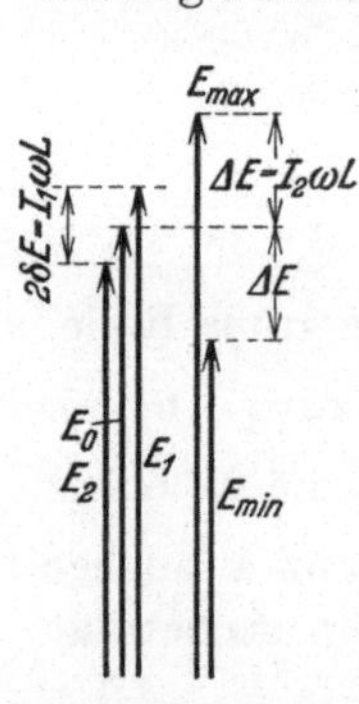

Abb. 150.

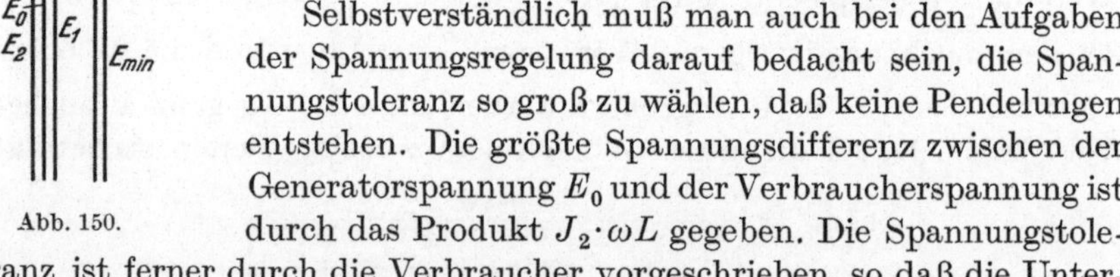

Meist wird sich die Regelung mit Kondensatoren nur im Bereich ΔE abspielen, da kein Interesse besteht, bei schwacher Last durch Kondensatoren die Netzspannung über die Generatorspannung hochzutreiben.

Selbstverständlich muß man auch bei den Aufgaben der Spannungsregelung darauf bedacht sein, die Spannungstoleranz so groß zu wählen, daß keine Pendelungen entstehen. Die größte Spannungsdifferenz zwischen der Generatorspannung E_0 und der Verbraucherspannung ist durch das Produkt $J_2 \cdot \omega L$ gegeben. Die Spannungstoleranz ist ferner durch die Verbraucher vorgeschrieben, so daß die Unterteilung der Batterie nach genau vorgeschriebenen Gesetzen erfolgen muß. Um die gegenseitige Abhängigkeit zu ermitteln, wurde das Diagramm (Abb. 150) gezeichnet, wobei folgende Bezeichnungen gewählt werden: $J_1 =$ min. Kondensatorstrom, $J_2 =$ max. Kondensatorstrom, $V = \frac{J_1}{J_2}$ = Leistungsstufung der Batterie. Ferner wurde mit δE die Spannungstoleranz bezeichnet, während ΔE die größte Spannungsdifferenz zwischen der Generatorspannung E_0 und der Verbraucherspannung E_{max} bzw. E_{min} angibt. Die engsten Ansprechgrenzen E_1 und E_2, welche pendelfreies Arbeiten der Anordnung zulassen, sind

$$E_1 = E_0 + \delta E = E_0 + \frac{J_1 \omega L}{2},$$

$$E_2 = E_0 - \delta E = E_0 - \frac{J_1 \omega L}{2}.$$

Wenn die prozentuale Spannungsabweichung δE vorgeschrieben ist, dann liegt auch das Verhältnis V fest, es beträgt:

$$V = \frac{J_1}{J_2} = 2\frac{\delta E}{\Delta E},$$

oder wenn man die Leistungsstufung der Regelbatterie als gegeben betrachtet, wird die erzielbare Spannungsgenauigkeit

$$\delta E = V\frac{\Delta E}{2}.$$

Da man in Starkstromnetzen vielfach mit induktiven Spannungsverlusten von $\Delta E = 10\%$ zu rechnen hat, erhält man bei $V = 0{,}1$, also 10 gleichen Leistungsstufen, eine Regelgenauigkeit von $\delta E = \pm 0{,}5\%$. Werden die Spannungsabfälle größer oder wird eine engere Spannungstoleranz vorgeschrieben, dann ist die Batterie entsprechend feiner zu unterteilen. Bei $\pm 0{,}25\%$ Spannungstoleranz und 15% induktivem Abfall würde man auf 30 gleiche Leistungsstufen der Kondensatorenbatterie kommen.

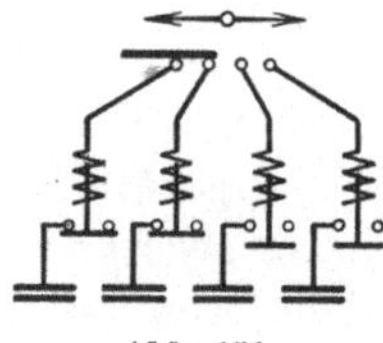

Abb. 151. Zellenschaltung.

Regelmethoden. Die Kondensatorregelung bietet einen weiten Spielraum in der Auswahl der Regel- und Schaltgeräte und der Schaltmethoden. Unter der großen Zahl von Möglichkeiten sollen 3 Methoden, die für die Praxis besondere Bedeutung haben, herausgegriffen werden:

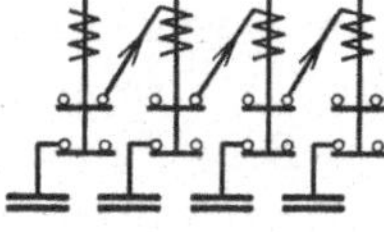

Abb. 152. Kettenschaltung.

1. Zellenschaltung,
2. Kettenschaltung,
3. Gruppenschaltung.

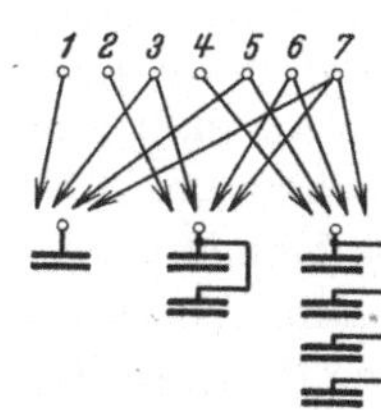

Abb. 153. Gruppenschaltung.

In den Abb. 151 bis 153 sind diese 3 Schaltarten schematisch dargestellt. Bei der Zellenschaltung (Abb. 151) finden sich verwandtschaftliche Beziehungen zum Zellenschalter, der Akkumulatorenzellen je nach Bedarf zu- und abschaltet. Anordnung und Betrieb sind beim Kondensator ganz ähnlich, da sich auch beim Kondensator die Summenleistung aus einzelnen Elementen aufbaut, ähnlich wie bei einer Akkumulatorenbatterie. Während jedoch der Zellenschalter die Leistung direkt schaltet, zwingt die Kondensatorregelung zur Verwendung einer Art Meisterwalze, die über Schütze die Batterieelemente an Spannung legt. Von der direkten Schaltung wird man meist deshalb absehen müssen, weil es sich in der Regel um größere Leistungen handelt und sowohl der Ein- wie der Ausschaltvorgang zur Vorsicht mahnt. Beim aufeinanderfolgenden Zuschalten wird stets ein ungeladener Kondensator auf eine im Betrieb befindliche Kapazität geschaltet, so daß für die Eindämmung der beträchtlichen Ausgleichsströme Schutzwiderstände notwendig sind. Beim Abschalten muß dafür gesorgt werden, daß sich der Kontakt nicht schleichend, sondern sprunghaft öffnet, um einwandfreie Schaltvorgänge sicherzustellen. Da aber gerade diese Regelmethode nur zur Trägregelung geeignet ist, müßte man zu komplizierten Spezialschaltkonstruktionen greifen, um gut und sicher arbeitende Regelungen zu erzielen.

Auch die Kettenschaltung (Abb. 152) arbeitet mit Schützen. Diese Regelschaltung stellt eine Schaltstafette dar, bei der jeder in Funktion getretene Schalter das Kommando an den folgenden weitergibt. Selbstverständlich muß die Kommandostafette in dem Augenblick unterbrochen werden, in dem sich der gewünschte Endzustand eingestellt hat. Diese Regelart eignet sich auch für schnell verlaufende Zustandsänderungen, die Regelgeschwindigkeit ist jedoch durch die Eigenzeit der Schaltgeräte begrenzt. Durch den Steuerorganismus des Systems muß dafür gesorgt werden, daß auch die Rücklaufgesetze, also das kontinuierliche Abschalten der Elemente in der richtigen Reihenfolge geschieht. Zellen- und Kettenschaltung haben den Nachteil, daß die Zahl der Kondensatorgruppen gleich der Zahl der Regelstufen ist. Verlangt man von einer begrenzten Zahl an Gruppen eine große Zahl von Regelstufen, dann ist die Gruppenschaltung (Abb. 153) zu wählen.

Beim Einbau von Kondensatoren für Regelzwecke bringt eine ungleiche Aufteilung der Elemente stets den Vorteil, daß man bei kleinstem Schalteraufwand über große Variationsmöglichkeiten verfügt. Beispielsweise liefern 2 Leistungsgruppen, deren Kapazitäten sich wie 1 : 2 verhalten, 3 gleiche Leistungsstufen. Bei noch mehr Leistungsgruppen kann man nach dem Prinzip des Gewichtssatzes vorgehen und erhält schon bei 3 Gruppen 7 gleiche Leistungsstufen. Das Schaltbild zeigt 3 Kondensatorgruppen mit dem Leistungsverhältnis 1 : 2 : 4. Die einzelnen Stellungen des Regelorganes sind mit fortlaufenden Ordnungszahlen versehen, wobei durch Pfeile angedeutet wird, welche Kondensatorgruppen der Reglerstellung entsprechen. Diese Regelart ist hinsichtlich des Aufwands an Schaltgeräten die sparsamste. Bisweilen dürfte es sich als zweckmäßig erweisen, die aufgeführten 3 Methoden miteinander zu kombinieren.

Wegen der Wichtigkeit und der Schwierigkeiten, die dem Kondensator im Rahmen von Regelaufgaben zukommen, seien die Schaltungen für 2 Beispiele etwas ausführlicher angegeben. Die erste Schaltung stellt eine Kettenschaltung dar (Abb. 154). Es sind nur die wichtigsten Stromkreise, die sich direkt auf die Regelung beziehen, eingetragen.

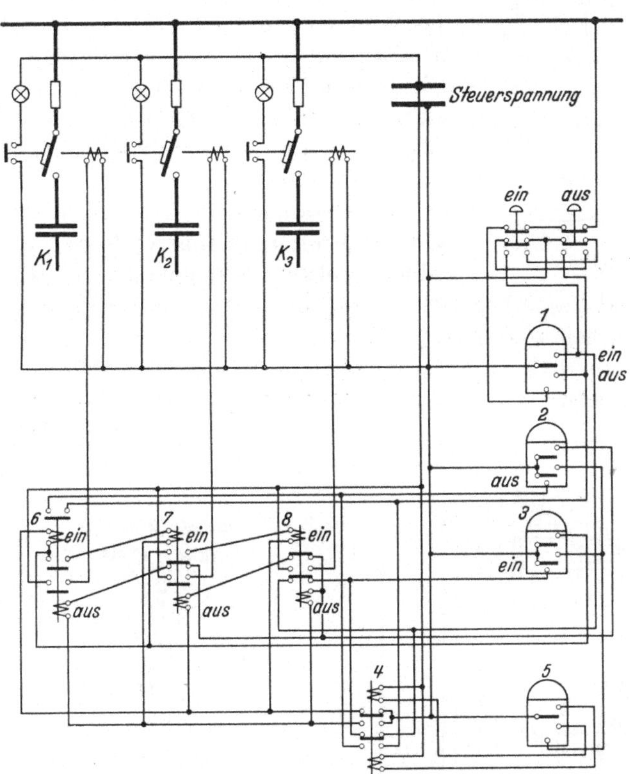

Abb. 154. Regelanlage mit drei Kondensatorgruppen in Kettenschaltung.

Die Bedeutung und Funktion der verschiedenen Schaltelemente sind aus nachfolgender Zusammenstellung ersichtlich:

$K_1 K_2 K_3$ = Kondensatorgruppen,
1 = Impulsgerät (Spannungsrelais, $\cos\varphi$-Relais usw.),
2 u. *3* = Steuerhilfsrelais,
4 u. *5* = Verzögerungsrelais mit Hilfsrelais,
6, *7*, *8* = Kipprelais.

Um den Ablauf einer Periode der Schaltkette besser verfolgen zu können, wurden in der vereinfachten Schaltskizze (Abb. 155) für einen bestimmten Augenblick die in Funktion befindlichen Schaltglieder herausgezeichnet. Wenn das Impulsgerät *1* zum Ansprechen kommt, wird es das Steuerhilfsrelais an Spannung legen und dabei das Kommando an das Kipp- und gleichzeitig das Zeitrelais weiterleiten. Sowie das Schaltrelais den durch das Kipprelais vorbereiteten Strompfad freigibt, erhält auch die Kondensatorschützspule Spannung, und der Kondensator ist zugeschaltet. Solange die Abweichung vom Sollzustand aufrecht erhalten bleibt, wird auch das Impulsgerät sein Kommando halten und der eben betrachtete Schaltprozeß sich so oft abspielen, bis durch das Impulsgerät das Ruhekommando ausgegeben wird.

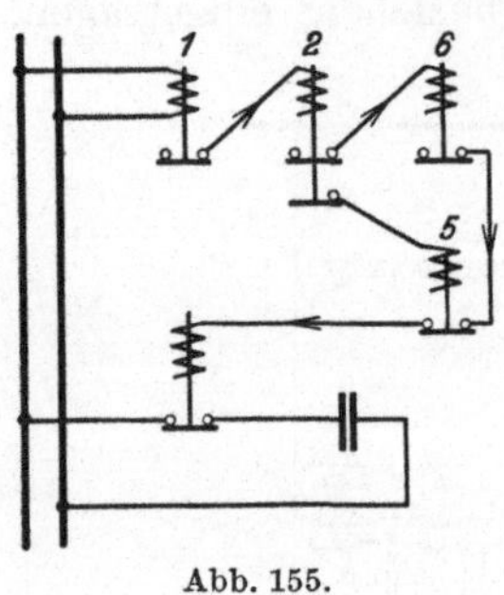

Abb. 155.

Im Gesamtschaltbild lassen sich diese Vorgänge nur mit Mühe verfolgen, da die einzelnen Relais gegeneinander verriegelt sein müssen, und deshalb der Stromweg der einzelnen Schaltapparate sich etwas verwickelt gestaltet.

Eine besonders einfache Anlage zeigt das Schaltbild (Abb. 156). Die Gesamtleistung von 450 kVA ist in 2 Gruppen von 150 kVA (*I*) und 300 kVA (*II*) aufgeteilt, so daß sich 3 Regelstufen mit 150, 300 und 450 kVA ergeben. Die Arbeitsweise der Regeleinrichtung ist im Diagramm (Abb. 157) dargestellt. Die beiden Blindleistungsrelais haben die Aufgabe, den Blindleistungsfluß zwischen Zentrale und Konsument zu überwachen und in gewissen Grenzen zu halten. Es wurde die Forderung gestellt, daß höchstens 75 kVA vom Generator bezogen werden dürfen, und daß ferner eine Blindleistungsrücklieferung von maximal 80 kVA

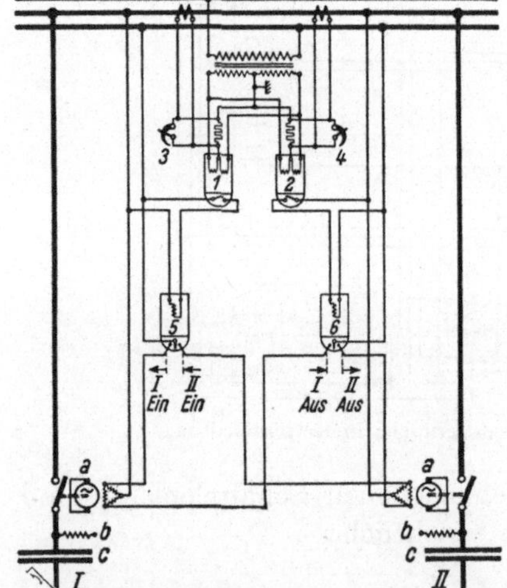

Abb. 156. Regelanlage mit 2 Kondensatorgruppen von 150 bzw. 300 kVA in Gruppenschaltung.

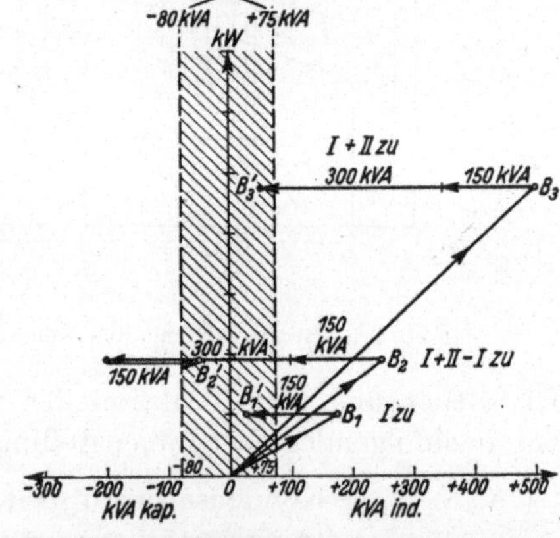

Abb. 157. Regeldiagramm zur Schaltung Abb. 156.

zulässig ist. Das Diagramm zeigt 3 verschiedene Belastungsfälle, wobei die Regeleinrichtung dafür sorgt, daß der Blindleistungsaustausch zwischen Zentrale und Verbraucher stets innerhalb der vorgeschriebenen Toleranz bleibt. Die Blindleistungsrelais *1* und *2*, die auf $+75$ kVA und -80 kVA eingestellt sind, arbeiten jeweils über ein Zeitrelais (*5* und *6*) mit Vor- und Hauptkontakt auf die Leistungsschalter der beiden Kondensatorgruppen *I* und *II*. Das Relais *5* gibt dabei die Einschaltkommandos, Relais *6* die Ausschaltkommandos. Bei der Blindlast B_1 spricht Relais *1* an und schaltet über den Vorkontakt des Zeitrelais *5* Gruppe *I* zu. Da der Belastungspunkt B_1', innerhalb der Toleranzzone

Abb. 158. Kondensatorenbatterie für 450 kVA bei 10000 Volt mit den Schaltgeräten für automatischen Betrieb.

liegt, ist der Regelvorgang beendet. Der Leistungsanstieg auf B_2 führt zum nochmaligen Ansprechen von *1*, wobei über den Hauptkontakt des Zeitrelais *5* auch die Batteriegruppe *II* an Spannung gelegt wird. Da hierdurch ein unzulässiges Rückfluten von Blindstrom nach der Zentrale einsetzt, kommt das Blindleistungsrelais *2* zum Ansprechen und öffnet über den Vorkontakt von *6* den Schalter der 150-kVA-Gruppe. Erst der neue Belastungspunkt B_2' bringt die Apparatur zur Ruhe. Die Höchstlast ist durch B_3 gegeben. Der Übergang von B_2' nach B_3 spielt sich in der Weise ab, daß über die Relais *1* und *5* Gruppe *I* an Spannung gelegt wird, wodurch der Blindleistungsbezug auf den geringen Betrag des Belastungspunktes B_3' zurückgeht.

Die betriebsfertige Anlage zeigt Abb. 158. Auf einem Winkeleisengerüst sind die Kondensatorlemente für 450 kVA bei 10000 Volt untergebracht, die Steuer- und Schaltgeräte sind auf einer getrennt aufgestellten Schalttafel montiert.

6. Der Kondensator beim Parallelbetrieb von Kraftwerken.

Das wachsende Ausmaß der elektrischen Versorgungsnetze, das Streben nach höchster Sicherheit in der Energielieferung sowie das Bedürfnis nach planvoller Regelung zwischen Energieerzeugung und Bedarf führen zwangsläufig zum Zusammenschluß großer, ja größter Zentralen über ausgedehnte Leitungsstränge. Der Blindfluß, der die Leitungsreaktanz zu überwinden hat, erzeugt große Spannungsabfälle und mindert die Qualität der gelieferten Energie. Der Blindwiderstand in der Kuppelleitung zweier Zentralen ist noch weit unangenehmer, denn er bedroht den Parallelbetrieb der Kraftwerke und kann schon bei mäßigen Laststößen die Kupplung zwischen den Zentralen zerreißen. Es ist deshalb verständlich, wenn die Aufgaben, die sich mit dem geregelten und störungsfreien Leistungstransport über große Entfernungen befassen, im Brennpunkt des Interesses stehen.

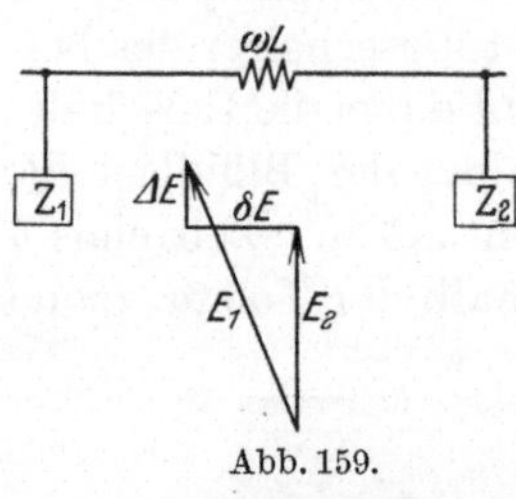

Abb. 159.

Wenn von einer Zentrale Z_1 nach einer Zentrale Z_2 Leistung übertragen wird (Abb. 159), dann werden im allgemeinen die Kraftwerksspannungen verschieden groß sein und gleichzeitig um einen bestimmten Winkel gegeneinander versetzt sein. Der Größenunterschied der Spannungsvektoren hängt in erster Linie vom übertragenen Blindstrom und dem induktiven Widerstand ωL ab und beträgt

$$\Delta E = \omega L \cdot J_l.$$

Dies gilt allerdings nur dann mit einer gewissen Annäherung, wenn der Ohmsche Widerstand der Leitung vernachlässigt wird. Da man die Verteilung der Blindlast durch geeignete Erregung der Generatoren willkürlich beherrscht, soll zunächst angenommen werden, daß sie so erfolgt sei, daß kein Austausch von Blindlast zwischen den Zentralen stattfindet, also $E_1 = E_2$ sei.

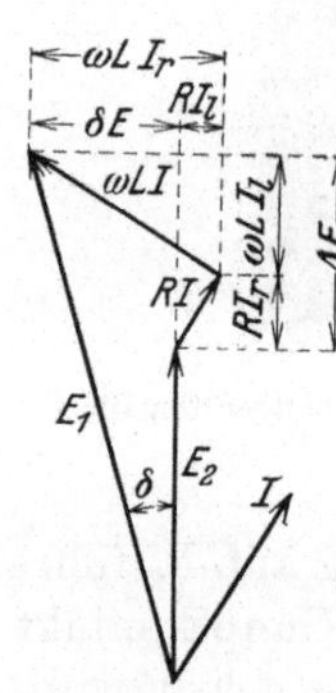

Abb. 160. Vektordiagramm einer Drehstromübertragung.

Aus dem Vektordiagramm (Abb. 160) läßt sich ferner leicht ableiten, daß der Winkel δ zwischen den Vektoren in der Hauptsache von der Reaktanz der Leitung und dem hindurchfließenden Wirkstrom gegeben ist, also ist:

$$\delta E = \omega L \cdot J_r.$$

Mit der Forderung nach einem gewissen Leistungstransport von der Zentrale 1 nach der Zentrale 2 ist also zwangsläufig ein bestimmter Winkel zwischen den Kraftwerksspannungen festgelegt.

Diese Tatsache erscheint für den Betrieb zunächst unbedenklich, da die an das Netz angeschlossenen Verbraucher nur an der Größe der

Netzspannung interessiert sind und für sie der Winkel δ völlig belanglos ist. Die genaue Untersuchung zeigt jedoch, daß der Winkel auf den zwischen den Zentralen möglichen Leistungsaustausch einen ganz entscheidenden Einfluß hat. Die genauen Zusammenhänge lassen sich nur dann erfassen, wenn man auch den Ohmschen Leitungswiderstand berücksichtigt. Aus dem Diagramm kann man ablesen:

$$\delta E = E_1 \cdot \sin\delta, \quad \text{ferner} \quad \omega L \cdot J_r = \delta E + R \cdot J_l .$$

Die von der Kupplungsleitung übertragene Leistung ist durch das Produkt aus Wirkstrom und Spannung festgelegt und beträgt:

$$W = E_2 \cdot J_r .$$

Ersetzt man Strom und Spannung durch die obigen Beziehungen, dann erhält man die bekannte Formel:

$$W = \frac{E^2}{\omega L} \cdot \frac{\sin\delta}{1 + \left(\frac{R}{\omega L}\right)^2} .$$

Diese Gleichung sagt aus, daß die übertragene Leistung zunächst eine Funktion der Leitungskonstanten ist und mit dem Quadrat der Spannung wächst, ferner daß bei $\delta = 90°$ ein maximaler Leistungswert vorhanden sein muß. Wenn die Kraftwerksvektoren aufeinander senkrecht stehen, tritt labiler Betrieb ein, und kleinste Lastschwankungen führen zum Außertrittfallen der Zentralen. Da sich gewisse Laständerungen nie vermeiden lassen, muß man sich im Betrieb mit einem wesentlich geringeren Winkel δ und damit auch mit geringerer Leistung begnügen. Um von der Gefahrenzone den nötigen Abstand zu wahren, beschränkt man die Nennlast auf zwei Drittel der Höchstleistung, dann erhält man für den Winkel $\delta = 42°$ und verfügt über eine genügende Reserve für plötzliche Laststöße. Diese Überlegung zeigt, daß Wirklast und Leitungsreaktanz eng miteinander gekoppelt sind, und daß nur die Beseitigung der Reaktanz zur Steigerung der Wirklast führt.

Reihenkondensator. Wenn man aus dieser Erkenntnis die Folgerungen zieht, muß man in die Strombahn, und zwar in Reihe zum induktiven Leitungswiderstand einen kapazitiven Widerstand legen. Abb. 161 zeigt das Schaltschema einer solchen Kraftübertragung, bei der die Leitungsreaktanz auf einen Punkt konzentriert gedacht ist und der Kondensator in Serie zur Reaktanz liegt. Um den Erfolg dieser Maßnahme besser studieren zu können, wird auch für dieses Übertragungsschema das Vektorbild entworfen (Abb. 162). Es gleicht dem Diagramm Abb. 160, jedoch wurde die Reihenfolge der Vektoren geändert, um die induktiven und kapazitiven Spannungsgefälle

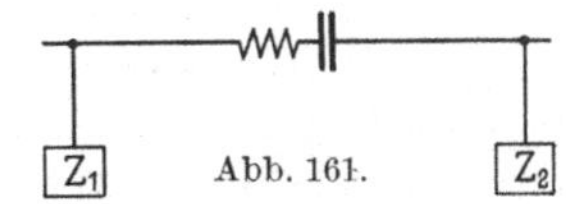

Abb. 161.

besser unterscheiden zu können. Die Größe von δE gibt uns wieder den Winkel zwischen den Vektoren der Zentrale an, sie beträgt:

$$\delta E = J_r\left(\omega L - \frac{1}{\omega C}\right) - R J_l.$$

Die Entfernung δE ist also auch in diesem Falle vom Wirkfluß abhängig, allerdings in Verbindung mit dem Faktor $\left(\omega L - \frac{1}{\omega C}\right)$, der außer der Reaktanz auch die Kapazität enthält. Wenn zunächst der Einfluß von R vernachlässigt wird, dann läßt sich im Diagramm für die Bedingung $\delta E = 0$ ablesen

$$\omega L \cdot J_r = \frac{1}{\omega C} \cdot J_r, \qquad LC = \frac{1}{\omega^2}.$$

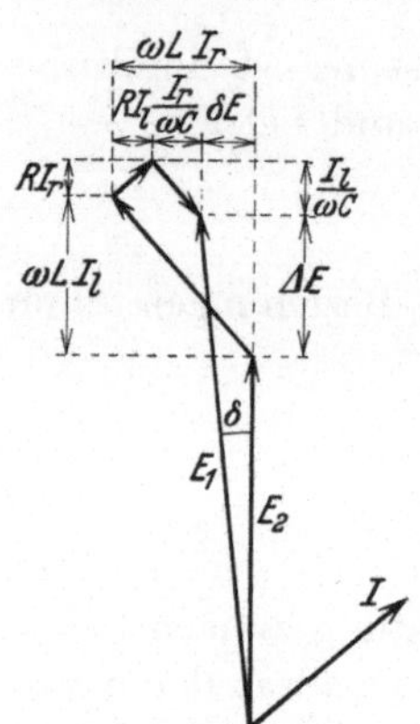

Abb. 162. Vektordiagramm einer Drehstromübertragung mit Reihenkondensatoren.

Wenn man also dem Produkt LC einen ganz bestimmten Wert verleiht, dann muß es möglich sein, die Übertragungsleistung auf Werte zu steigern, die nicht mehr von δ abhängig sind.

Der Kondensator beeinflußt jedoch nicht nur den Winkel, den die Spannungsvektoren einschließen, sondern auch ihre Größe. Der Größenunterschied läßt sich ebenfalls aus dem Vektordiagramm ablesen, er beträgt:

$$\varDelta E = \omega L \cdot J_l + R J_r - \frac{1}{\omega C} J_l,$$

$$\varDelta E = J_l\left(\omega L - \frac{1}{\omega C}\right) + R J_r.$$

Wenn auch hier $R = 0$ gesetzt wird, dann wird der Spannungsabfall nur vom Blindstrom hervorgerufen; er läßt sich desto kleiner machen, je geringer der Wert des Klammerausdrucks ist.

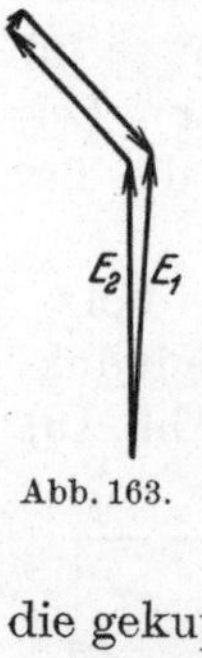

Für $\omega L = \frac{1}{\omega C}$ kann auch der Blindstrom keinen Spannungsunterschied erzeugen. Für das Produkt $LC = \frac{1}{\omega^2}$ erhält man dieselbe Bedingungsgleichung wie für $\delta E = 0$.

Die Spitzen der Vektoren rücken sehr nahe aneinander und würden bei $R = 0$ vollständig zur Deckung kommen. Im Vektorbild (Abb. 163) wurde ein kleiner, jedoch endlicher Wert für R angenommen.

Abb. 163.

Die richtige Bemessung des Kondensators führt also zu einem Doppelerfolg. Die Leistung läßt sich beträchtlich steigern und die gekuppelten Zentralen können mit gleicher Sammelschienenspannung arbeiten. Die Kapazität des Kondensators wird durch die Leitungskonstanten eindeutig beschrieben, da ω die Kreisfrequenz darstellt, die bei Übertragungssystemen mit 50 Per./sec den Wert 314 annimmt. Die Kapazität ist also zu wählen für:

$$C = \frac{1}{L} \cdot 314^2.$$

Der Reihenkondensator scheint demnach das Problem in einer nahezu idealen Form zu lösen, die uns aller Sorgen bei der Kupplung von Kraftwerken enthebt. Der Einbau von Reihenkondensatoren würde tatsächlich viele Annehmlichkeiten in der Betriebsführung mit sich bringen.

Leider sind jedoch selbst die modernsten und sichersten Kraftnetze nicht frei von Störungen, die durch Kurzschlüsse, atmosphärische Entladungen, falsche Schalthandlungen usw. ausgelöst werden können. Es zeigt sich, daß das Verschwinden der Reaktanz, so angenehm es für den Betrieb ist, eine ebenso große Gefahr im Kurzschlußfall bedeuten kann. Durch den Serienkondensator raubt man der Leitung die Reaktanz, also ihre strombegrenzende Eigenschaft, ein Vorgehen, das in vollstem Widerspruch zu den üblichen Maßnahmen steht, wo durch Einbau von Schutzdrosselspulen die Kurzschlußströme begrenzt werden, um die beträchtlichen Kurzschlußleistungen mit den Schaltern bewältigen zu können. Wenn am Ende einer Freileitung ein Kurzschluß auftritt, würde der Kurzschlußstrom den Wert annehmen:

$$J = \frac{E}{R},$$

wobei R den Widerstand des Kurzschlußlichtbogens und den Ohmschen Widerstand der Leitung darstellt. Die Summe beider Widerstände würde beim Nennstrom einen Spannungsabfall von vielleicht 1 bis 5% ergeben. Diese Werte liefern aber bereits einen 20- bis 100fachen Kurzschlußstrom, also eine Beanspruchung, die bei neuzeitlichen Großkraftanlagen mit Leistungen von mehreren 100000 kW schalttechnisch nicht beherrscht werden können. Der Kurzschlußstrom würde als reiner Wirkstrom fließen. Während im normalen Betrieb die Kondensatorspannung durch den Betriebsstrom gegeben ist

$$E_n = J\omega C$$

und genau so groß ist wie der induktive Spannungsabfall der unkompensierten Leitung, wird sie im Kurzschlußfall auf den Betrag anwachsen, den der Kurzschlußstrom vorschreibt, also

$$E_{\max} = J_k \omega C = (20 \div 100) \cdot E_n .$$

Wenn man auch die Annahme macht, daß der Kondensator 1 sec lang der 5fachen Betriebsspannung gewachsen ist und nach 1 sec die Schutzapparate ansprechen, dann wäre die Kondensatornennspannung bei nur 20fachem Kurzschlußstrom für die 4fache Betriebsspannung auszuwählen, also der Kondensator für die 16fache Nennleistung zu bauen. Der Reihenkondensator ist demnach ideal im Betrieb, aber gefährlich im Kurzschluß.

Um auf die wertvollen Eigenschaften des Reihenkondensators nicht völlig verzichten zu müssen, wurden bereits verschiedene Schutzmaßnahmen vorgeschlagen. Dem Prinzip nach müssen alle Einrichtungen so arbeiten, daß der Kondensator erst nach Überschreiten eines gewissen Stromes seiner Funktion beraubt wird und die Leitungsreaktanz zu ihrem Recht kommt. Abb. 164 zeigt eine Phase einer kompensierten Drehstromleitung mit den Schutzapparaten. Parallel zum Kondensator liegt eine Funkenstrecke, die bei Spannungssteigerungen am Kondensator auf das 1,5- bis 2fache zum Ansprechen kommt und den Kondensator überbrückt. Bereits beim Ansprechen der Funkenstrecke wird der Leitungsblindwiderstand wirksam und der Strom stark eingedämmt. Sofort nach Ansprechen der Funkenstrecke soll auch der Schaltmechanismus in Tätigkeit treten und der Überbrückungsschalter schließen. Die Fernleitung verhält sich dann wie die normale unkompensierte Leitung. Ob diese Anordnung in jedem Fall voll befriedigen wird, könnte nur die Erfahrung zeigen. Das plötzliche Kurzschließen des Kondensators bei vielleicht doppelter Nennspannung stellt immerhin eine gewisse Materialbeanspruchung dar. Ferner ist daran zu erinnern, daß Funkenstrecken in Hochspannungsanlagen wenig beliebt sind, da sie unangenehme Überspannungserscheinungen auslösen können. Es wurden auch schon Vorschläge gemacht, die Spannungsbegrenzung am Kondensator durch Einschalten gesättigter Eisenkreise durchzuführen, doch scheinen auch diese Maßnahmen nicht ungefährlich, da sie die Ausbildung von Oberwellen begünstigen und Schwingungserscheinungen auslösen können.

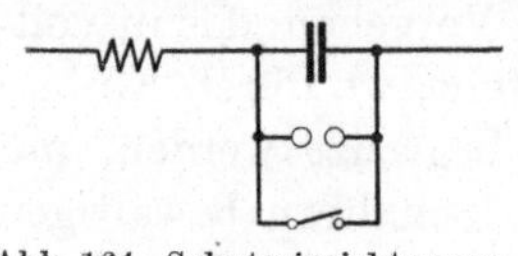

Abb. 164. Schutzeinrichtungen für Reihenkondensatoren.

Beim Einbau und der Kritik von Schutzmaßnahmen darf man nicht vergessen, daß der ideale Schutz für den Kondensator das trägheitslose Kurzschließen bei geringen Spannungserhöhungen Wesen und Zweck des Reihenkondensators zunichte macht. Gerade im Störungsfall, wenn ein Laststoß den Synchronismus der Kraftwerke zu zerstören droht, muß der Kondensator in seine eigentliche Funktion treten und eine gewaltige Überlastung auf sich nehmen können, um das Unheil abzuwenden. Die Schutzeinrichtungen dürfen also erst dann in Kraft treten, wenn es trotz größter Anstrengungen nicht möglich ist, den Parallelbetrieb aufrechtzuerhalten. Wenn nicht die weitere Entwicklung auf diesem Gebiet noch Schutzeinrichtungen zur Verfügung stellt, die voll befriedigen, ist vom Einbau von Reihenkondensatoren, welche die gesamte Reaktanz eliminieren, abzuraten. Eine Teilkompensation kann jedoch in Sonderfällen nicht nur ungefährlich, unter Umständen sogar für den Betrieb äußerst wertvoll sein.

Teilkompensation. Nachstehend sind 2 Beispiele aufgeführt, die Betriebsfälle zeigen, bei denen sich die Serienkompensation mit Vorteil anwenden läßt. Der Schaltplan (Abb. 165) zeigt eine Anlage, bei der eine Zentrale über eine längere Freileitung das Umspannwerk U_1 speist, während die Umspannstation U_2 über U_1 mit Energie versorgt wird. Auch der Energietransport von U_1 nach U_2 soll über eine längere Freileitung erfolgen. Wenn der Lastbedarf in U_1 starken Schwankungen unterliegt, wird der vorgeschaltete Transformator die Konstanthaltung der Verbraucherspannung in U_1 übernehmen. Man darf also annehmen, daß in U_1 unabhängig von der Belastung die Spannung einen konstanten Wert aufweist. Die Spannungsabfälle, die auf der Freileitung zwischen U_1 und U_2 entstehen, sind von der Belastung, die in der Umspannstation U_2 herrscht, abhängig. Bei stark wechselnder Last wird man entsprechende Spannungsschwankungen in Kauf nehmen müssen. Hier kann der Reihenkondensator eine wesentliche Verbesserung des Betriebes und gleichzeitig eine bedeutende Vereinfachung bringen, da er die Aufgabe der Spannungsregelung für das Umspannwerk U_2 übernimmt. Die Kurzschlußgefahr ist beträchtlich vermindert, da im Kurzschlußfall stets die strombegrenzende Reaktanz der Freileitung zwischen der Zentrale und U_1 vorhanden ist. Trotzdem kann man auch unter diesen günstigen Voraussetzungen auf einen Spannungsschutz am Kondensator nicht verzichten, da auch Kurzschlußströme vom 10- bis 20fachen Betrag des Nennstromes eintreten können, die eine beträchtliche Spannungsüberlastung am Kondensator erzeugen bzw. seine wirtschaftliche Anwendung in Frage ziehen.

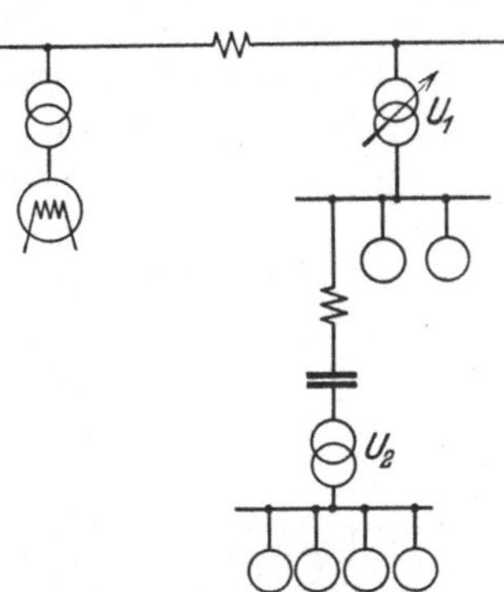

Abb. 165. Teilkompensation durch Reihenkondensatoren bei einer Ausläuferleitung.

Einen weiteren typischen Fall, bei dem Serienkompensation technisch und wirtschaftlich eine wertvolle Bereicherung der Netzausbildung gestatten, zeigt das Schaltbild (Abb. 166). 2 Ringnetze sind über eine längere Freileitung miteinander gekuppelt. Beim Parallelbetrieb entstehen jedoch Schwierigkeiten, da die Reaktanz der Kupplungsleitung schon bei kleinen Lastschwankungen zu Energiependelungen führt, die den Gleichlauf sprengen. Der Reihenkondensator schafft Abhilfe, da nach der Kompensation lediglich der Ohmsche Widerstand wirksam ist und dadurch die Generatoren fest aneinandergekettet werden. Den Einbau des Kondensators wird man an derjenigen Stelle vornehmen, welche die günstigsten Kurzschlußbeanspruchungen ergibt. Ganz allgemein kann man also sagen, daß dem Reihenkondensator in der Teilkompen-

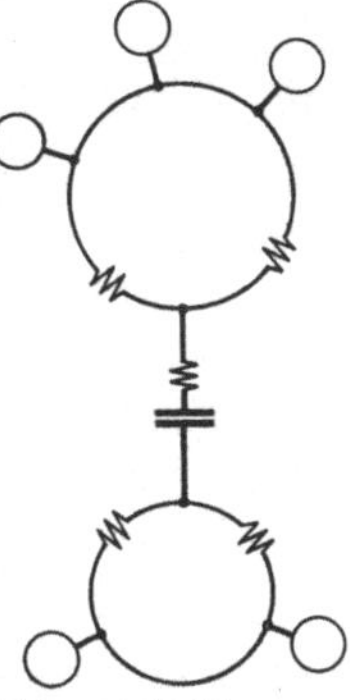
Abb. 166. Teilkompensation durch Reihenkondensatoren bei der Kupplung von Ringnetzen.

sation ein bestimmtes Anwendungsfeld erwachsen wird, daß man jedoch bei seiner Anwendung mit Vorsicht vorgehen muß.

Es ist bis heute eine einzige Anlage in den Vereinigten Staaten bekanntgeworden, bei der Reihenkondensatoren zur Anwendung kamen. Es handelt sich um die Teilkompensation einer Ringleitung, die mit 33 kV, 60 Per. betrieben wird. Die Reihenkondensatoren liegen zwischen den Stationen Ballestone und Amsterdam. Jeder der 3 einphasigen Kondensatoren ist für eine Leistung von 415 kVA bemessen. Aus den Leitungskonstanten ergab sich die erforderliche Kapazität je Kondensator zu 110 μF pro Phase, bei 132 Amp. Betriebsstrom. Beim Nennstrom tritt also an den Klemmen der Kondensatoren eine Spannung von 3170 Volt auf. Gegen Erde sind die Kondensatoren für die volle Leitungsspannung von 33 kV isoliert. Einen wesentlichen Teil der ganzen Anlage stellt die Schutzeinrichtung dar, deren Prinzip aus der Schaltskizze (Abb. 167) hervorgeht. Der Kondensator liegt im Zug der Leitung und kann durch Öffnen der Schalter S_1 und S_2 bei gleichzeitigem Schließen von S_3 außer Betrieb gesetzt werden. Parallel zum Kondensator liegt eine Funkenstrecke, die bei 1,5- bis 2facher Klemmenspannung anspricht. Der Überbrückungsschalter wird durch ein Impedanzrelais gesteuert. Nach Literaturangaben soll der als Schnellschalter ausgebildete Überbrückungsschalter nur eine Eigenzeit von 0,004 bis 0,008 sec aufweisen. Ebenso wie die Überbrückung des Kondensators selbsttätig erfolgt, kann auch der Normalzustand automatisch erreicht werden. Ein Stromrelais im Kurzschlußzweig zeigt das Verschwinden der Störung an und macht den Kondensator wieder betriebsbereit durch Öffnen des Überbrückungsschalters.

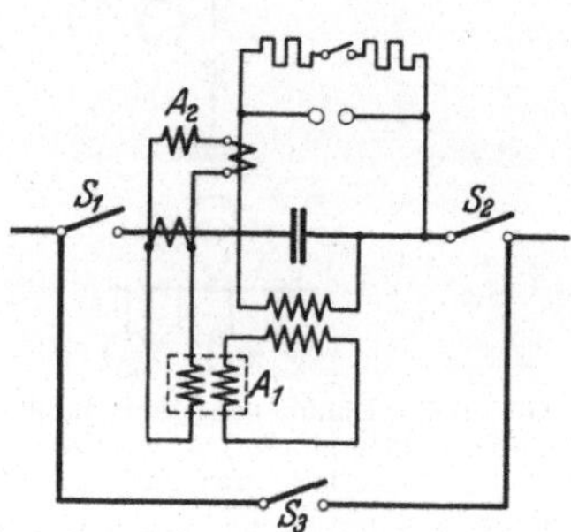

Abb. 167. Schutzeinrichtung für Reihenkondensatoren.

Parallelkondensatoren. Beim Einbau von umlaufenden Blindleistungserzeugern zwingen wirtschaftliche Überlegungen zur Konzentrierung der Gesamtleistung in wenigen großen Einheiten. Der Kondensator ist frei von solchen Bindungen, da seine Gestehungskosten proportional mit der Leistung wachsen und seine prozentualen Verluste unabhängig von der Nennleistung sind. Es soll deshalb noch die Möglichkeit untersucht werden, den Kondensator in Parallelschaltung an möglichst vielen Stellen der Fernleitung angreifen zu lassen. Die Abschnitte zwischen den Angriffsstellen und die Kapazität der Kondensatoren sei dabei so gewählt, daß die Blindlast der benachbarten Leitungsstücke beim Strom J und der Betriebsspannung E gerade auskompensiert ist (Abb. 168). Für diesen einfachen Fall läßt sich das Spannungsbild der Leitung leicht entwerfen. Wenn die Zentralen mit gleicher Spannung arbeiten, müssen alle Spannungsvektoren gleich groß sein, da ja kein Blindleistungsfluß zwischen den Zentralen zirkuliert. Die Größe des Vektors δE ist bestimmt durch die Leitungsreaktanz und den transportierten Wirkstrom. Wenn man die Kondensatoren sehr fein verteilt, dann werden zwischen den verschiedenen Anschlußstellen nur kleine Reaktanzen vorhanden sein und der Winkel δ stark zusammenschrumpfen. Da entsprechend den Ergebnissen der früheren Abschnitte bereits festgestellt wurde, daß der Winkel δ ein Maß der übertragenen Leistung darstellt, muß es auch mit dem Parallelkondensator möglich sein, die Übertragungsleistung weit über dasjenige Maß zu steigern, das die unkompensierte Leitung zu übertragen vermag.

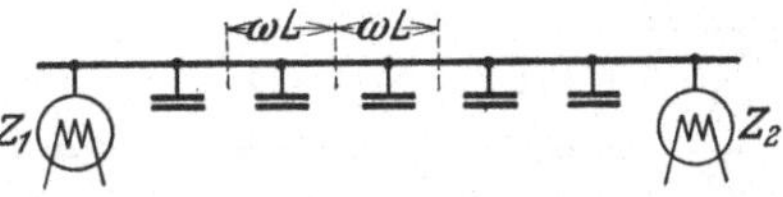

Abb. 168. Fernleitung mit Parallelkondensatoren.

Das Spannungsdiagramm (Abb. 169) beruht auf der Voraussetzung, daß für die einzelnen Leitungsabschnitte die folgende Bedingung erfüllt ist:

$$\omega L \cdot J = E^2 \omega C .$$

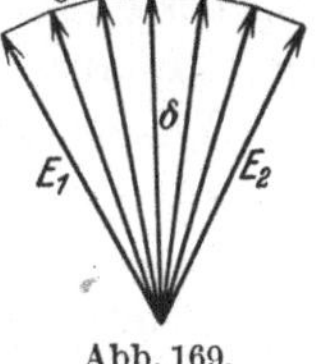

Abb. 169.

Da der Leitungsstrom von den Eigenheiten des Konsums abhängig ist und mit dem Strom auch der Wert von E an den einzelnen Punkten der Leitungen schwankt, wird es nicht ohne weiteres möglich sein, den Betrieb so einzurichten, daß die obige Bedingungsgleichung erfüllt ist. Bei abnehmendem Strom wird der Winkel δ verringert und gleichzeitig der Blindleistungsbedarf vermindert, wodurch ein Überschuß an Blindleistung zur Verfügung steht. Die Blindleistung flutet von der Mitte der Leitung auf die Generatoren zu. Die Folge davon ist, daß die Leitungsspannung von den beiden Zentralen aus nach der Mitte der Leitung zu stark anwächst. Bei sehr fein verteilten Kapazitäten wird das sektorförmige Spannungspolygon zu einem Kreissegment. Beim Rückgang des Wirkstromes vom Wert J auf den Wert J_1 schrumpft der Winkel δ auf den Wert δ_1 zusammen, wobei die in der Mitte liegenden Spannungsvektoren anwachsen (Abb. 170). Bei Erhöhung der Übertragungsleistung auf den Wert J_2 schrumpfen die Spannungsvektoren, während der Winkel δ sich beträchtlich vergrößert. Laststeigerung gefährdet also den Parallelbetrieb, Lastabnahme führt zu Spannungserhöhungen. Der Parallelkondensator verhält sich also grundsätzlich anders als der Reihenkondensator, er bringt ebenfalls eine Steigerung der Stabilitätsgrenze, jedoch nicht in dem hohen Maße wie der Reihenkondensator.

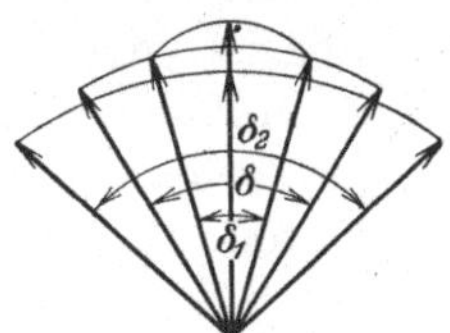

Abb. 170. Spannungsänderungen bei einer Freileitung mit Parallelkondensatoren und wechselnder Belastung.

Die Verbesserung der Betriebseigenschaften von Fernleitungen durch parallelgeschaltete Blindstromerzeuger wurde schon an verschiedenen Leitungssträngen praktisch erprobt. Die ersten Vorschläge auf diesem Gebiet wurden von Baum gemacht, wobei die Kompensation Synchronmaschinen übertragen wird. Die Synchronmaschine hat dabei den Vorteil, daß sie sich bequem regeln läßt und daß man auch bei wechselnder Wirklast dafür sorgen kann, daß die Spannungsvektoren stets auf einem Kreis mit gleichem Radius liegen.

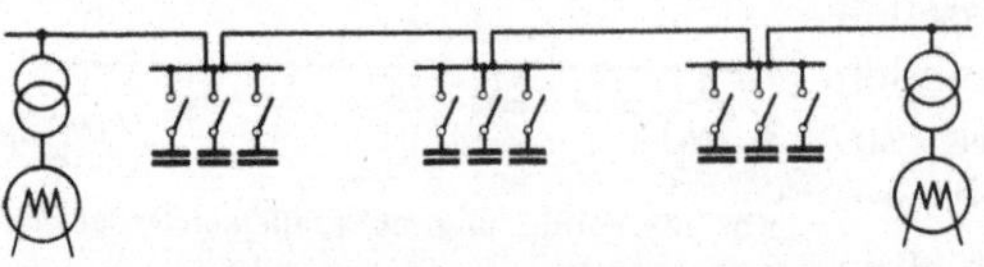

Abb. 171. Freileitung mit Parallelkompensation durch regelbare Kondensatorbatterien.

Auch der Kondensator verfügt über eine gewisse Regelfähigkeit, da man durch Zu- und Abschalten einzelner Elemente seine Kapazität verändern kann. Um demnach den Kondensator an die Stelle der Blindleistungsmaschine zu setzen, müssen an geeigneter Stelle regelbare Batterien aufgestellt werden. Eine Fernübertragung zwischen 2 Kraftwerken müßte also entsprechend dem Schema der Abb. 171 gebaut werden.

Eigencharakteristik. Bei langsamen Zustandsänderungen können sowohl statische Kondensatoren als auch Blindleistungsmaschinen durch Regelorgane aufgezwungene Spannungscharakteristiken erhalten, die die Blindleistungserzeuger befähigen, sich Spannungsänderungen im Netz zu widersetzen. Handelt es sich jedoch um sprunghafte Netzänderungen, wie sie in Starkstromanlagen durch Kurzschlüsse oder andere Störungen ausgelöst werden, dann ist es nicht mehr möglich, selbst mit sehr schnell wirkenden Reglern die Auswirkungen der Störungen abzufangen. Bei sehr rasch verlaufenden Spannungsänderungen folgen die Blindleistungserzeuger zunächst ihrer Eigencharakteristik, die erst nach einer gewissen Zeit, die zum Eingreifen der Regelapparatur notwendig ist, eine Korrektur erfährt. Wenn eine Blindleistungsmaschine oder ein Kondensator an eine veränderliche Spannung gelegt wird, dann zeigen beide Anordnungen ein grundsätzlich verschiedenes Betriebsverhalten. Bei den umlaufenden Maschinen bestehen sogar Unterschiede zwischen dem Verhalten einer Synchron- und einer Asynchronmaschine. Beim Kondensator ändert sich der Strom proportional mit der aufgezwungenen Spannung, bei der Maschine ist die Stromänderung durch die Art der Erregung gegeben. Abb. 172 zeigt das Stromverhalten verschiedener Blindleistungserzeuger in Abhängigkeit der Netzspannung. Man erkennt, daß die Synchronmaschine mit abnehmender Spannung selbsttätig ihre Blindstromabgabe steigert, während die Asynchronmaschine sowohl bei Spannungsabsenkung wie bei Spannungssteigerung einen Rückgang in der Blindleistungsabgabe aufweist. Die Kondensatorcharakteristik stellt dabei eine Gerade dar, die durch den Anfangspunkt des Koordinatensystems läuft. Bei außerordentlich rasch verlaufenden Zustandsänderungen im Netz werden die Kompensationsmittel zunächst ein Verhalten zeigen, das dem Kurvenverlauf in diesem Bild entspricht.

Dieses verschiedene Verhalten ist gerade beim Parallelbetrieb von Kraftwerken außerordentlich wichtig, da es hier darauf ankommt, durch die Blindleistungserzeuger sich der Änderungstendenz der Netzspannung möglichst ohne Verzögerung zu widersetzen. Alle Einrichtungen, die mit merklicher Trägheit behaftet sind, müssen von vornherein versagen, da sie gerade bei den rasch verlaufenden Schwingungsvorgängen zwischen den Kraftstationen viel zu spät in Funktion treten. Die Laständerung am Generator läßt das Turbinenventil weiter öffnen. Die Ventilbewegung

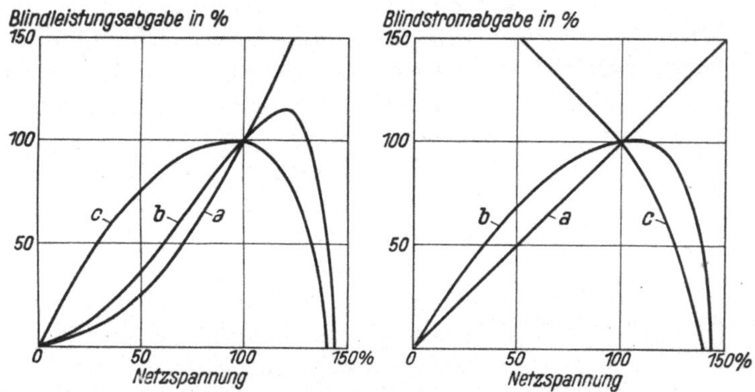

Abb. 172. Strom- und Leistungsverhalten von Kondensatoren (*a*), asynchronen (*b*) und synchronen Blindleistungsmaschinen (*c*) bei veränderlicher Netzspannung.

erfolgt in Form eines Schwingungsvorganges mit einer Schwingungsdauer, die in der Größenordnung von 1 sec liegt. Das Polrad der Synchronmaschine ist mit der Netzfrequenz durch das Magnetfeld elastisch gekuppelt, auch bei der Synchronmaschine führen Laststöße zu Schwingungen des Polrades, deren Dauer vielfach ebenfalls in der Nähe von 1 sec liegt. Wirksame Abhilfe kann also der Blindleistungserzeuger nur dann bringen, wenn er mit Eigenzeiten arbeitet, die sehr viel kürzer sind als die Schwingungszeiten der in der Kraftübertragung vorhandenen elastischen Bindeglieder. Das in der Abb. 172 dargestellte Verhalten des Kondensators soll einem Vergleich der Wirkungen verschiedener Kompensationsmittel zugrunde gelegt werden. Um von möglichst übersichtlichen Verhältnissen auszugehen, wird ein einfacher Betriebsfall herausgegriffen, bei dem ein Drehstrommotor über eine längere Freileitung gespeist wird (Abb. 173). Die Kompensation wird dabei einmal durch einen Kondensator, vergleichsweise durch eine leerlaufende Synchronmaschine durchgeführt.

Im Augenblick t_0 verursacht ein Laststoß einen Spannungsabfall, der beim Betrieb ohne Kompensationsorgane einen Spannungsrückgang vom Wert E auf E' auslöst (Abb. 174). Ist der Verbraucher durch eine Synchronmaschine kompensiert, dann wird die Spannungsänderung verringert. Im stationären Betrieb zeigt die Klemmenspannung am Motor den Wert E'_m, bei der Kompensation durch Kondensatoren würde die Spannung sogar auf E'_k zurückgehen. Der Spannungsabfall würde also größer als beim unkompensierten Betrieb. Auch der zeitliche Verlauf der Spannungsänderung hängt von der Art des Kompensationsmittels ab. Beim Kondensator vollzieht sich der Übergang von einem Spannungszustand in den anderen sehr rasch, die Größenordnung des Ausgleichsvorganges beträgt etwa $^1/_{100}$ sec. Die Maschine strebt sehr viel langsamer dem neuen Spannungsgleichgewicht zu, da die Maschinenfelder, die im Eisen verlaufen, sich nicht so sprunghaft zu ändern vermögen wie das elektrostatische Feld des Kondensators.

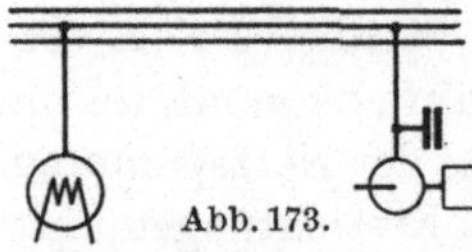

Abb. 173.

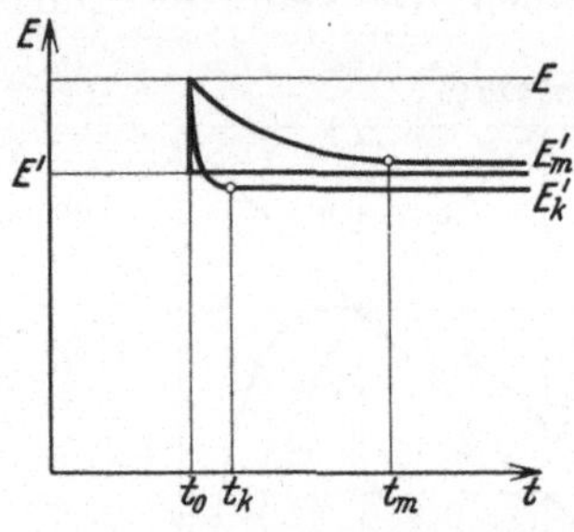

Abb. 174. Spannungsänderungen bei Verbrauchern, die mit Maschinen bezw. Kondensatoren kompensiert sind.

Den Einfluß der verschiedenen Kompensationsmittel auf die stationären Spannungen zeigt das Diagramm Abb. 175. Verändert man die Generatorspannung E_g, dann würde man bei einer unkompensierten Anlage etwa proportionale Spannungsänderungen erhalten. Durch parallel arbeitende Synchronmaschinen tritt eine stabilisierende Wirkung ein. Beim langsamen Abwärtsregeln der Generatorspannung stemmt sich die Blindleistungsmaschine gegen die Spannungsabsenkung und drückt die Klemmenspannung der Verbraucher in die Höhe. Der Spannungsverlauf ist durch die nach oben gewölbte Kurve E_m gegeben. Kondensatoren würden die Änderungstendenz der Generatorspannung unterstützen und die verringerte Spannung noch weiter herabsetzen (Kurve E_k).

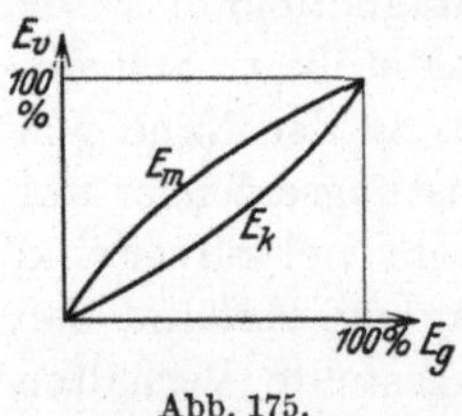

Abb. 175.

Bei reinen Kompensationsanlagen sind diese Vorgänge praktisch bedeutungslos, da größere Spannungsänderungen nicht vorkommen und kleine Spannungsschwankungen kaum merkbare Differenzen ergeben. Bei größeren Kompensationsleistungen, besonders wenn es sich um Blindleistungsstationen handelt, die als Freileitungsstützpunkte dienen, muß man auf das verschiedenartige Verhalten, das durch die Eigencharakteristik von Kondensator und Maschine bedingt ist, sehr wohl Rücksicht nehmen. Der Kondensator kann nur durch rasche Schalthandlungen die natürlichen Stabilisierungseigenschaften der Synchronmaschine zugewiesen erhalten.

Lange Leitungen. Bei der Diskussion von Kompensationsfragen wird man stets wieder dazu geführt, daß eine ideale Kompensation nur dann erzielbar ist, wenn man die Kompensationsmittel so anordnet, daß für jeden Betriebsfall das Zirkulieren von Blindströmen unterbunden wird. Bei den Aufgaben, die sich in Industrieanlagen vorfinden, ist dieses Ziel nicht zu verwirklichen, da Sättigung und Drehmoment keine organische Verbindung zur Blindleistungslieferung herzustellen gestatten. Bei Freileitungen, die keine allzu großen Ausdehnungen haben, löst der Reihenkondensator die Aufgabe einwandfrei; handelt es sich um sehr lange, ausgedehnte Leitungsstränge, dann wird auch die Kapazität der Leitung selbst eine Rolle spielen. Im Betrieb ist der Blindleistungsbedarf der Leitung gegeben durch:

$$W_1 = J \cdot \omega \cdot L .$$

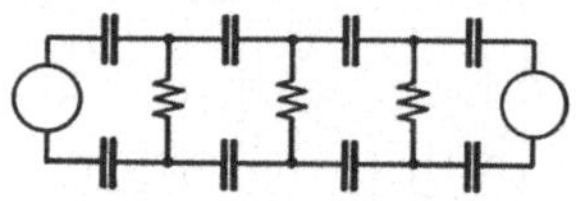

Berücksichtigt man die Kapazität der Leitung, dann erhält man bereits eine natürliche Blindleistung von:

$$W_k = E^2 \cdot \omega \cdot C .$$

Abb. 176. Übertragungsleitung mit Reihenkondensatoren und Paralleldrosselspulen.

Der Gesamtbedarf an Blindleistung ist demnach

$$W = W_l - W_k = J\omega L - E^2\omega C .$$

Die Blindleistung, die aus der Kapazität der Leitung resultiert, ist dabei negativ einzusetzen, da sie bereits einen Teil des Blindleistungsbedarfs, der durch den Strom entsteht, deckt. Die notwendige Kompensationsleistung, die jeglichen Blindstrom unterdrückt, muß also sowohl von der Spannung wie vom Strom abhängig gemacht werden. Das stromabhängige Glied $J\omega C$ läßt sich durch den Reihenkondensator decken, das spannungsabhängige Glied der überschüssigen Blindleistung muß durch eine Paralleldrossel vernichtet werden. Eine Leitung, bei der diese Grundsätze verwirklicht sind (Abb. 176), muß sich demnach wie eine Gleichstromleitung verhalten, da der Blindstrom völlig beseitigt ist und keinerlei Einfluß auf die Spannung oder die Übertragungsleistung ausüben kann. Auch für eine solche Leitung gelten selbstverständlich die Überlegungen früherer Abschnitte hinsichtlich Schutz der Reihenkondensatoren bei Kurzschlüssen. Um die Bedeutung der vollkommenen Kompensation, also sowohl der Längs- als auch der Querkompensation richtig einzuschätzen, ist zu überlegen, daß die volle Längskompensation mit Kondensatoren und die Querkompensation durch Drosselspulen einen ganz beträchtlichen Materialaufwand notwendig macht. Die Drosselquerkompensation liefert erhöhten Kondensatorbedarf, der die Anschaffungskosten der Fernleitung so gewaltig verteuern kann, daß es unter Umständen billiger wird, eine zweite Leitung zu bauen und auf die Kompensation der vorhandenen zu verzichten. Es sei noch erwähnt, daß bei der völlig unkompensierten Leitung die natürlichen induktiven und kapazitiven Widerstände der Leitungselemente für einen ganz bestimmten Belastungsstrom bereits völlige Kompensation liefern. Die Leistung, bei der diese günstigen Verhältnisse eintreten, wird auch als natürliche Leistung bezeichnet, sie steht zu den Leitungskonstanten in folgender Beziehung:

$$W_n = E^2 \sqrt{\frac{c}{l}}\,.$$

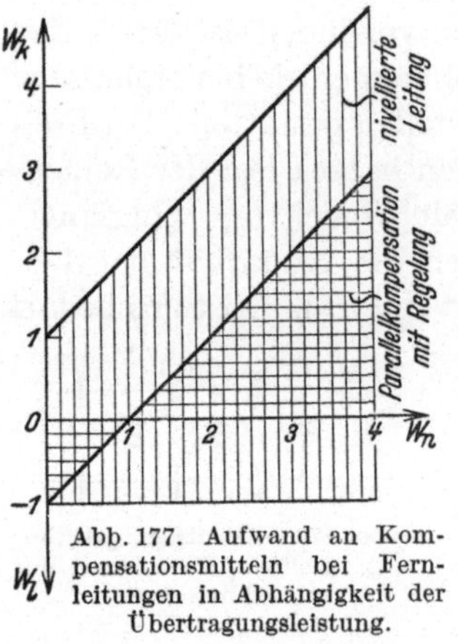

Abb. 177. Aufwand an Kompensationsmitteln bei Fernleitungen in Abhängigkeit der Übertragungsleistung.

Unterhalb der natürlichen Leistung genügt die Kompensation mit regelbaren Drosselspulen, um unabhängig von der Belastung Blindstrom zu unterdrücken. Beim Überschreiten der natürlichen Leistung müssen Zusatzkondensatoren in Serien- oder Parallelschaltung angewendet werden, die in einem ganz bestimmten Verhältnis zur Übertragungsleistung stehen. Um sich ein Bild über den notwendigen Aufwand an Kompensationsleistung machen zu können, wurde das Diagramm (Abb. 177) entworfen. Die Kompensationsleistungen sind hier als Funktion des Vielfachen der natürlichen Leistung aufgetragen. Beim Betrieb unterhalb der natürlichen Leistung genügt die Parallelkompensation mit Drosselspulen, wie sie beispielsweise bei der RWE-Leitung durchgeführt wurde. Soll die Leistung auf das Doppelte der natürlichen gebracht werden, dann muß bei Parallelkompensation die Kondensatorleistung gleich der Drosselleistung sein. Demgegenüber benötigt die vollauskompensierte Leitung bereits für die natürliche Leistung zweifache Kondensatorleistung, die bei $2W_n$ auf das Dreifache ansteigt. Die Wahl der Kompensationsart ist also nicht nur eine technische, sondern auch in hohem Maße eine Frage der Wirtschaftlichkeit.

IV. Berechnung, Rohstoffe, Fabrikation und Konstruktion von Ölkondensatoren, Prüfung und Messung.

1. Berechnung.

Der Kondensator ist ein Speicher für elektrische Energie, sein Fassungsvermögen ist die elektrostatische Kapazität. Jeder elektrische Leiter, der von seiner Umgebung isoliert ist, kann elektrischer Ladungsträger sein. Das Verhältnis von Ladung Q zu der hierdurch hervorgerufenen Spannung E ist seine Kapazität C. Es gelten die Beziehungen:

$$Q = C \cdot E \quad \text{oder} \quad C = \frac{Q}{E}.$$

Die Dimension der Kapazität ist im CGS-System das Zentimeter. Die einfachste Form eines Kondensators ist eine isoliert aufgehängte Kugel, ihre Kapazität ist gleich ihrem Radius in Zentimetern. Diese einfachste Form des Kondensators ist jedoch für die Starkstromtechnik nicht brauchbar, da die damit erzielbaren Kapazitäten viel zu gering sind, als daß sie in Starkstromnetzen irgendwelche Veränderungen hervorrufen könnten. Um die Speicherfähigkeit zu steigern, muß man 2 Leiter verwenden und deren Oberfläche unter Zuhilfenahme geeigneter Isolierstoffe einander möglichst nahe bringen.

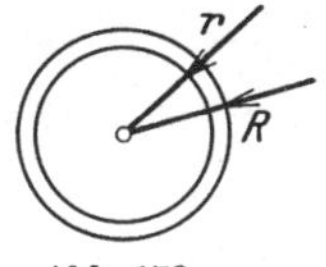

Abb. 178.

Beispielsweise würde die Kapazität einer Kugel mit dem Radius r, die konzentrisch durch eine Kugel mit dem Radius R umschlossen wird (Abb. 178), bedeutend anwachsen, besonders wenn es gelingt, den Unterschied zwischen r und R sehr klein zu halten. Die Kapazität würde den Wert annehmen:

$$C = r \cdot \frac{1}{1 - \frac{r}{R}}.$$

Wenn R nur um 1% größer ist als r, ist $C = 100\,r$, die Kapazität ist also auf das 100fache angewachsen. Diese Rechnung gilt für Luft als Isolierstoff. Würde man andere Isoliermittel, beispielsweise Glas verwenden, dann wäre eine Steigerung auf das 500- bis 700fache eingetreten.

Da die Starkstromtechnik mit sehr hohen Kapazitäten arbeitet, war es notwendig, eine andere Maßeinheit zu wählen, die für die Rechnung günstige Zahlen liefert. Als Einheit wurde das Farad (F) bzw. der millionste Teil, das Mikrofarad (μF) gewählt.

$$1 \text{ Farad (F)} = 9 \cdot 10^{11} \text{ cm},$$
$$1 \text{ Mikrofarad } (\mu\text{F}) = 10^{-6} \text{ F} = 9 \cdot 10^{5} \text{ cm}.$$

Berücksichtigt man beim Kondensator nicht nur seine Abmessungen, sondern auch die Art des Isolierstoffes, dann erhält man für die Kapazität folgende Beziehung:

$$C = \varepsilon \cdot \frac{F}{d},$$

wobei ε = Dielektrizitätskonstante, F = wirksame Oberfläche, d = Abstand zwischen den Belägen.

Die Kapazität eines Kondensators hängt also nicht allein von den einander gegenüberstehenden Oberflächen ab, sie wird maßgebend beeinflußt durch die Art des Isolierstoffes, den man auch als Dielektrikum bezeichnet. Durch Wahl eines geeigneten Dielektrikums kann man die

Kapazität beträchtlich steigern. Das Dielektrikum ermöglicht es ferner, den Abstand zwischen den Leitern so gering als möglich zu halten, so daß man auf eine weitere Kapazitätserhöhung kommt.

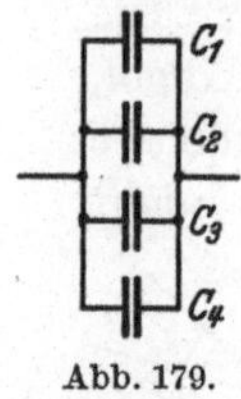

Abb. 179.

Die Dielektrizitätskonstante ist die Zahl, welche die Kapazitätssteigerung angibt, wenn man nicht Luft, sondern einen anderen Isolierstoff zwischen die Kondensatorbeläge bringt. Die Dielektrizitätskonstante ist eine reine Verhältniszahl und als solche dimensionslos; sie hat für die bekannten Isolierstoffe sehr verschiedene Werte und beträgt beispielsweise für:

Paraffin	1,7—2,3	Glimmer	4—8
Hartgummi	2 —3	Petroleum	2
Glas	4 —7	Paraffinöl	2,1

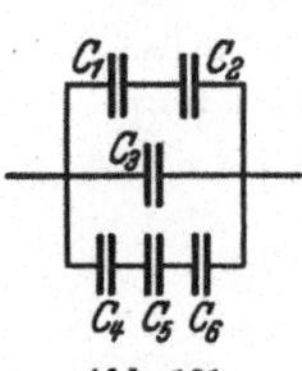

Abb. 180.

Einzelkondensatoren können zur Erhöhung der Kapazität parallelgeschaltet werden (Abb. 179). Die Gesamtkapazität ergibt sich als Summe der Einzelkapazitäten

$$C = C_1 + C_2 + C_3 + C_4 .$$

Bei der Reihenschaltung (Abb. 180) erhält man den reziproken Wert der Gesamtkapazität durch Addition der reziproken Werte der Einzelkapazitäten.

$$\frac{1}{C} = \frac{1}{C_1} + \frac{1}{C_2} + \frac{1}{C_3} + \frac{1}{C_4} .$$

Abb. 181.

Für die beliebige Reihen- oder Parallelschaltung gemäß nebenstehender Abb. 181 erhält man als Gesamtkapazität:

$$C = \frac{C_1 C_2}{C_1 + C_2} + C_3 + \frac{C_4 C_5 C_6}{C_4 C_5 + C_4 C_6 + C_5 C_6} .$$

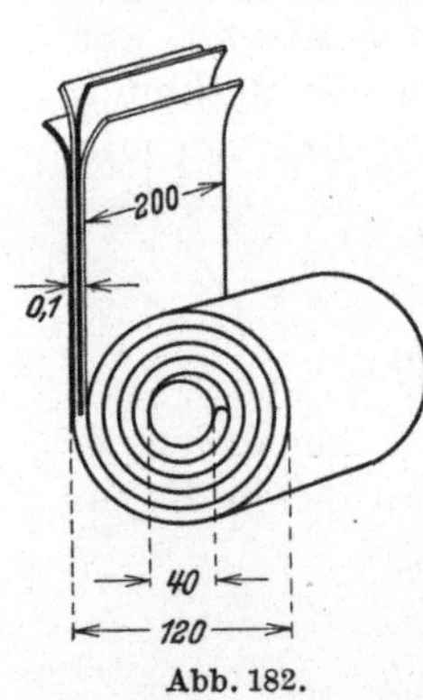

Abb. 182.

Um möglichst hohe Kapazitäten zu erhalten, verwendet man als Dielektrikum ganz außerordentlich dünnes Papier, das aus Sicherheitsgründen stets mehrfach übereinandergelegt und in Öl getränkt wird. Die Beläge sind meist dünne Folien aus Zinn oder Aluminium. Um größenordnungsmäßig die in einem gegebenen Raum unterzubringende Kapazität und Leistung kennen zu lernen, soll die Kapazität eines Kondensatorwickels berechnet werden (Abb. 182). Die Papierdicke sei 0,04 mm, die Folie 0,02 mm, so daß die Gesamtdicke des Wickelbandes 2 mal 0,05 mm ausmacht. Auf einem Rundwinkel mit 20 cm axialer Länge und 12 cm Außendurchmesser bei 4 cm Innendurchmesser lassen sich $\frac{40}{0,1} = 400$ Windungen aufbringen. Der mittlere Durchmesser einer Windung beträgt $d \cdot \pi = 25$ cm und demnach die wirksame Oberfläche

$$F = 2 \cdot 400 \cdot 25 \cdot 20 = 400000 \text{ cm}^2 .$$

Hieraus errechnet sich die Kapazität zu

$$C = 3 \cdot \frac{400000}{0{,}03} = 40 \cdot 10^6\,\mathrm{cm}^2 = 44{,}5\,\mu\mathrm{F}\,.$$

Wenn man bedenkt, daß die Erdkugel nur eine Kapazität von 708 μF hat, dann erkennt man, daß schon 16 derartiger Wickel die gleiche elektrische Energie aufspeichern können, wie es eine Kugel mit dem Erddurchmesser vermag. Um auch die Leistung des Kondensators zu ermitteln, die er beim Anschluß an eine Wechselspannung in Form von Blindleistung abgeben kann, muß die Spannungsfestigkeit des Dielektrikums bekannt sein. Unter der Annahme, daß der Wickel im Dauerbetrieb 220 Volt aushält, errechnet sich seine Leistung zu

$$W_k = E^2 \omega C = \frac{220^2 \cdot 2\pi \cdot 50 \cdot 44{,}5}{10^9} = 0{,}68\,\mathrm{BkVA}\,.$$

Die Leistung beträgt 0,68 kVA und bei 3 in Dreieck geschalteten Wickeln etwa 2 kVA. Man kann also mit 3 derartigen Wickeln bereits auf technisch brauchbare Leistungen kommen. Drückt man die Leistung des Kondensators durch seine Abmessungen aus, dann erhält man die Formel:

$$W_k = \frac{F \cdot \varepsilon}{d} \cdot \frac{E^2 \cdot \omega}{10^9}\,\mathrm{kVA}\,.$$

Der erste Faktor enthält die bei der Konstruktion wählbaren Größen, der zweite die Konstante, die das Netz vorschreibt. Um auf hohe Leistungen zu kommen, muß die wirksame Fläche möglichst groß gehalten werden, als Dielektrikum ein Isolierstoff mit hoher Dielektrizitätskonstante gewählt werden und gleichzeitig der Abstand zwischen den Folien auf das durch die Spannung vorgeschriebene Maß verringert werden.

2. Fabrikation von Ölkondensatoren.

Rohstoffe. Das aktive Material des Ölkondensators besteht aus Papier, Öl und Folie. An das Kondensatorpapier werden sehr hohe Anforderungen gestellt. Es war deshalb lange Zeit nicht möglich, Kondensatoren zu bauen, bei denen Raumbedarf, Preis und Gewicht mit den umlaufenden Maschinen Schritt halten konnten. Durch die starken Fortschritte und die Verfeinerung, die in den letzten Jahren in der Papierindustrie durchgeführt wurden, ist es heute möglich, das außerordentlich dünne Kondensatorpapier mit günstigen elektrischen und mechanischen Eigenschaften herzustellen. Als Ausgangsprodukt für Kondensatorpapier werden nur ausgesuchte Hadern mit geringem Faserquerschnitt verwendet. Bei der Fabrikation des Papiers ist streng darauf zu achten, daß ein völlig lückenloses Gefüge entsteht, bei dem alle Inhomogenitäten vermieden werden. Faserknoten, die ab und zu im Papier vorkommen, können gerade beim Kondensator unangenehme Folgen nach sich ziehen, da sie eine ungleichmäßige Feldverteilung hervorrufen und Wärmedurchschläge einleiten können. Mit Rücksicht auf die Kapazität und den Raumbedarf ist man gezwungen, außerordentlich dünne Papiersorten anzuwenden. Die Dicke von Kondensatorpapier liegt in der Regel zwischen 0,008 und 0,016 mm. Man kann also damit rechnen, daß das Kondensatorpapier nur $^1/_{100}$ mm stark ist und daß man 100 Papierlagen übereinanderschichten kann, um eine Papierstärke von 1 mm zu erreichen. Um die nötige elektrische Festigkeit zu erlangen und gleichzeitig bei Fehlerstellen im Papier Durchschlägen vorzubeugen, wird man stets mehrere Lagen, mindestens 3 bis 4 Papierlagen, übereinander anordnen. Man kann also damit rechnen, daß beim Starkstromkondensator die Metallfolien einen Abstand von etwa 0,03 bis 0,1 mm aufweisen. Selbstverständlich müssen die elektrischen Eigenschaften des Papiers außerordentlich hoch getrieben werden. Man hat durch Gleichspannungsmessungen bereits festgestellt, daß man mit Kondensatorpapier bei einer Prüfdauer von 1 Minute eine Festigkeit von 250000 Volt pro Millimeter, unter Umständen sogar noch mehr, erreichen kann. Beim Übereinanderschichten mehrerer Papierblätter steigt die elektrische Festigkeit mehr als proportional. Würde man an Stelle von 3 Lagen 6 Papierlagen anwenden, dann erhält man ungefähr 4- bis 5fache Spannungsfestigkeit.

Auch hinsichtlich der Wärmebeständigkeit muß man an das Kondensatorpapier hohe Anforderungen stellen. Wenn es auch gelingt, Kondensatoren mit sehr kleinen Verlusten herzustellen, so ist doch zu bedenken, daß gerade Papier einen sehr schlechten Wärmeleiter darstellt und daß für die Ableitung der Wärme nur die Metallfolien zur Verfügung stehen. Bei der Überlagerung mehrerer Papierschichten sind deshalb lokale Temperatursteigerungen im Innern des Kondensators nicht zu vermeiden. Um die Verlustwärme möglichst klein zu halten, müssen die dielektrischen Verluste des Papiers gering sein. Bei gutem Kondensatorpapier und guter Imprägnierung rechnet man im allgemeinen mit einem Verlustwinkel von 0,002 bis 0,004, jedoch zeigen Versuche, daß auch noch kleinere Werte im Bereich des Möglichen liegen.

Eine besondere Gefahrenquelle stellt beim Ölkondensator der sog. Wärmedurchschlag dar. Überschreitet die Feldstärke im Dauerbetrieb ein gewisses Maß, dann werden an den elektrisch-minderwertigen Stellen lokale Überhitzungen auftreten. Diese Überhitzungen können den Wärmedurchschlag einleiten. Bei Versuchswickeln, die man vor dem Eintreten des Durchschlages geöffnet hat, konnte man feststellen, daß die Papierschichten in der Mitte zwischen den Folien sich so stark erwärmt hatten, daß bereits eine gewisse Bräunung auf dem Papier sichtbar wurde. Diese Bräunung pflanzt sich von der mittleren Papierschicht auf die benachbarten Papierlagen fort und kann nach einer gewissen Zeit zum Durchschlag führen. Diejenigen Papierschichten, die in direkter Berührung mit der Metallfolie stehen, zeigen in der Regel keine Überhitzungserscheinungen, da hier die Wärme rasch abgeführt werden kann. Die Ursache für elektrisch-minderwertige Stellen, die derartige Erscheinungen einleiten können, sind bisweilen minderwertige Imprägnierung oder geringe Feuchtigkeitseinschlüsse.

Außer dem Wärmedurchschlag können auch rein elektrische Durchschläge den Kondensator zerstören, doch hat man elektrische Durchschläge seltener feststellen können. Die Durchschlagsfestigkeit eines Kondensators beträgt kurzzeitig bis zum 10fachen der Nennspannung, so daß selbst hohe Spannungsstöße den Kondensatorwickel nicht gefährden können. Lang andauernde Spannungserhöhungen sind ebenfalls kaum zu erwarten, da unsere Netze gegen Spannungssteigerungen mit Rücksicht auf die übrigen Verbraucher ohnedies geschützt werden. Als Gefahrenquelle bleibt demnach in erster Linie der Wärmedurchschlag, der im übrigen auch durch Stromüberlastungen ausgelöst werden kann.

Auch die Öle zum Imprägnieren des Kondensatorpapiers müssen sorgfältig ausgewählt werden. Man verwendet für Starkstromkondensatoren im allgemeinen Mineralöle. Besonders wichtig ist dabei deren Verhalten als Dielektrikum. Man wird, ebenso wie beim Papier, geringen Verlustwinkel, ferner geringe Leitfähigkeit voraussetzen müssen. Auch an die Viskosität, an die Wärmeleitfähigkeit und an den Ausdehnungskoeffizienten werden gewisse Forderungen gestellt. Über die physikalischen und chemischen Veränderungen, die Öle unter dem Einfluß starker elektrischer Felder erleiden können, ist bereits eine umfangreiche Literatur vorhanden. Es sei deshalb an dieser Stelle darauf verzichtet, auf diese Verhältnisse näher einzugehen.

Außer Papier und Öl enthalten die Kondensatorwickel als Träger der elektrischen Ladung die Metallfolie. Man verwendet Aluminium-, wie auch Blei- oder Zinnfolien, sowie deren Legierungen. Da die Ströme, die im Kondensatorwickel entstehen, in der Regel sehr gering sind, strebt man danach, die Metallfolie so dünn als irgend möglich zu machen. Die Dicke der gebräuchlichen Kondensatorfolie liegt bei $^1/_{100}$ mm.

Herstellungsverfahren. Ölkondensatoren werden aus einzelnen gewickelten oder geschichteten Elementen aufgebaut, die man so groß wählt, daß sie sich leicht herstellen und bequem zusammenbauen lassen. Unter den gewickelten Kondensatoren kann man 2 Grundformen unterscheiden, und zwar den flachen Kondensatorwickel und den Rundwickel. Für die Herstellung der Wickel werden in der Regel Spezialmaschinen verwendet, wobei gleichzeitig die Papierlagen und die Folien auf einem Dorn, dem Kern des Wickels, aufgespult werden. Schon beim Wickeln ist eine gewisse Vorsicht geboten, um ein Falten des Papiers und der Folie zu vermeiden und das Aufwickeln gleichzeitig mit einer gewissen Spannung vorzunehmen, ohne daß hierdurch Beschädigungen des außerordentlich dünnen und empfindlichen Papiers hervorgerufen werden. Abb. 183 zeigt das Schema einer Wickelmaschine. Man erkennt die einzelnen Papierrollen, die über Leitrollen die Papierbänder der Spulenachse des Kondensatorwickels zuführen. Die Rollen enthalten die Metallfolien, die jeweils durch 4 Papierzwischenlagen getrennt sind.

Die fertigen Wickel müssen anschließend von Feuchtigkeit und Luft vollkommen befreit werden. Man bringt sie zu diesem Zweck in Trockenanlagen, meist Trockenöfen, in denen sie mehrere Tage bei Temperaturen von etwa 100° C getrocknet werden. Der Trockenprozeß ist in der Regel ziemlich langwierig, da Feuchtigkeitseinschlüsse aus dem Papier vollkommen entfernt werden müssen. Eine völlige Trocknung des Papiers vor dem Wickelprozeß ist nicht angängig, da die mechanischen Eigenschaften so stark leiden würden, daß sich das Papier nicht weiter verarbeiten läßt.

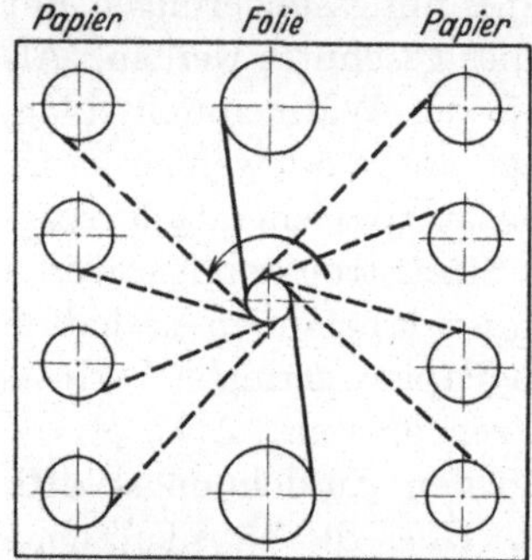

Abb. 183. Aufbau einer Wickelmaschine für Kondensatoren.

An den Trocknungsprozeß reiht sich das Evakuieren der Wickel. Der Zweck des Evakuierens besteht darin, den Tränkungsprozeß vorzubereiten und alle Lufteinschlüsse aus den Wickeln zu entfernen, damit später auch die feinsten Hohlräume vom Öl durchsetzt und ausgefüllt werden. Die Güte eines Kondensators hängt ganz wesentlich von dieser Vorbehandlung ab, so daß man bestrebt ist, durch Anwendung eines geeigneten Vakuums die Kondensatorverluste zu drücken und den notwendigen elektrischen Sicherheitsgrad zu erreichen.

Das Imprägnieren, d. h. das Tränken der Kondensatorwickel in Öl, erfolgt meist in den gleichen Behältern, in denen auch das Evakuieren vorgenommen wird. Der Evakuierungskessel steht mittels Rohrleitungen mit dem Ölbehälter in Verbindung, so daß durch Öffnen eines Ventils das Öl selbsttätig in die Evakuiertrommel eingesaugt wird. Hinsichtlich der Weiterverarbeitung der imprägnierten Kondensatorwickel können 3 verschiedene Wege eingeschlagen werden. Bisweilen erfolgt die Weiterverarbeitung in der Form, daß die Wickel dem Ölbad entnommen werden, auf ein Gerüst aufgereiht und in den Ölbehälter eingebaut werden. Es läßt sich bei dieser Methode nicht vermeiden, daß die imprägnierten Wickel mit Luft, evtl. auch mit Feuchtigkeit, in Berührung kommen, was eine gewisse Gefährdung des fertigen Kondensators darstellt. Um diese Gefahrenquelle auszuschließen, geht man deshalb auch so vor, daß bereits die getrockneten Kondensatorwickel im endgültigen Blechbehälter eingebaut und bis auf eine kleine Öffnung vollkommen abgeschlossen werden. Man evakuiert dann und läßt den fertigen Kondensator im Evakuierungsgefäß vom Öl durchfluten und überspülen. Bei dieser Methode ist es sogar möglich, das Kondensatorgefäß unter Öl vollkommen abzuschließen, so daß ein nachträgliches Eindringen von Luft oder Feuchtigkeit ausgeschlossen ist. Bei dieser letzten Methode muß man große Evakuierungsgefäße anwenden, da die vollständigen Kondensatoren mit ihren Klemmen in die Trommel eingesetzt werden müssen. Für Kondensatoren großer Leistung kann man unter Umständen den Kondensator selbst als Evakuierungsgefäß heranziehen. Voraussetzung hierfür ist, daß sich der Öltank völlig abdichten läßt, so daß ein genügend gutes Vakuum erzeugt werden kann. Nach erfolgtem Evakuieren kann man auch hier das Öl durch den Unterdruck im Kessel einsaugen und hat auch hier die absolute Gewähr, daß der Kondensator durch nachträgliches Eindringen von Luft und Feuchtigkeit nicht gefährdet ist.

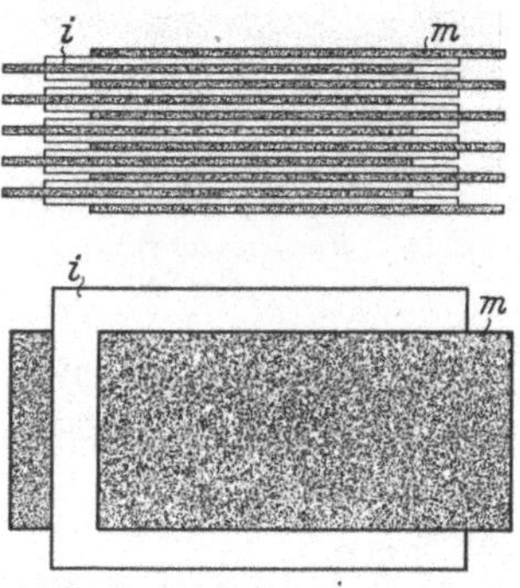

Abb. 184. Geschichteter Kondensator.

Konstruktion und Aufbau. Die Konstruktionselemente gliedern sich in das aktive Material — Papier und Folie — sowie in die Aufbauteile, wie Behälter, Klemmen, Einbaurahmen usw. Die Abb. 184 u. 185 zeigen den grundsätzlichen Aufbau eines geschichteten sowie eines gewickelten Kondensators. Mit „*m*“ wurden die Metallfolien bezeichnet, mit „*i*“ die mehrfachen Papierlagen, welche die Folien gegeneinander isolieren. Der Vorteil geschichteter Kondensatoren besteht darin, daß man die Faltenbildung leicht vermeiden kann, und daß man auch bei nachträglich starker Pressung mit keiner Deformation des Materials zu rechnen hat. Der geschichtete Wickel benötigt jedoch viel totes Material, da das isolierende Papier je nach der Spannung eine sehr viel größere Fläche haben muß als die Folie. Abb. 186 zeigt einen fertigen Wickel für eine Leistung von 1 kVA bei 380 Volt. Gewickelte Kondensatoren ergeben eine sehr einfache Fabrikation und sichern gleichzeitig eine günstige Ausnutzung des aktiven Materials. Außer den runden Wickeln werden häufig auch Flachwickel verwendet, die man entweder aus Rundwickeln durch nachträgliches Pressen erhält oder durch Aufwickeln auf einen flachen Dorn erzeugt. Der letztere Weg ist im all-

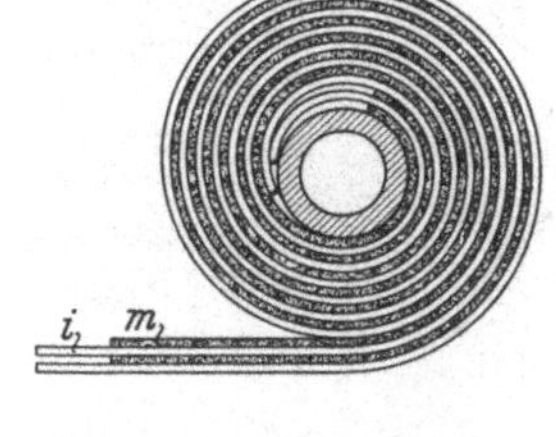

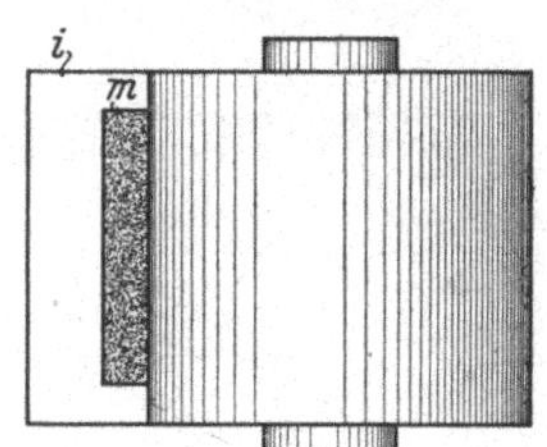

Abb. 185. Gewickelter Kondensator.

gemeinen vorzuziehen, da beim nachträglichen Zusammenpressen rund gewickelter Kondensatoren mit starken Materialbeanspruchungen an den Krümmungen zu rechnen ist.

Abb. 186. Kondensatorwickel für 1 kVA bei 380 Volt.

Da ein einzelner Kondensatorwickel nur eine verhältnismäßig geringe Leistung in sich trägt, müssen stets eine Reihe von Wickeln zu einem Kondensatorelement zusammengebaut werden. Die einzelnen Wickel werden entweder zu Wickelpaketen vereinigt oder auf Gerüsten aufgereiht. Abb. 187 zeigt einen Drehstromkondensator, bei dem die Wickel teilweise aufgefädelt sind. Außer der Anordnung der Gerüste mit senkrechter Wickelachse werden auch Konstruktionen verwendet, bei denen die Wickelachse horizontal verläuft; den Einbau eines derartig ausgeführten Kondensators zeigt Abb. 188.

Abb. 187. Drehstromkondensator mit teilweise aufgefädelten Wickeln.

Bei flach gewickelten Kondensatoren erfolgt der Zusammenbau meist in der Form, daß die Wickelpakete aufeinander geschichtet und durch einen besonderen Rahmen unter Druck verspannt werden (Abb. 189). Man erkennt die zahlreichen Wickel mit ihren Verbindungsdrähten und dem Spannrahmen. Die so zusammengefaßten Wickel lassen sich leicht in das Gehäuse einsetzen und ergeben einen sehr hohen Füllfaktor. Bei gleicher Materialausnutzung verhält sich der Raumbedarf flach gewickelter Kondensatoren zu dem der rund gewickelten wie etwa 3 : 4. Der geringe Raumbedarf bringt gleichzeitig weitere Vorzüge. Man erhält kleine Gewichte und geringe Ölmengen. Das beim Starkstromkondensator unvermeidliche Öl stellt immerhin eine gewisse Gefahrenquelle dar; man bevorzugt deshalb häufig Konstruktionen, bei denen möglichst wenig Öl vorhanden ist.

Der Wickel ist nicht nur konstruktiv, sondern auch elektrisch der Baustein des Kondensators. Bei Niederspannungskondensatoren werden die Wickel so dimensioniert, daß sie direkt an die Netzspannung gelegt werden können. Durch Parallelschaltung der Wickel summieren sich die Einzelkapazitäten jedes Wickels zur Gesamtkapazität. Je nach Leistung und Spannung des Kondensators können in einem Gefäß eine sehr große Anzahl von Wickeln untergebracht werden. Man sichert die Wickel aus Sicherheitsgründen meist einzeln ab, so daß beim Schadhaftwerden eines Wickels nur der kranke Teil abgeschaltet wird und die Leistung des Kondensators nur wenig zurückgeht.

Abb. 188. Zusammenbau eines Drehstromkondensators mit horizontaler Wickelachse.

Abb. 189. Wickelpaket eines Drehstromkondensators mit Flachwickeln.

Bei Hochspannungskondensatoren werden die Wickel in Serie geschaltet, die Spannung verteilt sich dann umgekehrt proportional der Kapazität auf die Wickel. Bei annähernd gleicher Kapazität der einzelnen Wickel erhält man auch eine ziemlich gleichmäßige Spannungsverteilung im Kondensator. Die Serienschaltung gewährleistet hohe Sicherheit, da beim Durchschlag eines Wickels nur eine geringe Spannungssteigerung an den übrigen Wickeln eintritt. Dimensioniert man die Wickel derart, daß sie im Dauerbetrieb einer gewissen Spannungserhöhung gewachsen sind, dann kann auch beim Kurzschluß eines Wickels der Kondensator gefahrlos angeschlossen bleiben. Die einzig feststellbare Folge des Wickelkurzschlusses besteht in einer geringen Stromsteigerung. Da man Kondensatoren sehr häufig durch Überstromschalter schützt, würde beim Ausfall mehrerer Wickel ein merklicher Stromanstieg entstehen, so daß der Schutzschalter anspricht, längst bevor die Gefahr eines Netzkurzschlusses besteht. Durch die Serienschaltung der Kondensatorwickel bei Hochspannung erhält man also einen hohen Sicherheitsgrad, der es ermöglicht, gewickelte Papierkondensatoren auch für sehr hohe Spannungen auszuführen. Abb. 190 zeigt eine Batterie mit 6 Elementen je 30 kVA zum Anschluß an Drehstrom 21500 Volt, 50 Per./sec.

Abb. 190. Kondensatorenbatterie mit 6 Elementen, je 30 kVA, für 21500 Volt, 50 Per/sec.

Die beim Betrieb von Kondensatoren unvermeidlichen Temperaturschwankungen erzeugen stets Volumenänderungen, auf die bei der Konstruktion Rücksicht zu nehmen ist. Drei verschiedene Hilfsmittel gestatten, die Volumenänderungen unschädlich zu machen: Ausgleichsgefäße — Luftpolster — Membranwirkung des Gehäuses. Die Verwendung von Ausdehnungsgefäßen ist bereits aus dem Transformatorenbau bekannt. Man ordnet in der Regel über dem Kondensator eine zylindrische Trommel an, in die das Öl bei einer Volumenzunahme gedrückt wird. Bei kleinen Kondensatorgefäßen genügt ein dünnes Luftpolster unterhalb des Kondensatordeckels, um die Volumenschwankungen des Öles aufzunehmen. Abb. 191 zeigt einen Hochspannungskondensator für 10 kV, der in einen Behälter aus geschweißtem Eisenblech eingebaut ist. Um die Oberfläche zu vergrößern, sind am Gehäuse Rippen angebracht. Da der Kondensatorkessel selbst über eine

Abb. 191. Einphasen-Hochspannungskondensator für 10000 Volt, 40 Per/sec.

gewisse Elastizität verfügt, wird die Wirkung des Luftpolsters durch das Gehäuse unterstützt. Bei vollkommen glatten Kondensatorgefäßen aus geschweißtem Eisenblech kann man auf Ausdehnungsgefäße und auf Luftpolster vollkommen verzichten (Abb. 192). Besondere Sorgfalt ist bei der Fabrikation auf die Schweißnähte zu legen, da im Innern des Kondensators während des Betriebes Drucksteigerungen auftreten können. Falls man das Gefäß nicht würfelförmig, sondern mehr plattenförmig ausführt, erhalten die Seitenwände große Elastizität, so daß die Zunahme des Ölvolumens durch die Membranwirkung der Gefäßwände ohne erhebliche Drucksteigerungen aufgenommen wird. Aus den letzten Abbildungen erkennt man gleichzeitig die verschiedenen Bauformen der Behälter. In jedem Falle wird bei der Konstruktion darauf Wert gelegt; bei einem gewissen Volumen möglichst große Oberfläche zu erhalten. Je flacher der Kondensatorkasten ist, desto kürzer ist der Weg, den die Wärme vom Inneren des Kondensators bis zur Außenwand zurückzulegen hat. Es ergeben sich also bei flachen Kondensatoren kleine Temperaturgefälle und damit kleine Übertemperaturen. Trotzdem ist es zweckmäßig, schon bei verhältnismäßig kleinen Leistungen Kondensatorkästen mit Rippen vorzusehen, welche die Oberfläche auf ein Vielfaches vergrößern. Die Rippen können sowohl auf die glatte Gefäßwand aufgeschweißt werden, zweckmäßiger ist es vielleicht, die Gefäßwand selbst zu falten, da durch die Hohlrippen das Öl an einer großen Oberfläche die Wärme an das Metall abführen kann. Bei Gußkästen werden die Rippen mit angegossen.

Abb. 192. Drehstrom-Niederspannungskondensator für 220 Volt, 50 Per/sec.

Die Durchführungen werden bei Kondensatoren ähnlich angeordnet wie bei Transformatoren. Die Höhe der Isolatoren richtet sich nach der Netzspannung. Besondere Vorsicht ist bei Behältern, die ohne Ausdehnungsgefäß arbeiten und auch auf Luftpolster verzichten, geboten, da auch bei hohen Drücken die Kondensatordurchführung vollkommen dicht sein muß.

Kondensatoren großer Leistung. Werden große Kondensatorleistungen benötigt, dann kann man einen entsprechend großen Kessel bauen und sämtliche Kondensatorwickel in diesen Kessel einsetzen. Ein anderer Weg besteht darin, kleine Kondensatorelemente zu verwenden und diese Elemente zu einer Batterie zu vereinigen. Unter Batterie soll dabei diejenige Bauweise verstanden sein, bei der die Gesamtkapazität in eine Reihe parallelgeschalteter Kondensatorelemente unterteilt ist, wobei die einzelnen Elemente durch Sicherungen oder Überstromschalter geschützt sind. Bei kleineren Leistungen wird man im allgemeinen aus Preis- und Sicherheitsgründen Sicherungen vorziehen und Überstromschalter nur dann anwenden, wenn die Leistung eines Batterieelementes bereits so groß ist, daß sich kurzschlußfeste Sicherungen nicht mehr herstellen lassen. Bei dem heutigen Stand der Sicherungstechnik wird man bei Spannungen von 6 bis 20 kV bis zu Leistungen von 200 bis 500 kVA gehen können.

Ob man Großraumkondensatoren oder die Batteriebauweise bevorzugen soll, ist weniger eine Frage der Konstruktion als der Betriebsführung, da man heute den Bau von Kondensatoren für alle praktisch vorkommenden Spannungen und Leistungen beherrscht. Betrachtet man zunächst die Vorteile, welche die Batteriebauweise mit sich bringt, dann läßt sich etwa folgendes feststellen: Durch Verwendung zahlreicher Einzelelemente ist es möglich, das Verhältnis von Kondensatorleistung zur Oberfläche sehr günstig zu gestalten. Man erhält geringe Temperaturgefälle und damit sehr kleine Übertemperaturen, so daß gleichzeitig eine außerordentlich gute Ausnutzung des Materials sichergestellt wird. Beim Großraumkondensator kann man wohl durch Rippen die Oberfläche künstlich erhöhen, trotzdem wird man schon bei verhältnismäßig kleinen Leistungen die natürliche Ölzirkulation verstärken müssen, evtl. auch künstliche Kühlung durch Zusatzbelüftung vorsehen. Der Großraumkondensator macht also zusätzliche Hilfsmittel notwendig.

Auch die Betriebssicherheit wird durch die Einzelabsicherung jedes Elementes der Batterie gesteigert. Sollte trotz aller Vorsicht in der Dimensionierung ein Kurzschluß eintreten und ein Kondensator durchschlagen, so werden Explosionen wohl mit Sicherheit vermieden. Die vorgeschalteten Sicherungen sprechen außerordentlich rasch an und werden den kranken Teil abgeschaltet haben, lange bevor eine Entzündung des Öles möglich ist. Beim Großraumkondensator mit einem Leistungsschalter kann im Kurzschlußfalle das Ansprechen des Schalters zu spät erfolgen, so daß bereits eine Zerstörung des Kondensators eingetreten ist, und daher ein Brand sehr viel leichter entstehen kann. Da der Einsatz von Kondensatoren meist aus tariflichen Gründen erfolgt, bringt der Ausfall der Gesamtkapazität in der Regel erhebliche Unkosten mit sich. Auch in dieser Hinsicht bietet die Batteriebauweise Vorteile, da nur ein geringer Bruchteil der Leistung abgeschaltet wird und ein Ersatz kleiner Kondensatorelemente in der Regel sehr schnell vorgenommen werden kann.

Es wurde an anderer Stelle gezeigt, daß Starkstromnetze auf das Zuschalten von Kondensatoren bisweilen sehr empfindlich reagieren. Besonders zu Zeiten geringer Belastung können Spannungsanstiege und Kurvenverzerrungen zu Netzstörungen Anlaß geben. Bei Verwendung von Batterien läßt sich auch nachträglich die Leistung stets den Betriebsbedürfnissen anpassen. Eine Spannungsregelung kann auch dann erfolgen, wenn man ursprünglich auf eine Unterteilung der Gesamtleistung verzichtet hatte. In dieser Beziehung bietet der Großraum-Kondensator eine weit geringere Freizügigkeit, da eine nachträgliche Leistungsänderung oder Leistungsstufung unmöglich ist.

Besonders in Industrieanlagen werden häufig Betriebsumstellungen und Umgruppierungen notwendig. Kondensatorbatterien sind in dieser Hinsicht außerordentlich beweglich und geben die Möglichkeit, sowohl die Leistungsgruppen wie den örtlichen Einsatz der Batterieteile beliebig zu verändern. Auch hinsichtlich Raumbedarf und der Einbaumöglichkeiten ist die Batteriebauweise außerordentlich anpassungsfähig. Betriebsräume, die sonst schwer nutzbar gemacht werden können, lassen sich zur Unterbringung von Kondensatorbatterien heranziehen. Bei der Aufstellung von Großraumkondensatoren wird man in jedem Falle auf besondere Transportmittel, wie Kran, Flaschenzug usw., angewiesen sein und deshalb bei der Aufstellung von vornherein auf die Eigenheiten des Kondensators Rücksicht nehmen zu haben. Neben der leichten Montage der Batterie bietet sie gleichzeitig den Vorzug bequemer und organischer Teilungsmöglichkeit.

Andererseits ist festzustellen, daß auch der Großraumkondensator eine Reihe wichtiger Vorzüge mit sich bringt. Die Steigerung der Einheitsleistung ist in der Elektrotechnik ganz allgemein üblich. Man ist schon frühzeitig dazu übergegangen, die Transformatoren und Generatoren in möglichst großen Einheitsleistungen zu erstellen, um die Betriebsführung einfach und übersichtlich zu gestalten. Allerdings liegen bei Transformatoren sowie bei elektrischen Maschinen im allgemeinen die Verhältnisse insofern anders, als man beim Übergang auf große Einheitsleistungen erhebliche Ersparnisse hinsichtlich Gewicht, Wirkungsgrad und Anschaffungskosten erzielen kann. Beim Kondensator sind die prozentualen Verluste praktisch unabhängig von der Leistung, die Anschaffungskosten wachsen ebenfalls etwa proportional mit der Leistung. Beim Kondensator sind deshalb andere Überlegungen maßgebend, die von der Batterie zum Großraumkondensator führen können.

Großraumkondensatoren ergeben eine gute Übersichtlichkeit der Anlage; wenige große Gefäße lassen sich einfacher warten und überwachen als sehr viele kleine Elemente. Sicherungen und Durchführungen sind oftmals wenig beliebt, da sie Störungsquellen darstellen und besonders beim Anschluß an ausgedehnte Freileitungsnetze unter Überspannungserscheinungen zu leiden haben. Bei Großanlagen, insbesondere wenn die nötigen Räume und Transportmittel zur Verfügung stehen, lassen sich Großraumkondensatoren an Ort und Stelle schneller einbauen und montieren als Kondensatorbatterien. Bezüglich der Anschaffungskosten werden im allgemeinen die Verhältnisse so liegen, daß bei großen Leistungen Großraumkondensatoren sich etwas billiger herstellen lassen als Kondensatorbatterien. Besonders bei hohen Spannungen fallen die teuren Durchführungen sowie die zahlreichen Sicherungen ins Gewicht. Schon bei 10 oder 20 kV kommt man auf beträchtlichen

Abb. 193. Kondensatorenbatterie für 1000 kVA, 15000 Volt, 50 Per/sec.

Abb. 194. Großraumkondensator für 400 BkVA, 2000 Volt, 50 Per/sec, mit Ölausdehnungsgefäß.

Raumbedarf, da bei der Batterie die Verbindungsleitungen zwischen den einzelnen Kondensatorelementen mit den notwendigen Abständen ausgeführt werden müssen. Bei großen Leistungen und hohen Spannungen wird deshalb der Gesamtraumbedarf bei der Batteriebauweise unter Umständen größer sein als beim Großraumkondensator. Es ist deshalb nicht ausgeschlossen, daß die Batteriebauweise auch durch höhere Gebäudekosten eine weitere Verteuerung erfährt. In Abb. 193 ist ein Teil einer Batterie mit 1000 kVA und 15 kV dargestellt. Die einzelnen Elemente sind in 3 Etagen übereinander angeordnet. Jedes Element ist durch eine Hochspannungs-Hochleistungssicherung geschützt. Einen Großraumkondensator für eine Leistung von 400 BkVA und 2000 Volt, 50 Per./sec zeigt Abb. 194. Eine technisch interessante Konstruktion ist ferner in Abb. 195 dargestellt. Die Kondensatorwickel sind in Röhren eingebaut, die zu Röhrenbatterien in Winkeleisengerüsten zusammengefaßt sind. Diese Konstruktion gibt ebenfalls die Möglichkeit der Einzelabsicherung und gewährleistet günstige Kühlung bei verhältnismäßig kleinem Raumbedarf.

Es ist anzunehmen, daß sich in Zukunft, wenn man die Kondensatorleistungen, die in Starkstromnetze eingebaut werden, weiterhin steigert,

Abb. 195. Kondensatorenbatterie, bestehend aus Röhrenkondensatoren.

auch Freiluftausführungen durchsetzen werden. Gerade der Kondensator eignet sich, ähnlich wie auch der Transformator, für die Freiluftbauart, da lediglich die Klemmendurchführungen gegen Witterungseinflüsse zu schützen sind.

3. Prüfung.

Im Vorwort zu den Leitsätzen für ruhende Kondensatoren weist Vieweg darauf hin, daß es sich hier um Bestimmungen handelt, die zunächst einen Rahmen schaffen sollen, in dem Erfahrungen für die weitere Entwicklung dieses Gebietes gewonnen werden können. Die Leitsätze beschränken sich im wesentlichen auf die Festlegung gewisser Prüfspannungen, trotzdem man sich bewußt war, daß für den Wert und die Güte eines Kondensators nicht allein seine Spannungsfestigkeit maßgebend ist. Andere Eigenschaften, wie Verluste, Erwärmung, Ionisation, Ölbeschaffenheit usw., sind für die Betriebssicherheit von ausschlaggebender Bedeutung. Da jedoch der Kondensator erst auf eine verhältnismäßig kurze Vergangenheit zurückblickt und die Vorgänge, die sich in seinem Inneren abspielen, noch nicht genügend erforscht sind, konnte man die Prüfbestimmungen auch noch nicht in der umfassenden und zielsicheren Form niederlegen, wie dies bei elektrischen Maschinen möglich war.

Die gebräuchlichsten Schaltungen für den Anschluß von Kondensatoren an Drehstrom- und Einphasennetze sind in der folgenden Tabelle zusammengestellt. Bezeichnet U die verkettete Netzspannung, dann

Reihe	Schaltungsart	Schaltungsbild	U'	U''
1	Drehstrom-Δ-Schaltung isoliert, Sternpunkt des Netzes isoliert	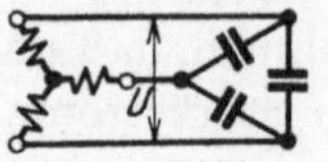	U	U
2	Drehstrom-Y-Schaltung, Sternpunkt der Kondensatoren isoliert, Sternpunkt des Netzes isoliert	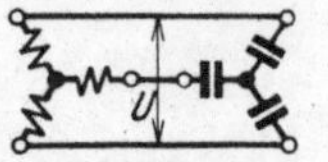	$\frac{U}{\sqrt{3}}$	U
3	Drehstrom-Y-Schaltung, Sternpunkt der Kondensatoren geerdet, Sternpunkt des Netzes isoliert		U	U
4	Drehstrom-Δ-Schaltung, einpolig geerdet, Sternpunkt des Netzes isoliert	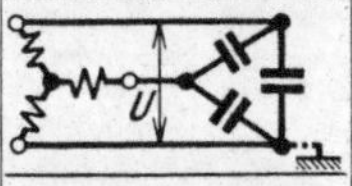	U	$1{,}25\,U$
5	Drehstrom-Y-Schaltung einpolig geerdet, Sternpunkt des Netzes isoliert		$\frac{U}{\sqrt{3}}$	$1{,}25\,U$
6	Drehstrom-Δ-Schaltung isoliert, Sternpunkt des Netzes geerdet	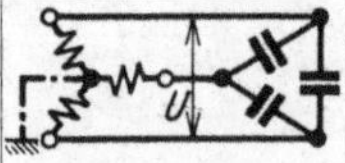	U	U
7	Drehstrom-Y-Schaltung, Sternpunkt der Kondensatoren isoliert, Sternpunkt des Netzes geerdet	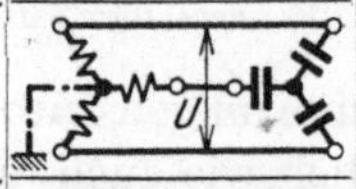	$\frac{U}{\sqrt{3}}$	U
8	Drehstrom-Y-Schaltung, Sternpunkt der Kondensatoren geerdet, Sternpunkt des Netzes geerdet	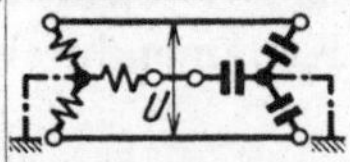	$\frac{U}{\sqrt{3}}$	U
9	Einphasensystem isoliert	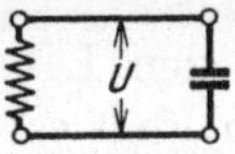	U	U
10	Einphasensystem, Kondensatoren einpolig geerdet	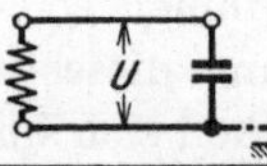	U	$1{,}25\,U$
11	Einphasensystem, Mittelpunkt der Kondensatoren geerdet	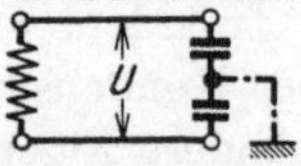	U	U

gibt U' die Spannung zwischen den Kondensatorklemmen und U'' die Spannung zwischen Klemme und Gehäuse. Die Prüfspannungen zwischen Belag und Belag (U_{p_1}) und zwischen den miteinander verbundenen Belägen und Erde (U_{p_2}) richten sich nach den in der Tabelle aufgeführten Spannungen U' und U''. Für die Prüfung gelten im wesentlichen folgende Richtlinien:

1. Die Prüfspannung soll praktisch sinusförmig, ihre Frequenz gleich der Nennfrequenz des Kondensators sein.

2. Die Umgebungstemperatur während der Prüfung soll zwischen 10 und 35° C liegen.

3. Bei der Spannungsprüfung dürfen höchstens 50% der Endspannung durch Einschalten mittels Schalters auf das Prüfobjekt gegeben werden.

4. Die Spannung ist vom halben Wert zum Endwert stetig oder in einzelnen Stufen von höchstens 5% der Endspannung zu steigern.

5. Die Zeit der Spannungssteigerung vom halben Wert bis zum Endwert soll nicht kleiner als 10 sec sein.

6. Die Prüfdauer wird vom Augenblick des Erreichens der vollen Prüfspannung ab gerechnet.

7. Die Prüfspannung ist unmittelbar am Kondensator zu messen.

8. Die Prüfdauer beträgt 1 Minute.

9. Die Prüfung gilt als bestanden, wenn weder Durchschlag noch Überschlag erfolgt.

Für Kondensatoren in Freiluftausführung sowie für die Durchführungen im allgemeinen gelten besondere Prüfvorschriften.

Die Höhe der Prüfspannungen wurde für Schutz- und Leistungsfaktorkondensatoren verschieden festgesetzt. Bei Leistungsfaktorkondensatoren wird vorausgesetzt, daß der Anschluß des Kondensators hinter zuverlässigen Schaltern oder Sicherungen erfolgt, die Prüfspannung ist dann bis zur Netzspannung von 10 kV

$$U_{p_1} = 3 \cdot U',$$

also das Dreifache der Betriebsspannung. Bei höheren Netzspannungen gelten die Richtlinien für Schutzkondensatoren. Die Prüfung auf Isolationsfestigkeit der Beläge gegen Gehäuse erfolgt mit folgenden Prüfspannungen:

U'' bis 0,5 kV $\quad U_{p_2} = 2{,}5$ kV,
U'' bis 1 kV $\quad U_{p_2} = 5 \cdot U''$,
U'' bis 10 kV $\quad U_{p_2} = 3 \cdot U'' + 2$ kV.

Schutzkondensatoren werden im allgemeinen an besonders exponierten Stellen der Netze eingebaut; ihre Aufgabe besteht in erster Linie darin, gefährliche Spannungswellen aufzunehmen, so daß man diesen Kondensatoren auch wesentlich schärfere Prüfungen auferlegen muß. Für die Prüfung zwischen Belag und Belag gelten folgende Werte:

bis 0,63 kV $\quad U_{p_1} = 2{,}5$ kV,
bis 5 kV $\quad U_{p_1} = 4 \cdot U'$,
über 5 kV $\quad U_{p_1} = 2 \cdot U' + 10$ kV.

Die miteinander verbundenen Beläge sind gegen Erde folgenden Spannungen auszusetzen:

bis 0,3 kV $\quad U_{p_2} = 3$ kV,
bis 2,5 kV $\quad U_{p_2} = 10 \cdot U''$,
über 2,5 kV $\quad U_{p_2} = 2{,}2 \cdot U'' + 20$ kV.

Bei größeren Kondensatoreinheiten kann es unter Umständen Schwierigkeiten bereiten, die Prüfungen nach den Vorschriften auszuführen. Ein Kondensator von 500 kVA liefert bei 3facher Klemmenspannung 4500 kVA, also eine recht beträchtliche Blindleistung, die ein kleines oder ein mittleres Netz nicht ohne Rückwirkungen aufzunehmen vermag. Es ist deshalb in Ausnahmefällen zulässig, die Wechselspannungsprüfung durch eine Gleichspannungsprüfung zu ersetzen, wobei die Prüfspannung auf den doppelten Wert der Wechselprüfspannung festgesetzt ist.

Außer der Spannungsprüfung ist lediglich eine Messung der Kapazität vorgesehen, wobei Toleranzen von $\pm 10\%$ zulässig sind. Über Verluste und Übertemperaturen enthalten die Vorschriften zunächst keine Angaben.

Die Erfahrungen, die man bis heute bei der Anwendung dieser Prüfbestimmungen gesammelt hat, zeigen, daß die vorgeschriebenen Prüfspannungen eher zu hoch als zu tief angesetzt sind, und daß man nach Möglichkeit die Spannungsprüfung durch andere Prüfungen ergänzen sollte, um ein wirklich einwandfreies Bild über die Betriebssicherheit und -tüchtigkeit eines Starkstromkondensators zu gewinnen. Es ist leicht möglich, daß unter dem Einfluß zu hoher Prüfspannungen Veränderungen im Kondensator ausgelöst werden, die seine Spannungsfestigkeit stark herabsetzen können. Man sollte deshalb die Spannungsgrenze ermitteln, die den möglichen Spannungsbeanspruchungen im Betrieb Rechnung trägt und die Prüfspannung nicht ohne zwingenden Grund so hoch treiben, daß bereits die Prüfung die Gefahr einer Schädigung in sich birgt.

4. Sonderbauarten.

Elektrolytkondensatoren. Schon im Jahre 1903 findet man Literaturangaben, in denen die Verwendung von Elektrolytkondensatoren zu Zwecken der Kompensation beschrieben wird. Trotzdem die ersten Anfänge, die auf eine Anwendung des Elektrolytkondensators hinzielten, über 30 Jahre zurückliegen, hat sich bis heute der elektrolytische Kondensator in der Starkstromtechnik nicht durchsetzen können. Die Ursachen hierfür sind wohl in erster Linie darin zu suchen, daß der elektrolytische Kondensator sich für Gleichspannung besser eignet als für Wechselspannung, sich nur für niedere Spannungswerte herstellen läßt und im Betrieb mancherlei Änderungen unterworfen ist, die einer allgemeinen Anwendung hinderlich im Wege stehen.

Der elektrolytische Kondensator besteht im allgemeinen aus einer Aluminiumfolie, auf der durch einen elektrolytischen Vorgang eine Oxydschicht mit einer angelagerten Sauerstoffschicht aufgebracht ist. Bringt man in ein Gefäß eine Elektrode aus Aluminium und verwendet als 2. Elektrode den Elektrolyten, wie Essigsäure, Borsäure, Oxalsäure, so bildet sich ein elektrolytisches Kondensatorelement (Abb. 196). Man unterscheidet nasse und trockene Elektrolytkondensatoren, ähnlich wie es auch nasse Elemente (Akkumulatoren) und Trockenelemente gibt.

Der Elektrolytkondensator muß elektrolytisch formiert werden. Man bringt Aluminium in den Elektrolyten und legt zwischen Aluminium und den Elektrolyten die Formierungsspannung. Es bildet sich dabei auf dem Aluminium eine Oxydschicht, der sich ein Sauerstoffilm anlagert, wobei die Oxydationsschicht etwa proportional der Spannung ist. Innerhalb eines weiten Bereiches ist das Produkt aus Kapazität und Spannung konstant. Legt man an eine frische Zelle, die noch nicht formiert ist, eine konstante Spannung und beobachtet dabei den Verlauf des Stromes, dann ergeben sich etwa folgende Verhältnisse: Mit fortschreitender Bildung des Dielektrikums wird der Strom zurückgehen, bis er schließlich einen kleinen, ganz bestimmten Endwert erreicht, den man auch als Reststrom bezeichnet. Es tritt demnach zwischen den beiden Elektroden keine vollkommene Isolationsschicht auf, da auch im Endzustand immer noch ein gewisser minimaler Strom fließt. Würde man die Formierungsspannung stets so steigern, daß ein konstanter Strom über den Kondensator getrieben wird, dann stellt man fest, daß schon nach kurzer Zeit beträchtliche Spannungen notwendig sind, um den Formierungsstrom konstant zu halten. Man erreicht bei Spannungen von etwa 450 bis 500 Volt eine Grenze, bei der Funkenbildung auftritt und Durchschläge der Oxydschicht zu erwarten sind. Man nennt diese Spannung auch die Funkenspannung des Elektrolytkondensators.

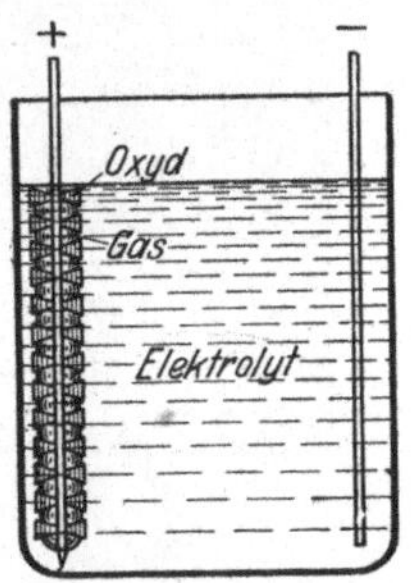

Abb. 196. Aufbau eines Elektrolytkondensators.

Die Stärke der gewählten Oxydschicht kann man durch gewisse Meßmethoden annähernd abschätzen, sie liegt bei Spannungen von 150 bis 200 Volt ungefähr bei 600 $\mu\mu$. Beim Bau eines Kondensators hat man demnach darauf zu achten, daß die Formierungsspannung höher gewählt wird als die Betriebsspannung. Ein großer Vorteil des Elektrolytkondensators besteht in der großen Unempfindlichkeit gegen Überlastungen. Falls vorübergehend die zulässige Betriebsspannung überschritten wird, erfolgen zwar Funkenüberschläge, der Kondensator wird jedoch hierdurch nicht zerstört. Im Gegensatz zu anderen Kondensatoren mit imprägniertem Papier als Dielektrikum ist diese Eigenschaft tatsächlich als großer Vorteil zu werten. Einer der Hauptnachteile, die der Einführung des Elektrolytkondensators in die Starkstromtechnik hindernd im Wege stehen, sind die überaus hohen Verluste. Elektrolytkondensatoren arbeiten bei Wechselstrom mit Verlusten, die bis zu 20% betragen. Man findet sogar Literaturangaben über Verlustwerte bis zu 30% und mehr. Während beim Papierkondensator die Verluste praktisch vernachlässigbar sind, hat man also beim Elektrolytkondensator mit ganz außerordentlich hohen Verlusten zu rechnen. Selbst beim Anschluß an Gleichstrom betragen die Verluste noch etwa 3%. Aus diesem Grunde werden Elektrolytkondensatoren auch besonders bei Gleichstrom und bei Niederspannungsanlagen verwendet. Gerade bei Glättungsschaltungen braucht man häufig außerordentlich große Kapazitäten und kleine Spannungen, benötigt also Kondensatoren in einem Stromspannungsbereich, für den sich elektrolytische Kondensatoren besonders eignen. Mit den günstigsten Kondensatoreigenschaften hat man etwa bei Spannungen unter 20 Volt zu rechnen. Abb. 197 zeigt einen kleinen Elektrolytkondensator für 20 μF, für eine Spannung von 1 Volt. Derartige Kondensatoren werden vielfach in der Rundfunkindustrie verwendet. Für die Zwecke der Starkstromtechnik ist der Elektrolytkondensator aus den früher erwähnten Eigenschaften heute noch nicht reif. Es besteht vielleicht die Möglichkeit, daß man elektrolytische Kondensatoren in kleinem Umfang als Anlaufkondensatoren für Kondensatormotoren wird verwenden können.

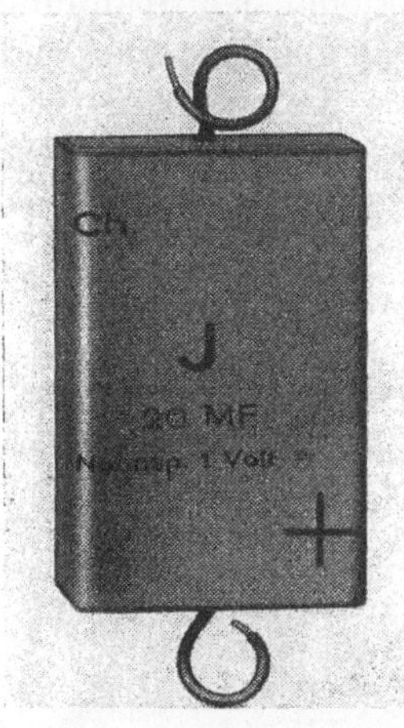

Abb. 197. Elektrolytkondensator für 20 μF bei 1 Volt.

Kabelkondensatoren. Kabelleitungen haben infolge ihrer Konstruktion von Natur aus gewisse Kapazitäten, die sich störend bemerkbar machen und bei Leerlauf beträchtliche Spannungssteigerungen erzeugen können. Man hat bereits vorgeschlagen, Kondensatoren in Kabelform zu bauen, da man bei Verwendung derartiger Konstruktionen bereits über gewisse Erfahrungen verfügt und gleichzeitig die Fabrikationseinrichtungen der Kabeltechnik mit verwenden kann. Es hat sich jedoch gezeigt, daß die üblichen Bauformen der gebräuchlichen Starkstromkabel ungenügend hohe Kapazitäten aufweisen und deshalb beträchtliche Gestehungskosten nach sich ziehen. Um Kondensatoren in der Bauart von Kabeln wirtschaftlich wettbewerbsfähig zu gestalten, hat man Sonderkonstruktionen entwickelt, die verglichen mit normalen Leistungskabeln eine bedeutend höhere Ausnutzung der Isolationsschicht und eine beträchtliche Steigerung der Kapazität ermöglichen. Trotz dieser unzweifelhaften Fortschritte ist es jedoch nicht gelungen, Kabelkondensatoren auch nur annähernd so billig zu erzeugen wie geschichtete Papierkondensatoren.

Glimmer-, Preßgas- und Porzellankondensatoren. Glimmer zeigt eine sehr hohe Dielektrizitätskonstante (4 bis 8), außerdem hat dieser Werkstoff den Vorteil, daß sich sehr dünne Schichten abspalten lassen. Trotz dieser günstigen Voraussetzung ist es bisher nicht möglich gewesen, einen Glimmerkondensator als wettbewerbsfähigen Starkstromkondensator zu bauen.

Bekanntlich kann man die Durchschlagsfestigkeit vieler Gase wesentlich steigern, wenn man das Gas höheren Drücken aussetzt. Man hat nach diesem Prinzip bereits Preßgaskondensatoren hoher Spannungsfestigkeit und mit geringen Verlusten ausgeführt. Der Kondensator erhält die Form einer Stahlflasche, als Dielektrikum wird meist CO_2 mit Drücken von 20 bis 30 atü gewählt. Preßgaskondensatoren haben den großen Vorteil, daß sie keine brennbaren Teile enthalten, wodurch das Gefahrenmoment gegenüber Ölkondensatoren wesentlich herabgemindert werden kann. Dichtungsschwierigkeiten und hohe Gestehungskosten haben bisher eine Einführung dieser Konstruktion in die Praxis verhindert.

Ähnlich wie der Preßgaskondensator eignet sich auch der Porzellankondensator fast ausschließlich für das Gebiet der hohen Spannungen. Auch beim Porzellankondensator schätzt man die Unbrennbarkeit des Werkstoffes. Festigkeit und Fabrikationsrücksichten bestimmen die Wandstärke der Porzellankörper und führen auf hohen Raumbedarf und Preise, die nur bei sehr hohen Spannungen von vielleicht 50 und mehr kV mit dem Ölkondensator Schritt halten können. Neben diesen Bauformen, die in der Starkstromtechnik vielleicht noch Bedeutung erlangen können, gibt es zahlreiche Konstruktionsmöglichkeiten und Werkstoffe, die sich für die Herstellung von Kondensatoren eignen, die jedoch durchweg nur in der Schwachstromtechnik Bedeutung erlangt haben.

5. Messungen in Kondensatoranlagen.

Bei der Planung und dem Betrieb von Kondensatoranlagen werden stets eine Reihe von Messungen notwendig, die dem Techniker größtenteils geläufig sind. Es werden häufig jedoch auch Untersuchungen angebracht sein, die in der Praxis selten oder gar nicht vorkommen und die leicht zu Trugschlüssen führen, wenn man sie nicht mit dem nötigen Rüstzeug ausführt. Die folgenden Abschnitte streifen deshalb die geläufigen Meßmittel und -methoden nur flüchtig und befassen sich in erster Linie mit den dem Kondensator spezifischen und schwierigen Meßaufgaben.

Netzuntersuchungen. Erst das starke Anwachsen der Leistungskapazität elektrischer Versorgungsnetze hat dazu geführt, daß man mehr als früher jede Maschine und jeden Apparat, die wir in das Netzgefüge eingliedern, den besonderen Eigenheiten des Netzes weitgehend anzupassen versucht.

Der Kondensator reagiert auf die Form der Spannungskurve sehr empfindlich. Bevor man deshalb größere Kondensatorleistungen ins Netz einbaut oder zur allgemeinen Auskompensation übergeht, wird man sich über die Form der Spannungskurve möglichst genaue Unterlagen verschaffen.

Die Betrachtungen früherer Abschnitte zeigen, daß die Spannungskurven durch mannigfaltige Ursachen Verzerrungen aufweisen können und daß man ferner nur aus der genauen Kenntnis des Netzbildes Vermutungen über die Auswirkungen schlechter Spannungskurven beim Anschluß von Kondensatoren anstellen kann. Bei der Ermittlung des Verlaufes der Spannungskurve muß man deshalb mit ganz besonderer Sorgfalt vorgehen.

Messungen sind stets nur an den Stellen auszuführen, an denen der Anschluß von Kondensatoren beabsichtigt ist. Es genügt nicht, ein Oszillogramm von der Generatorspannung oder der Sammelschienenspannung in der Zentrale aufzunehmen, wenn der Kondensator an einer entfernten Stelle und unter Zwischenschaltung von Transformatoren angeschlossen wird. Alle zwischengeschalteten Leitungen und Transformatoren können die Generatorspannung beeinflussen.

Die Messungen müssen sich über eine längere Betriebsperiode erstrecken. Oberwellen können zu den verschiedenen Tageszeiten sowohl ihre Amplitude wie ihre Frequenz beträchtlich ändern. Eine Beurteilung der Netzkurve auf Grund eines oder weniger Oszillogramme ist nicht möglich. Um die Zeitperioden mit besonderer Oberwellengefahr festzustellen, empfiehlt es sich, eine Kontrollmessung mittels Versuchskondensators und schreibender Strom- und Spannungszeiger vorzunehmen. Man schließt einen Kondensator für einige kVA ans Netz an und läßt den Verlauf von Strom und Spannung aufzeichnen. Ändert sich der Strom proportional der Spannung und fließt bei Nennspannung der Nennstrom, dann ist die Spannungskurve gut. Diese Kontrolle muß sich auf eine Betriebsperiode von mindestens 24 Stunden erstrecken, es ist sogar empfehlenswert, die Aufzeichnungen eine ganze Woche fortzuführen. Erfahrungsgemäß kommen Oberwellen besonders bei geringer Belastung, also nachts und an Sonntagen, zum Durchbruch. Hat man auf diese Weise die gefährlichen Zeitabschnitte erfaßt, dann wird man zu den oszillographischen Aufnahmen übergehen.

Die aufgenommenen Spannungskurven gestatten noch keine eindeutigen Rückschlüsse auf die Höhe der beim Anschluß der endgültigen Kapazitäten zu erwartenden Überströme. Parallelgeschaltete Blindleistungsverbraucher wirken stark dämpfend. Man wird deshalb außer der Form der Netzspannung auch den Strom des Versuchskondensators bei verschiedenen Parallellasten ermitteln. An Hand dieser Unterlagen und der Feststellungen früherer Abschnitte wird es dann leicht möglich sein, sich ein umfassendes Bild von den Auswirkungen, die mit dem Einbau der Kondensatoren verbunden sind, zu entwerfen.

Spannungskurve. Der Oszillograph, der bekannteste Apparat zur Aufzeichnung schnell veränderlicher Vorgänge, ist auch zur Untersuchung der Spannungskurve geeignet. Daß man von ihm nur in Sonderfällen Gebrauch machen kann, hängt damit zusammen, daß er teuer ist, Erfahrung in der Bedienung voraussetzt und schwer zu transportieren ist. Die Aufnahme der Spannungskurve muß vorwiegend beim Verbraucher, also an den Netzausläufern durchgeführt werden, so daß man nicht in der Lage ist, wie bei Laboratoriumsmessungen auch Laboratoriumsmeßeinrichtungen zu verwenden. Beim Einbau großer Kondensatorleistungen wird man jedoch auf eine genaue oszillographische Untersuchung der Spannungskurve nicht verzichten. Andere Apparate, wie Kontaktschreiber, die eine punktförmige Aufnahme der Spannungskurve zulassen, haben für diese Untersuchung keine Bedeutung.

Analyse durch Rechnung. Liegt die Kurvenform der Spannung vor, dann kann man schon allein durch die Betrachtung den Charakter und die Ordnungszahl der wichtigsten Oberwellen erkennen. Ein geübtes Auge wird auch die Größenordnung der Amplituden der 5., vielleicht auch 7. Oberwelle einigermaßen abschätzen können. Die genaue rechnerische Nachprüfung stützt sich auf die Reihenentwicklung nach Fourier, wenn man es nicht vorzieht, ein graphisches Lösungsverfahren anzuwenden. Unter den graphischen Verfahren verdient die Methode von Fischer-Hinnen Beachtung, da sie für den notwendigen Untersuchungsbereich am schnellsten die Ergebnisse liefert.

Experimentelle Analyse. Auch die experimentelle Analyse bietet einen Weg der Untersuchung. Eine Methode von Des Coudres ist umständlich und zeitraubend, so daß ihr praktisch kaum Bedeutung zukommt. Wichtiger sind die Methoden, die mit Resonanz arbeiten. Man kann sich durch Serienschaltung kapazitiver und induktiver Widerstände Schwingungskreise schaffen, die auf die Frequenzen der Oberwellen abgestimmt werden. Mißt man den Strom, der sich bei verschiedenen Frequenzen einstellt, dann lassen sich Rückschlüsse auf die Größe der Oberwellen ziehen. Meßgeräte und Meßmethoden, die auf diesem Prinzip beruhen, machen stets Korrekturen notwendig, die teils durch die gegenseitige Beeinflussung der verschiedenen Oberwellen, teils durch andere Einflüsse eintreten; sie haben bisher in die Praxis kaum Eingang gefunden.

Verluste. Die Verluste des Starkstromkondensators sind außerordentlich gering. Sie betragen im allgemeinen nicht mehr als 2 bis 3 Watt je kVA. Es ist deshalb nicht möglich, mit Leistungsmessern oder Zählern die Kondensatorverluste festzustellen. Zählerangaben können Fehler von vielen hundert Prozent enthalten. Die gebräuchlichste Meßmethode verwendet die Brückenschaltung von Schering, bei der ein verlustfreier bekannter Kondensator mit dem zu prüfenden verglichen wird (Abb. 198). Ein Brückenzweig wird durch den Vergleichskondensator C_2 gebildet; R_3 und R_4 sind induktionsfreie Widerstände, R_1 der Verlustwiderstand des zu messenden Kondensators C_1. Das Abgleichen der Brücke erfolgt durch den veränderlichen geeichten Kondensator C_4 sowie den Widerstand R_3. Mit einigen geringfügigen Vernachlässigungen ergibt sich der Verlust des Kondensators zu:

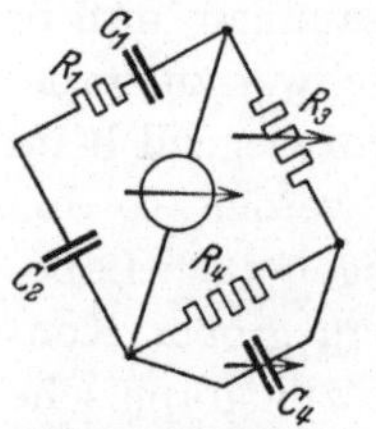

Abb. 198. Brückenschaltung von Schering zur Verlustwinkelmessung.

$$W = E^2 \omega^2 C_2 C_4 \cdot \frac{R_4^2}{R_3}.$$

Die genaue Feststellung der Verluste ist nur hinsichtlich der elektrischen Eigenschaften des Kondensators von Bedeutung. Sie ist für die Wirtschaftlichkeit meist ohne jedes Interesse.

Kapazität. Die gleiche Brückenschaltung kann auch zur Messung der Kapazität herangezogen werden. Bei abgeglichener Brücke erhält man für die Größe der gesuchten Kapazität:

$$C_1 = C_2 \cdot \frac{R_4}{R_3}.$$

Die Kapazität kann auch mit anderen mehr physikalischen Meßmethoden festgestellt werden. Genaue Kapazitätsmessungen werden an Starkstromkondensatoren selten notwendig, es genügt meist eine Kontrolle mit einem einfachen Stromzeiger, da man bei sinusförmiger Netzspannung die Kapazität aus Strom und Spannung leicht errechnen kann.

Schaltströme. Es ist sicher interessant, wenn man die beim Schalten von Kondensatoren auftretenden Ströme feststellt. Strommesser sind jedoch für diesen Zweck völlig unbrauchbar; schon die sehr viel länger dauernden Anlaufströme kleiner Kurzschlußläufermotoren können durch normale Instrumente nur in den seltensten Fällen einwandfrei erfaßt werden. Nur der Oszillograph kann uns über die Einschaltströme Aufschluß geben. Jedoch selbst der Oszillograph, der die schnellsten Zustandsänderungen festzuhalten gestattet, versagt, wenn man die Messungen nicht mit besonderer Sorgfalt und Sachkenntnis vorbereitet. Die Schaltströme sind im übrigen meist in durchaus erträglichen Grenzen, ihre Dauer so kurz, daß nur sehr empfindliche praktisch trägheitslose Apparate sie erfassen können.

Der Abschnitt über Schaltvorgänge enthält über die beim Schalten von Kondensatoren möglichen Ausgleichsvorgänge sowie deren Rückwirkungen auf das Netz weitgehende Unterlagen, wobei der Nachweis geführt ist, daß man auf eine Untersuchung verzichten kann, da auch bei großen Kondensatorleistungen keine Schwierigkeiten zu befürchten sind.

Leistungsfaktor. Zur laufenden Kontrolle des Leistungsfaktors wird man in Kompensationsanlagen, gleichgültig ob die Kompensation mit Kondensatoren oder anderen Blindleistungserzeugern durchgeführt wird, stets cos φ-Zeiger einbauen. Meßgeräte zur Leistungsfaktormessung sind in den verschiedensten mechanischen und elektrischen Ausführungen handelsübliche Typen, die allen Ansprüchen gerecht werden. Häufig wird das Bedürfnis vorhanden sein, den Leistungsfaktor nicht nur zu messen, sondern ihn gleichzeitig aufzuschreiben. Auch registrierende Leistungsfaktormesser sind heute in den mannigfaltigsten Ausführungen auf dem Markt. Für die Kontrolle der Kondensatoren ist es im übrigen meist vorteilhafter, nicht den Leistungsfaktor der Anlage, sondern nur den Kondensatorstrom zu messen. Hierfür genügen normale Stromzeiger, die entweder den Strom einer Phase, unter Umständen in allen 3 Phasen erfassen. Eine Kontrolle des Kondensators durch einen cos φ-Zeiger ist nicht möglich, da der Leistungsfaktor des Kondensators stets $= 0$ ist. Die geringen Kondensatorverluste können nur durch besondere Meßinstrumente und Meßverfahren ermittelt werden.

Blindleistung. Um die Kondensatorleistung zu messen, genügt ein einfacher Strommesser, da für die Spannung meist bereits ein Anzeigeinstrument vorhanden ist und die Spannung fast immer als bekannt und konstant vorausgesetzt werden kann. Trotzdem besteht vielfach das Bedürfnis, auch die Kondensatorleistung direkt ablesen zu können; hierfür steht der Blindleistungszeiger zur Verfügung. In der Praxis verwendet man übrigens häufig den Blindleistungsschreiber, der eine laufende Kontrolle des Kondensators zuläßt. Da gerade beim Kondensator die Funktionen durch den Tarif vorgezeichnet sind, hat die geschriebene Unterlage doppelten Wert. An Instrumententypen steht dem Betriebsmann hier eine reiche Auswahl zur Verfügung. Als besonders zweckmäßig sind kombinierte Instrumente beliebt, die neben der Wirk- die Blindleistung aufschreiben. Das Registrierband kann mit rechtwinkligen Koordinaten und ohne Maßstabszerrung arbeiten, so daß nachträglich leicht der Leistungsfaktor ermittelt werden kann bzw. auch jede andere Auswertung ohne großen Arbeitsaufwand möglich ist.

Neben den messenden und schreibenden Apparaten können auch zählende Apparate dienstbar gemacht werden. Besonders wenn es nurauf den Endeffekt, also die pro Monat gelieferte bzw. dem Netz weniger entzogene Blindleistung ankommt, befriedigt der Zähler vollauf, da er das fertige Ergebnis vorsetzt.

V. Sonderanwendungen.

Mißt man die Bedeutung des Kondensators für die einzelnen Anwendungsgebiete der Starkstromtechnik nur nach der installierten Leistung, dann dominiert das große Gebiet des Leistungsfaktors mit den verwandten Aufgaben, während für die übrigen Verwendungsmöglichkeiten nur ein spärlicher Rest bleibt. Es wäre aber ungerecht, den Kondensator ausschließlich aus der Leistungsfaktorperspektive zu behandeln, da seine Eigenarten als Speicher, als Widerstand, als Schutzorgan nicht weniger reizvoll und interessant sind und teilweise wirtschaftliche betriebstechnische Vorteile in sich tragen.

1. Der Kondensator im Gleichstromkreis.

In Gleichstromanlagen kommt dem Kondensator weit geringere Bedeutung zu als in Wechselstromanlagen. Die Speicherkraft des Kondensators ist zu gering, als daß sie zur Pufferung bei schwankender Belastung herangezogen werden könnte. Der Kondensator kann nur dann wirksam werden, wenn er Schwankungen von extrem kurzer Dauer auszugleichen hat. Diese Frage wird akut bei Gleichstromkreisen, die aus einem Wechselstromnetz gespeist werden und demnach nicht mit einer absolut konstanten Spannung arbeiten. Hier kann der Kondensator helfen, die überlagerten Strompendelungen herabzusetzen und auf diese Weise empfindliche Verbraucher zu schützen. Da der Kondensator den Stromkreis nur über das elektrostatische Feld schließt, bedeutet Reihenschaltung in Gleichstromkreisen im stationären Zustand eine Unterbrechung des Kreises. Man findet deshalb den Kondensator in Gleichstromanlagen fast ausschließlich parallel zur Stromquelle angeordnet.

Wird ein Kondensator über einen Ohmschen Widerstand an Spannung gelegt, dann wird eine bestimmte Elektrizitätsmenge in den Kondensator fließen (Abb. 199). Die hineinfließende Energiemenge ist von der Spannung und der Kapazität des Kondensators abhängig, sie beträgt $Q = C \cdot E$. Die Größe des Stromes ist in jedem Augenblick durch die Spannung und den Widerstand gegeben. Es gilt die Beziehung:

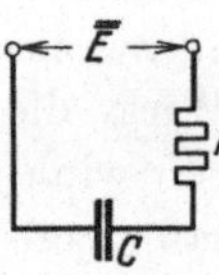

E R C

Abb. 199.

$$i = \frac{E - e_k}{R},$$

wobei mit e_k die momentane Kondensatorspannung bezeichnet ist. Da mit wachsender Ladung die Differenz $E - e_k$ abnimmt, wird im Augenblick des Schaltens der größte Strom zustande kommen, der zunächst rasch absinkt, um sich später asymptotisch dem Wert 0 zu nähern. Der Verlauf der Stromkurve ist durch folgende Gleichung gegeben:

$$i = \frac{E}{R} \varepsilon^{-\frac{t}{T}},$$

wobei mit ε die Basis des natürlichen Logarithmus, mit t die Zeit und mit T die Zeitkonstante bezeichnet ist, $T = RC$. Die Kondensatorspannung steigt im umgekehrten Verhältnis an, sie folgt der Gleichung:

$$e_k = E\left(1 - \varepsilon^{-\frac{t}{T}}\right).$$

Verlauf von Strom und Spannung sind im Diagramm (Abb. 200) dargestellt.

Wenn außer dem Ohmschen Widerstand auch Selbstinduktion vorhanden ist (Abb. 201), dann werden sich auch im Gleichstromkreis Schwingungsvorgänge abspielen. Sind die Ohmschen Widerstände gering, dann beträgt die Eigenfrequenz des Kreises angenähert:

$$\nu = \frac{1}{\sqrt{LC}}.$$

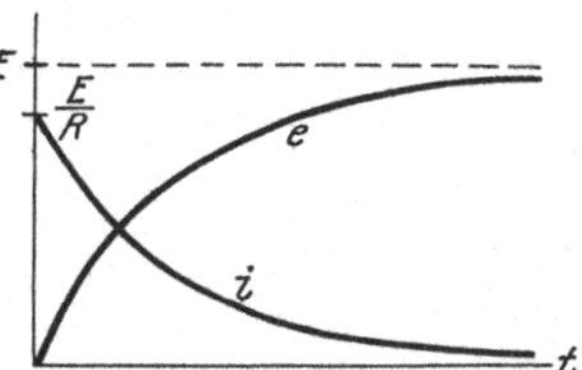

Abb. 200. Strom- und Spannungsverlauf beim Zuschalten eines Kondensators an eine Gleichstromquelle (Stromkreis ohne Reaktanz).

Es ist also damit zu rechnen, daß sich alle Ausgleichsvorgänge mit der Frequenz ν abspielen, die durch das Produkt von L und C gegeben ist. Der größte Stromstoß ist kurz nach dem Einlegen des Schalters zu erwarten, er beträgt:

$$J_{\max} = \frac{E}{\sqrt{L/C}}.$$

Der Strom ist demnach gleich der Spannung dividiert durch den Schwingungswiderstand. Beim Anschluß eines Schwingungskreises vertritt der Schwingungswiderstand die Funktion des Ohmschen Widerstandes im einfachen Stromkreis. Würde R größere Werte annehmen, so daß der Ohmsche Widerstand nicht mehr vernachlässigt werden kann, dann ist $J_{\max}$ mit $1/\cos\delta$ zu multiplizieren, wobei δ aus folgender Beziehung gewonnen wird:

$$\operatorname{tg}\delta = \frac{1}{2\nu T} = \frac{R}{2\nu L}.$$

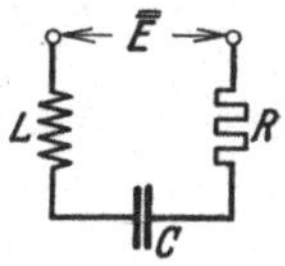

Abb. 201.

Neben dem Höchstwert des Stromstoßes beim Schalten ist auch der zeitliche Ablauf des Vorganges selbst von Interesse. Der Strom pendelt nach einer Sinusschwingung, er gehorcht der Gleichung:

$$i = J_{\max}\,\varepsilon^{-\frac{t}{2T}}\sin\nu t.$$

Die Schwingungen sind stark gedämpft (Abb. 202). Die Dämpfung hängt von der Zeitkonstanten ab. Bei großen Ohmschen Widerständen verklingt der Vorgang schneller, bei kleineren langsamer. Sehr große Werte von R können auch einen aperiodischen Verlauf herbeiführen, also alle Schwingungserscheinungen unter-

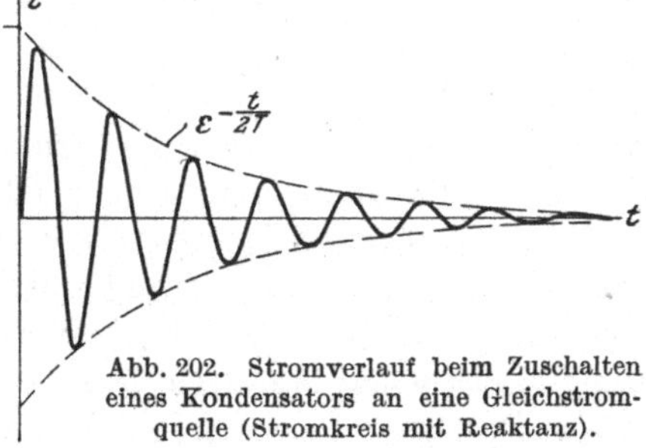

Abb. 202. Stromverlauf beim Zuschalten eines Kondensators an eine Gleichstromquelle (Stromkreis mit Reaktanz).

drücken. Die Zeitkonstante ist durch das Verhältnis von L und R gegeben.

$$T = \frac{L}{R}.$$

Auch die Kondensatorspannung kann nicht plötzlich vom Wert 0 auf ihren Endwert, der gleich der Spannung der Stromquelle sein muß, übergehen. Der Spannungsverlauf vollzieht sich nach der Gleichung:

$$e_c = E_{\max}\left[1 - \frac{\varepsilon^{-\frac{t}{2T}}}{\cos\delta}\cos(\nu t - \delta)\right].$$

Der zeitliche Verlauf ist in Abb. 203 dargestellt. Bei kleiner Dämpfung steigt der Höchstwert bis nahezu auf das Doppelte der Spannung der Stromquelle. Es können also beim Zuschalten eines Kondensators an eine Gleichstromquelle Spannungserhöhungen eintreten, die man nicht ohne weiteres vernachlässigen darf. Bei mäßiger Dämpfung erhält man den Höchstwert der Kondensatorspannung zu:

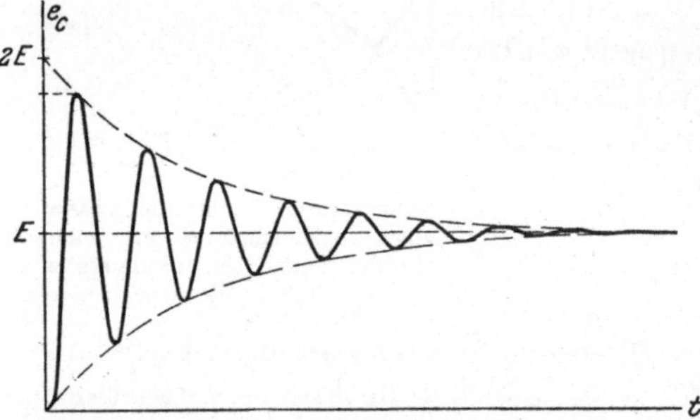

Abb. 203. Spannungsverlauf beim Zuschalten eines Kondensators an eine Gleichstromquelle (Stromkreis mit Reaktanz).

$$E_{\max} = E\left(1 + \varepsilon^{-\frac{\pi}{2}R\sqrt{\frac{C}{L}}}\right).$$

Beim Prüfen von Kondensatoren mit Gleichspannung wird man deshalb die Prüfspannung nie plötzlich auf das Prüfobjekt geben, da man sonst die ohnedies hohe Prüfspannung unter Umständen so steigern würde, daß eine Gefährdung des Kondensators eintritt. Durch langsames Verringern eines Vorschaltwiderstandes lassen sich alle Überspannungen und damit jede Gefahr beseitigen.

2. Glättungsschaltungen.

Die Drosselspule widersetzt sich Stromänderungen, der Kondensator sucht seine Ladung und damit die Spannung konstant zu halten. Drossel und Kondensator sind deshalb die Grundelemente, die sich in fast allen Glättungsschaltungen wiederfinden. Mit dem Fortschreiten und der Verfeinerung der Technik wächst der Aufgabenkreis der Strom- und Spannungsglättung sowohl qualitativ wie quantitativ. Während man früher Gleichrichter nur als Einzelgänger und für verhältnismäßig geringe Leistungen heranzog, hat die jüngste Entwicklung, die Beherrschung der Gittersteuerung, neue umfangreiche Anwendungsgebiete erschlossen. Alle Gleichspannungen, die gesteuerten Gleichrichtern entnommen werden, zeigen starke Oberwellen, die von der Sinusform erheblich abweichen und sowohl in Starkstrom- wie in Schwachstromanlagen Störungen auslösen können.

Ströme und Spannungen, die aus einer gleichgerichteten Komponente und einer überlagerten Wechselkomponente bestehen, bezeichnet man mit Wellenstrom bzw. Wellenspannung. Die Welligkeit der Spannung definiert man aus den Grenzwerten der schwankenden Spannung zu:

$$w = \frac{1}{\sqrt{2}} \cdot \frac{E_{g\,\max} - E_{g\,\min}}{E_{g\,\max} + E_{g\,\min}} \cdot 100\,\% ,$$

wobei mit $E_{g\,\max}$ die Spannungsspitze und mit $E_{g\,\min}$ die Spannungssenke der Wellenspannung bezeichnet wird.

Bei dreiphasiger Gleichrichtung erhält man einen Spannungsverlauf, der noch eine recht beträchtliche Wechselspannungskomponente enthält. In Abb. 204 ist die Zerlegung der Wellenspannung in ihre Gleich-

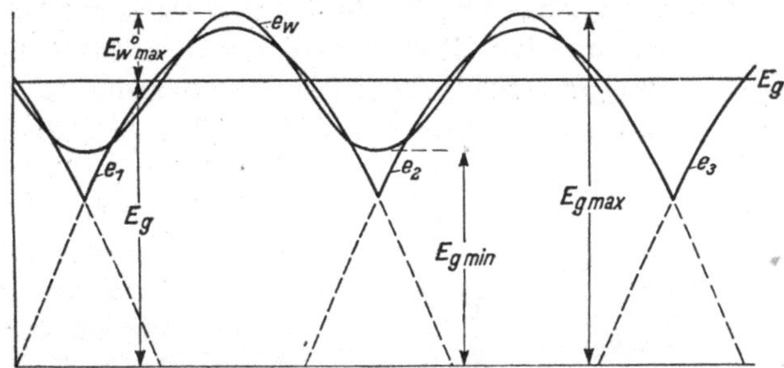

Abb. 204. Zerlegung einer Wellenspannung in ihre Gleich- und Wechselspannungskomponente.

spannungskomponente E_g und die überlagerte Wechselspannungskomponente e_w durchgeführt. Da die überlagerte Wechselspannung nicht sinusförmig verläuft, wurde diese Spannung in ihre Grund- und die Oberwellen zerlegt; der Übersichtlichkeit halber wurde nur die Grundwelle e_w eingezeichnet. Wenn die Wellenspannung durch Superposition einer Gleichspannung und einer reinen Sinusspannung entsteht, läßt sich die prozentuale Welligkeit durch die einfache Bezeichnung ausdrücken:

$$w = \frac{E_w}{E_g} \cdot 100\,\% .$$

Die Welligkeit aller Stromkreise ist stark von der Belastung abhängig. Bei der Serienschaltung von Drosselspulen zum Verbraucher hat man im Leerlauf keine Glättungswirkung, während bei starker Last die Oberwellen fast völlig unterdrückt werden. Man bezeichnet vielfach die Welligkeit im Leerlauf als natürliche Welligkeit w_0 und bezieht die Welligkeit bei Belastung auf den Leerlaufswert, um ein Maß über die Wirksamkeit der Glättungsmittel zu erhalten. Soll die Welligkeit durch den Scheitelwert der überlagerten Wechselspannung zum Ausdruck kommen, dann erhält man für die natürliche Welligkeit:

$$w_0 = \frac{E_{w_0 \max}}{\sqrt{2}\, E_g} \cdot 100\,\% .$$

Bei nicht gesteuerten Gleichrichtern ist die natürliche Welligkeit nur von der Phasenzahl abhängig. Sie nimmt folgende Werte an:

Phasenzahl	2	3	6	12
Überlagerte Wechselspannung $E_{w_0 \max}$ . .	0,67	0,25	0,057	0,016 E_g
E_{w_0} . . .	0,474	0,177	0,0406	0,0115 E_g
Natürliche Welligkeit w_0	47,4	17,7	4,06	1,15

Wegen der hohen Welligkeit, die man bei kleiner Phasenzahl erhält, werden bei größeren Gleichrichtern selten unter 6 Phasen verwendet. Eine Gleichstromversorgungsanlage mit einer sehr weit getriebenen und dadurch bereits sehr vollkommenen Glättungseinrichtung zeigt Abb. 205. Die Gleichstromseite wird über einen sechsphasigen Gleichrichter G versorgt. Als Glättungsmittel sind eine Seriendrossel D sowie ein parallelgeschalteter Kondensator K und verschieden abgestufte Schwingungskreise S_1, S_2, S_3 eingebaut. Die Drossel wird als Eisendrossel ausgeführt, um ihr möglichst hohe Trägheit zu geben, die Schwingungskreise sind auf Resonanz mit der Grundwelle bzw. den Oberwellen abgestimmt. Für die Bedürfnisse der Praxis genügt vielfach ein Schwingungskreis für die Grundwelle und eine Seriendrossel. Für diese vereinfachten Verhältnisse soll die Glättungswirkung kurz untersucht werden.

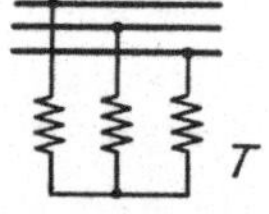

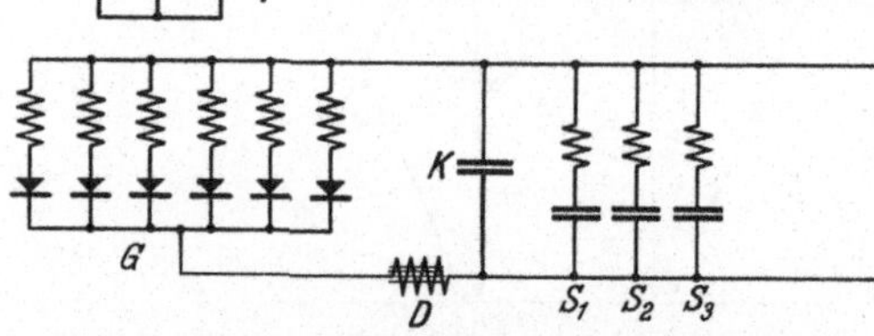

Abb. 205. Sechsphasiger Gleichrichter mit Glättungseinrichtung.

Die Rechnung gestaltet sich außerordentlich einfach, da der Schwingungskreis auf Resonanz abgestimmt ist, so daß der Wechselstrom, der sich über dem Schwingungs- oder Querkreis schließt, lediglich durch den Ohmschen Widerstand des Kreises, also vor allem durch die Verluste, begrenzt ist. Der Rechnung kann also das vereinfachte Stromlaufbild (Abb. 206) zugrunde gelegt werden. Mit R_q wurde der Widerstand des Querkreises, mit R_v der Verbraucherwiderstand bezeichnet unter der Annahme, daß es sich um rein Ohmsche Belastung handelt. Man erhält dann die im folgenden Diagramm (Abb. 206) gezeichnete Strom- und Spannungsverteilung. Der Belastungskreis führt einen stark gedämpften Wellenstrom, der Querkreis reinen Wechselstrom. Der Verlauf der Wellenspannung an den Klemmen des Gleichrichters läßt sich durch folgende Gleichung ausdrücken:

$$e_{g_0} = E_g + E_{w_0 \max} \cdot \sin(\omega t) .$$

Bei der Berechnung des Gesamtstromes i_g, der vom Gleichrichter abgegeben wird, ist zu beachten, daß sich der Gleichstrom nur über den Belastungswiderstand R_v zu schließen vermag, da der Kondensator im Querkreis eine Unterbrechung der Strombahn darstellt, während der Wechselstrom beide Stromwege R_v und R_q offen findet, für ihn also der harmonische Widerstand R maßgebend ist. Der Gesamtstrom ist demnach durch die Bezeichnung gegeben:

$$i_g = \frac{E_g}{R_v} + \frac{E_{w_0 \max} \cdot \sin(\omega t + \varphi)}{\sqrt{R^2 + (\omega L)^2}} .$$

Um den Verlauf der Spannung hinter der Drosselspule zu erhalten, ist lediglich das Produkt aus $i_g \cdot R$ zu bilden:

$$e_g = \frac{E_g}{R_v} \cdot R + \frac{E_{w_0 \max} \cdot \sin(\omega t + \varphi)}{\sqrt{1 + \left(\frac{\omega L}{R}\right)^2}} .$$

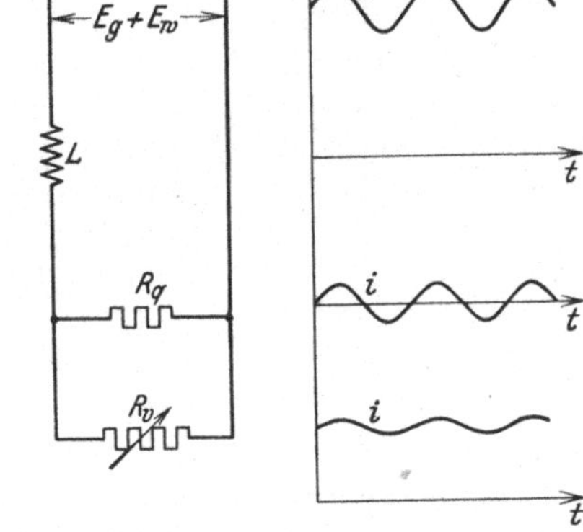

Abb. 206. Strom- und Spannungsverteilung bei einer Glättungsschaltung mit Schwingungskreisen.

Während ohne Glättungseinrichtung der Maximalwert der Wechselspannung $E_{w_0 \max}$ betrug, hat sich durch Drossel und Schwingungskreis die Amplitude der überlagerten Wechselspannung auf folgenden Betrag verringert:

$$E_{w \max} = \frac{E_{w_0 \max}}{\sqrt{1 + \left(\frac{\omega L}{R}\right)^2}} .$$

Wie man bereits erwarten konnte, hängt das Maß der Glättung vom Blindwiderstand der Drossel, vom Verlustwiderstand des Schwingungskreises und der Netzbelastung ab. Man kann den Erfolg der Glättungseinrichtung auch dadurch zum Ausdruck bringen, daß man die Welligkeit bei Belastung zur natürlichen Welligkeit in Beziehung setzt und den harmonischen Widerstand R durch seine Widerstandskomponenten ersetzt.

$$\frac{w}{w_0} = \frac{1}{\sqrt{1 + \left[\omega L \left(\frac{1}{R_v} + \frac{1}{R_q}\right)\right]^2}} .$$

An Hand dieser Beziehung kann man nunmehr den Einfluß der verschiedenen Variablen leicht untersuchen. Nimmt man zunächst die Belastung als gegeben und konstant an, und legt ferner für den Querkreis einen festen Verlustwert zugrunde, dann kann man den Einfluß verschiedener großer Drosselspulen studieren (Abb. 207). Die obere Grenzkurve a erhält man für $R_q = \infty$, wenn der Querkreis geöffnet wird oder stark verstimmt sein sollte. Die Kurve fällt zunächst stark ab, um sich asymptotisch der Nullachse zu nähern. Man erzielt also schon bei mäßiger Reaktanz günstige Glättung, ohne daß selbst bei sehr starkem

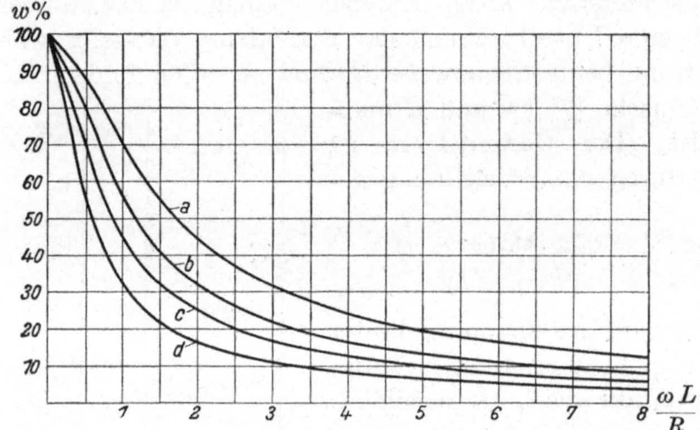

Abb. 207. Glättungswirkung von Schwingungskreisen und Seriendrossel.

Blindwiderstand der Drossel noch wesentliche Verbesserungen möglich wären. Die tieferliegenden Kurven berücksichtigen den Einfluß des Querkreises. Es wurden folgende Widerstandsverhältnisse zugrunde gelegt:

Kurve	R_q/R_v
b	2
c	1
d	0,5

Man erhält also bei abnehmendem Widerstand des Querkreises eine stärkere Glättung, die sich besonders im Gebiet kleiner Eisendrosseln stark auswirkt.

Es wird ferner häufig das Bedürfnis vorhanden sein, die Welligkeit in Abhängigkeit der Belastung zu untersuchen. Ersetzt man in der letzten Gleichung den Verbraucherwiderstand durch Strom und Spannung, dann erhält man:

$$\frac{w}{w_0} = \frac{1}{\sqrt{1 + \left[\left(\frac{\omega L}{E_g}\right)\left(J_g + \frac{E_g}{R_q}\right)\right]^2}},$$

die beiden Quotienten $\omega L/E_g$ und E_g/R_q sollen als Konstante K_1 und K_2 angenommen werden, so daß sich die Gleichung in der einfachen Form schreiben läßt:

$$\frac{w}{w_0} = \frac{1}{\sqrt{1 + K_1^2 (J_g + K_2)^2}}.$$

Bei Leerlauf ist $J_g = 0$ zu setzen, wodurch im Diagramm Abb. 208 die obere Grenzkurve *a* erhalten wird, die hier ebenso wie im Diagramm (Abb. 207) für $R_q = \infty$ gezeichnet wurde. Die Belastung hat also bei abgeschaltetem Querkreis einen ähnlichen Einfluß wie der Blindwiderstand der Drosselspule. Mit abnehmendem Widerstand des Querkreises

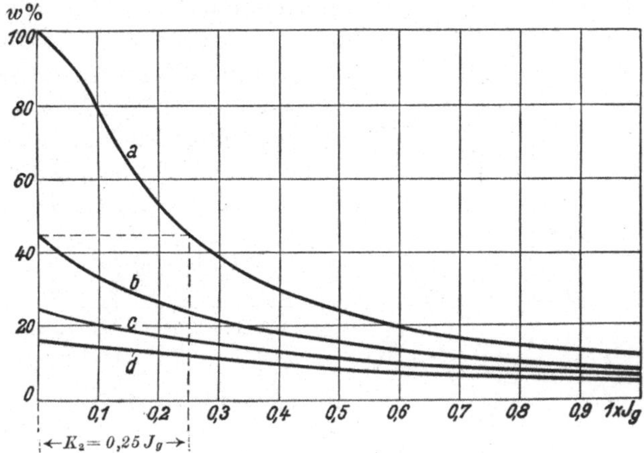

Abb. 208. Glättungswirkung von Schwingungskreisen bei veränderlicher Belastung.

wird eine starke Glättungswirkung hervorgerufen, die auch bei völligem Leerlauf wirksam ist. Den Kurven liegen dabei folgende Werte zugrunde:

Kurve	R_q/R_v	K/J_g
b	4	0,25
c	7	0,5
d	1,35	0,75

Es ist ferner bemerkenswert, daß sich der Querkreis in einer Verschiebung der Kurven nach dem Koordinatenursprung auswirkt, wie dies für die Kurve *a* und *b* besonders angedeutet ist.

Das Maß der notwendigen Glättung hängt wesentlich von der Art der Verbraucher ab. Weitaus am empfindlichsten sind Beleuchtungsanlagen, wo bei 16 Perioden bereits eine Welligkeit von 2,5 bis 3% störend wirkt. Gleichstrommotoren sind in der Regel ziemlich unempfindlich, besonders trifft dies zu bei Maschinen mit Hauptstromwicklung. Nebenschlußmotoren können bei sehr zackigen Kurven zum Feuern neigen, besonders wenn sie massive Wendepole haben, so daß das Wendefeld den raschen Spannungsschwankungen nicht zu folgen vermag. Die folgenden Abbildungen zeigen oszillographische Messungen an einer Gleichrichteranlage, die aus 6 Glasgefäßen zu je 250 Amp., 240 Volt besteht. Die Wechselstromenergie wird mit 15 kV und $16^2/_3$ Perioden zugeführt, die Glättung besorgen 6 Eisendrosseln, die zu den einzelnen Gefäßen in Reihe geschaltet sind, wobei 4 Schwingungskreise auf die

Grundwelle von 33 Perioden und die harmonischen Oberwellen abgestimmt sind. In Abb. 209 zeigt die Kurve *a* die zugeführte Wechselspannung, Kurve *b* den Spannungsverlauf direkt am Gleichrichter. Da es sich um einphasigen Anschluß handelt, zeigt die Gleichrichterspannung im wesentlichen nur die umgeklappten Sinushalbwellen. Den Spannungsverlauf an der Drossel gibt Kurve *c* und die geglättete Gleichspannung Kurve *d*. Die Welligkeit betrug bei Betrieb einer Gruppe mit 3 Gefäßen auf einem induktionsfreien Widerstand mit 300 Amp. $w = 2{,}6\%$. Die Glättung war also völlig ausreichend trotz Teilbelastung und trotz der ungünstigen Verhältnisse, die durch die niedrige Frequenz und die kleine Phasenzahl bedingt sind. Um auch den Einfluß der Querkreise festzustellen, wurde der Spannungsverlauf mit und ohne Schwingungskreise durch den Oszillographen festgehalten (Abb. 210). Bei einer Last von 515 Amp. ging die Welligkeit beim Einschalten des Schwingungskreises von $w = 10{,}7\%$ auf $w = 2{,}4\%$ zurück.

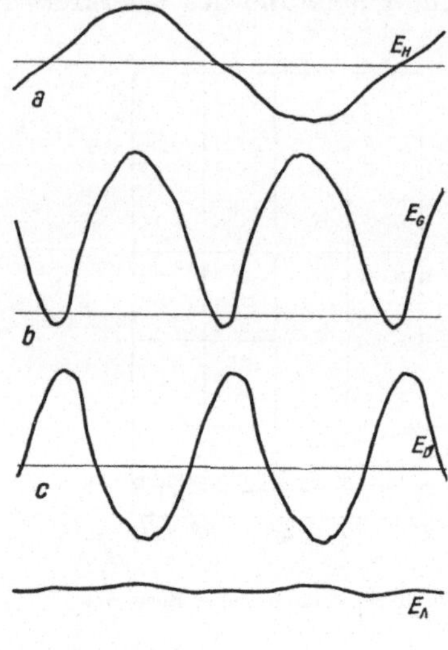

Abb. 209. Gleichrichteranlage für 250 Amp., 240 Volt, 16²/₃ Per/s. mit Glättung durch Eisendrosseln und Schwingungskreise.

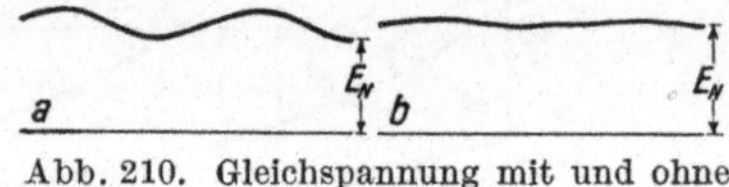

Abb. 210. Gleichspannung mit und ohne Schwingungskreis.

Bei der Glättung von Strom- und Spannungskurven hat man bisweilen mit Kurvenformen zu arbeiten, die von der Sinuswelle stark abweichen, so daß es Mühe macht, an Hand von Reihenentwicklungen die Stromkurven bzw. die Glättungsmittel rechnerisch festzulegen. Man verwendet ferner nur in den Querkreisen Luftdrosseln mit linearer Charakteristik, während nahezu alle Drosselspulen im Nutzstromkreis als Eisendrosseln ausgeführt werden. Bei gesättigten Eisendrosseln versagen einfache Rechnungen wegen der gekrümmten Magnetisierungscharakteristik. In solchen Fällen ist es zweckmäßig, einfache Konstruktionen zu Hilfe zu nehmen. Bei der Vollweg-Gleichrichtung (Abb. 211) werden beide Spannungshalbwellen umgeklappt. Liegt im Netzstromkreis induktionsfreier Widerstand, dann besteht in jedem Augenblick zwischen Strom und Spannung Proportionalität. Durch Serienschaltung

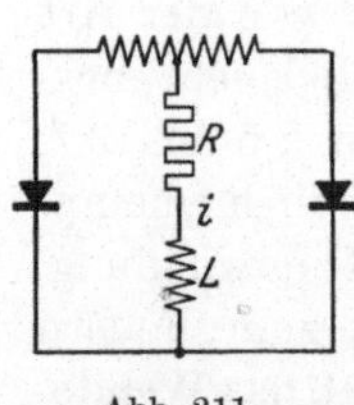

Abb. 211.

einer Drosselspule wird die Welligkeit herabgesetzt. Aus der Bedingung für Spannungsgleichgewicht erhält man die einfache Bezeichnung

$$\frac{di}{dt} = \frac{E - R_i}{L}.$$

Der Stromverlauf läßt sich demnach sehr einfach festlegen, wenn man ähnliche Dreiecke konstruiert, deren Seitenverhältnisse der obigen Glei-

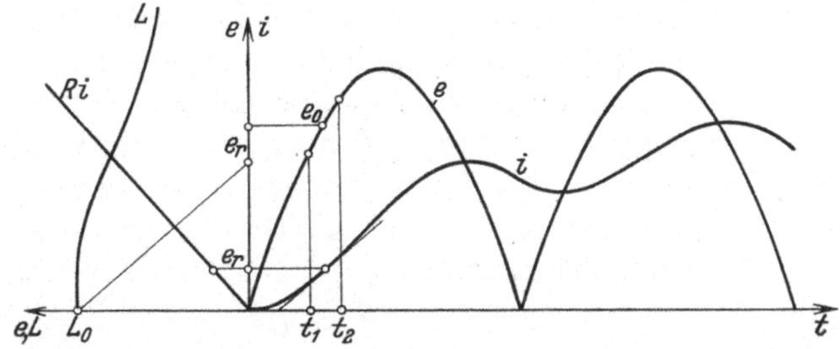

Abb. 212. Graphische Ermittlung der Glättungswirkung von Seriendrosselspulen.

chung entsprechen. In Abb. 212 zeigt e die Spannungskurve und i das Anwachsen des Stromes. Während des Zeitintervalles $t_2 - t_1$ ist der mittlere Wert der treibenden Spannung e_0. Vermindert man diesen Wert um die Spannung $e_r = R \cdot i$, dann gibt die Verbindungslinie zwischen L_0 und $e_0 - e_r$ die Richtung des Stromanstieges. Beim Eintragen des Poles L_0 ist darauf zu achten, daß durch Wahl der Maßstäbe für e, i und t auch der Maßstab für L festliegt. Der stationäre Stromverlauf bei konstanter Reaktanz und Zündung beim Spannungs-Null-Durchgang ist in Abb. 213 eingetragen.

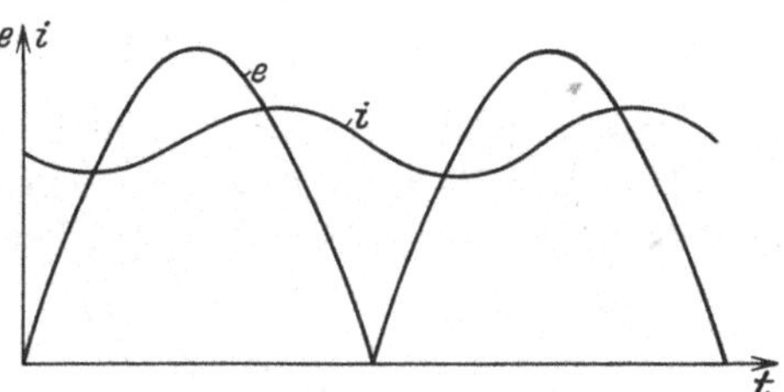

Abb. 213. Strom- und Spannungsverlauf bei Doppelweggleichrichtung und Seriendrosselspule.

Bei gesteuerten Gleichrichtern wird durch die Zündpunktsverlegung und die Aussteuerung der Spannungskurve der Verlauf des Stromes wesentlich unruhiger (Abb. 214). Die Stromkurve i_1 hat ebenfalls konstante Reaktanz zur Voraussetzung. i_2 berücksichtigt die Sättigung in der Eisendrossel. Es wurde hierbei die Annahme gemacht, daß die Induktivität auf dem geradlinigen Ast der

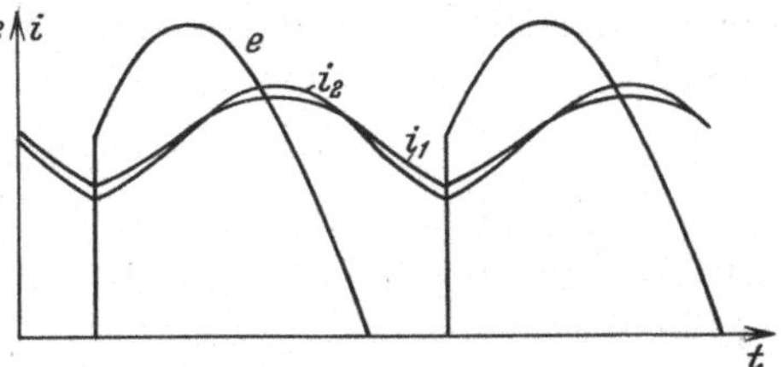

Abb. 214. Strom- und Spannungsverlauf bei einem gesteuerten Gleichrichter und Glättung durch Seriendrosselspule.

Magnetisierungskurve den gleichen Wert L habe, der auch bei der Konstruktion der Kurve i und i_1 angenommen wurde. Es zeigt sich, daß die beiden Kurven i_1 und i_2 nur wenig voneinander abweichen, die Sättigung macht sich durch eine geringe Steigerung der Strompendelungen bemerkbar.

In ganz ähnlicher Form läßt sich auch die Wirkung eines Beruhigungskondensators, der parallel zum Verbraucher liegt, untersuchen. Der Gesamtstrom i_1 (Abb. 215) setzt sich aus dem Kondensatorstrom i_2 und dem Nutzstrom i_3 zusammen. Ist die Kapazität des Kondensators C und q seine Ladung, dann gibt der Quotient q/C die Spannung an den Kondensatorklemmen. Da die Spannung am Widerstand R und am Kondensator stets gleich sein muß, lautet eine Bedingungsgleichung:

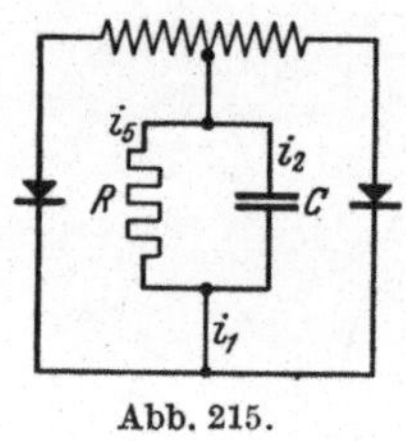

Abb. 215.

$$\frac{q}{C} = R\, i_3 .$$

Sollte der innere Spannungsabfall im Gleichrichter eine Rolle spielen, dann ist in die Gleichung für das Spannungsgleichgewicht der Strombahn der innere Widerstand R_g ebenfalls einzusetzen.

$$E - i_1 R_g - \frac{q}{C} = 0 .$$

Aus diesen beiden Gleichgewichtsbedingungen und der Beziehung $i_1 = i_2 + i_3$ läßt sich wiederum leicht die Konstruktionsgrundlage für den Spannungsverlauf am Verbraucher bzw. am Kondensator ableiten.

$$i_2 = \frac{dq}{dt} = \frac{E - \frac{q}{C} - \frac{q R_g}{C R}}{R_g} .$$

Die Konstruktion selbst spielt sich hier ganz ähnlich ab wie beim Aufsuchen des Stromverlaufes einer Glättungsdrossel. Die Vorzüge des graphischen Verfahrens treten auch hier besonders dann in Erscheinung, wenn es sich um sehr unregelmäßige Spannungskurven oder um Widerstände handelt, die keine lineare Stromspannungscharakteristik aufweisen.

3. Schutzkondensatoren.

Alle plötzlichen Änderungen des elektrischen oder magnetischen Gleichgewichtes in elektrischen Anlagen rufen Überspannungen hervor. Während plötzliche Entlastungen an Generatoren nur mäßige Spannungserhöhungen auslösen, die an allen Stellen des Netzes gleichzeitig in Erscheinung treten, können andere Gleichgewichtsstörungen sehr viel heftigere Spannungssteigerungen herbeiführen, die eine schwere Gefährdung aller Anlagenteile darstellen. Gewitter, Erdschlüsse und Schalthandlungen sind normalerweise die Urheber der gefährlichen Überspannungen. Nur in seltenen Fällen können auch Resonanzerscheinungen für das Auftreten von Überspannungen verantwortlich gemacht werden.

Während die stationären Spannungen und Ströme, die in elektrischen Verteilungsnetzen zirkulieren, an allen Stellen gleichzeitig in Erscheinung treten, bestehen die Überspannungen aus Strom- und Spannungswellen, die mit extrem hoher Geschwindigkeit längs der Leitungen entlang laufen und besonders für Maschinenwicklungen gefährlich werden können, da sie zwischen benachbarten Wicklungen sehr hohe Spannungsdifferenzen erzeugen.

Diese rasch verlaufenden Spannungen oder Wanderwellen unterliegen Ausbreitungsgesetzen, die ganz ähnlich gebaut sind wie die Gesetze für stationäre Ströme und Spannungen.

Die Fortpflanzungsgeschwindigkeit von Wanderwellen in Luft beträgt:

$$v = \pm \frac{1}{\sqrt{l c}},$$

wobei mit l der Selbstinduktionskoeffizient für die Längeneinheit des Leiters und mit c die Kapazität bezeichnet ist. Die Ausbreitungsgeschwindigkeit beträgt hiernach 300000 km pro Sekunde, sie ist gleich der Lichtgeschwindigkeit. Zwischen Strom und Spannung des Wellenzuges besteht Proportionalität.

$$e = \pm \sqrt{\frac{l}{c}} \cdot i = Z i .$$

Der Wurzelausdruck hat die Eigenschaft eines Widerstandes und wird allgemein als Wellenwiderstand bezeichnet. Die Wellenform ist von der Entstehungsgeschichte und von der Art und der Größe der Widerstände in der Wellenbahn abhängig. Das Produkt aus Strom und Spannung liefert die Leistung w, das Integral den Energieinhalt des Wellenzuges (Abb. 216).

$$W = i^2 Z = \frac{e^2}{Z}.$$

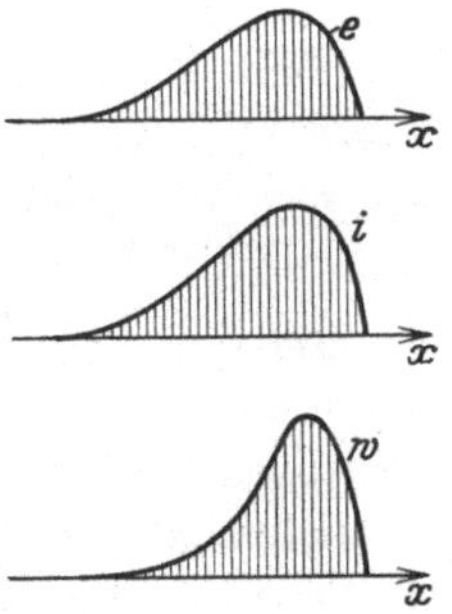

Abb. 216. Strom, Spannung und Leistung von Wanderwellen.

Da es sich fast stets um hohe Spannungsstöße handelt, die beträchtliche Ströme transportieren, kann die Wellenleistung viele tausend Kilowatt betragen. Ohmsche Widerstände wirken auf Wanderwellen stark dämpfend, sie verzehren die Wellenenergie, induktive und kapazitive Widerstände bilden die Wellenform stark um.

Bei den extrem rasch verlaufenden Zustandsänderungen, wie sie durch Wanderwellen ausgelöst werden, lassen sich im allgemeinen die Verhältnisse nicht in der einfachen und zielsicheren Form festlegen, wie dies bei stationären Vorgängen der Fall ist. Trotzdem gelingt es unter gewissen vereinfachenden Voraussetzungen, den Ablauf der Erscheinungen und ihre Ergebnisse mit gewissen Annäherungen festzulegen. Einer genauen und sicheren Berechnung von Schutzkondensatoren stellen sich jedoch erhebliche Schwierigkeiten entgegen. Die erste und wichtigste Unbekannte ist die Spannungswelle selbst. Da atmosphärische Entladungen und Schaltvorgänge die Urheber sind, weichen die Störwellen sowohl hinsichtlich ihres zeitlichen Verlaufes wie ihrer Spannungshöhe stark voneinander ab. Abb. 217 zeigt eine Reihe typischer Vertreter von Spannungswellen. Die Einzelwelle *a* gibt den Verlauf, der häufig bei Blitzschlägen auftritt und der in der Rechnung am einfachsten durch eine geradlinige steile Stirn mit exponentiell abklingendem Rücken nachgebildet werden kann (Welle *b*). Die rechtwinklige Welle *c* ist eine Sprungwelle mit senkrechtem Kopf und für alle Maschinenwicklungen besonders gefährlich. Diesen Verlauf trifft man in der Praxis selten an, er wird jedoch häufig der Rechnung zugrunde gelegt, um bei der Ermittlung der Schutzmittel über eine gewisse Sicherheit zu verfügen. Die Wellenlinie *d* deutet einen Wellenzug an, wie er beim Ablauf von Schaltvorgängen entstehen kann. Wellenzüge sind für Spulenwicklungen besonders dann sehr gefährlich, wenn benachbarte Wicklungsteile um eine halbe Wellenlänge auseinanderliegen.

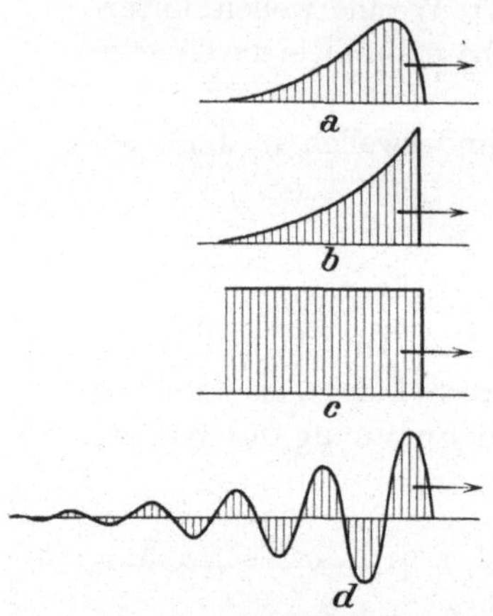

Abb. 217. Typische Formen für Wanderwellen.

Die Leitungswiderstände für stationäre Vorgänge lassen sich durch Messung oder Rechnung stets leicht und sehr genau angeben. Sehr viel schwieriger ist es jedoch, die Wellenwiderstände von Maschinen- und Transformatorenwicklungen aufzufinden. Freileitungen haben einen Wellenwiderstand von mehreren 100 Ohm, Kabel nur etwa den 10. Teil. Besonders schwierig ist die Angabe des Wellenwiderstandes von Wicklungen, er beträgt im allgemeinen mehrere 1000 Ohm.

Bei den Rechnungen wird man die Schutzorgane, wie Kondensatoren und Drosselspulen, meist konzentriert und verlustfrei annehmen, also ebenfalls von Voraussetzungen ausgehen, die sich nur angenähert mit der Wirklichkeit decken. Weitere Unsicherheiten entstehen durch die Reflexion von Wellen an Leitungsenden oder Kreuzungen, an Kapazitäten und Reaktanzen, die längs der Leitungszüge verteilt sind. Bei wenig übersichtlichen Netzgebilden wird man deshalb leicht Gefahr laufen, daß man bei der Berechnung mögliche Teilreflexionen, die den Schutzwert von Kondensatoren beeinträchtigen können, übersieht.

Wird eine Maschinen- oder Transformatorwicklung an das Netz angeschlossen, dann treffen sich an der Verbindungsstelle 2 Leitungszüge mit den verschiedenen Wellenwiderständen Z_1 und Z_2 (Abb. 218). Zur Bekämpfung einfallender Sprungwellen wird an der Koppelstelle der Kondensator C angeschlossen und geerdet. Um möglichst klare und übersichtliche Verhältnisse zu schaffen, sei der gefährlichste Verlauf einer Wanderwelle angenommen, bei dem der Wellenzug mit senkrechter Stirn auf die Maschinenwicklung trifft. Durch die Spannungsänderung am Knotenpunkt tritt eine Ladungssteigerung im Kondensator ein, die einen Leistungsentzug der Wanderwelle herbeiführt. Aus den Differentialgleichungen für den Strom- und Spannungsverlauf am Knotenpunkt erhält man für die in die Maschinenwicklung einziehende Sprungwelle:

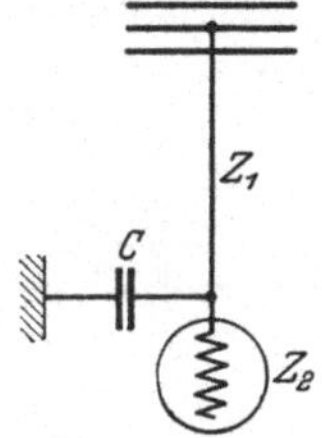

Abb. 218. Sprungwellenschutz durch Kondensatoren.

$$e_{v_2} = \frac{2Z_2}{Z_1 + Z_2} E\left(1 - \varepsilon^{-\frac{t}{T}}\right),$$

wobei E die Höhe der Wellenstirn und T die Wanderwellenzeitkonstante bezeichnet. Die steile Wellenstirn wird gebrochen, der Spannungsanstieg erfolgt nicht mehr plötzlich (Abb. 219), sondern allmählich, so daß die Spannungsdifferenz zwischen benachbarten Spulenwindungen auf einen Bruchteil der ankommenden Wellenstirn E reduziert wird. Die Schnelligkeit des Spannungsanstieges des in die Wicklung einziehenden Wellenzuges hängt außer von den Widerständen Z_1 und Z_2 in erster Linie von der Größe des Kondensators ab.

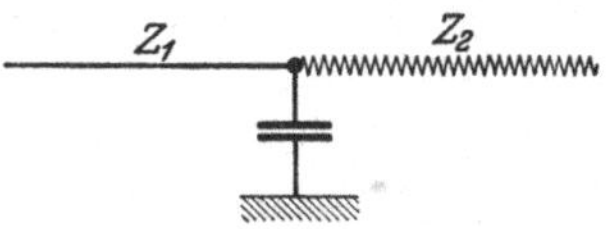

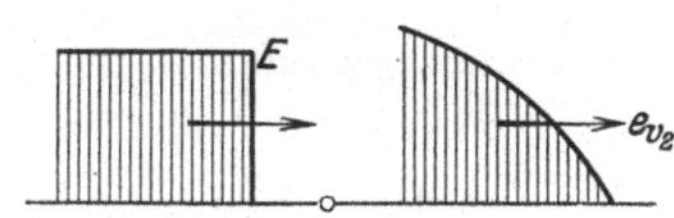

Abb. 219. Umbildung der Wellenstirn durch Kondensatoren.

$$T = C \cdot \frac{Z_1 Z_2}{Z_1 + Z_2}.$$

Man kann also durch Wahl geeigneter Kondensatoren die Spannungsspitze so verflachen, daß jede Gefahr für die Wicklungsisolation beseitigt wird. Der Strom, den die Welle mit sich führt, ist der Spannung proportional, er folgt dem Gesetz:

$$i_{v_2} = \frac{2Z_1}{Z_1 + Z_2} \cdot J\left(1 - \varepsilon^{-\frac{t}{T}}\right),$$

wenn mit J der Strom der ankommenden Welle bezeichnet wird.

Außer der in die Wicklung einziehenden Welle tritt auch eine in die Leitung zurücklaufende Strom- und Spannungswelle auf, die durch Reflexion am Kondensator entsteht. Im Zeitdiagramm (Abb. 220) sind verschiedene Phasen einer Wanderwelle von rechteckiger Form eingezeichnet. Die rücklaufenden Strom- und Spannungswellen gehorchen folgenden Gesetzen:

$$e_{v_1} = -E + \frac{2Z_2}{Z_1 + Z_2} \cdot E\left(1 - \varepsilon^{-\frac{t}{T}}\right), \qquad i_{v_1} = J - \frac{2Z_2}{Z_1 + Z_2} J\left(1 - \varepsilon^{-\frac{t}{T}}\right).$$

Man erkennt, daß lediglich der durchlaufende Teil des Wellenzuges eine starke Verflachung des Wellenkopfes erfährt, während der reflektierte Teil mit senkrechter Wellenstirn in die Leitung zurückwandert.

Um die Schutzwirkung eines Kondensators festlegen zu können, wird man Höchstwert und größte Steilheit der in die Maschinenwicklung einziehenden Spannungswelle aufsuchen müssen. Es sei wiederum eine Welle von rechteckiger Form angenommen (Abb. 221), die mit der Geschwindigkeit v_1 auf die Kuppelstelle zwischen Maschinenwicklung und Kondensator zueilt. Die Gesamtlänge der Welle sei $\varDelta$ und die Stirnhöhe E. Die höchste Spannung $e_\varDelta$, die in der Maschinenwicklung auftritt, ist nach

$$t = \frac{\varDelta}{v_1}$$

zu erwarten, da nach Ablauf dieser Zeit der rechteckige Wellenzug den Kondensator eben passiert hat und die höchste

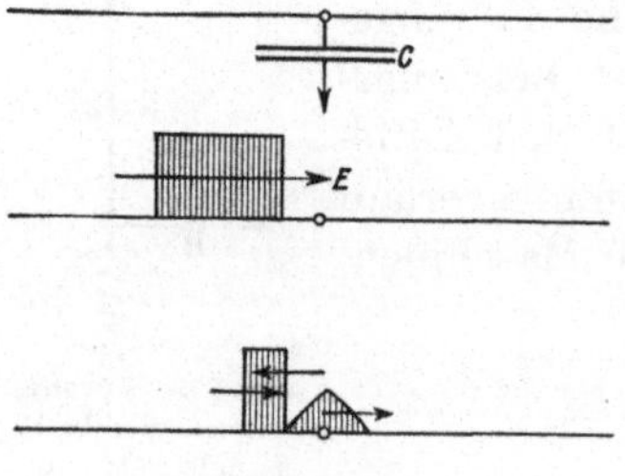

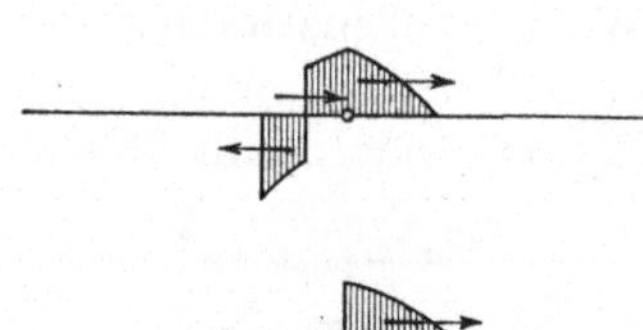

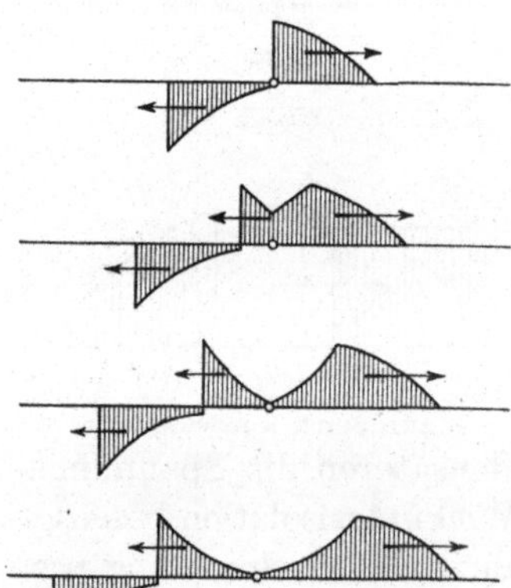

Abb. 220. Reflexion einer Wanderwelle an einem Kondensator.

Abb. 221.

Aufladung des Kondensators eingetreten sein muß. Man hat lediglich in die Gleichung für e_{v2} den Wert für t einzusetzen und erhält damit den höchsten Spannungswert zu

$$e_\varDelta = \frac{2 Z_2}{Z_1 + Z_2} E \left(1 - \varepsilon^{-\frac{\varDelta}{v_1 T}}\right).$$

Da in dieser Gleichung unter Annahme bestimmter Werte für E und $\varDelta$, die aus den möglichen Überspannungserscheinungen festzulegen sind, lediglich die Wellenwiderstände Z_1 und Z_2 vorkommen, läßt sich für jeden gewünschten Wert von e die Größe der Kapazität errechnen. Beim Schutz von Maschinenwicklungen ist Z_2 stets sehr viel größer als Z_1, so daß man sich bei der Lösung einer Reihenentwicklung bedienen kann. wobei nur das erste Glied zu berücksichtigen ist. Die Näherungslösung ergibt:

$$C = \frac{2 \varDelta}{v_1 Z_1} \cdot \frac{E}{e_\varDelta}.$$

Bei diesem Ergebnis ist besonders die Tatsache auffallend, daß die Größe des Schutzkondensators lediglich von den Konstanten der Zuführungsleitung abhängt, während der Wellenwiderstand des zu schützenden Teiles ohne Einfluß ist.

Beispiel. Eine Maschinenwicklung ist an eine Freileitung mit $Z_1 = 500$ Ohm angeschlossen und soll gegen auffallende Sprungwellen mit $E = 60000$ Volt, $v_1 = 3 \cdot 10^5$ km/sec und $\Delta = 1$ km durch einen Kondensator so geschützt werden, daß die höchste Spannung $e_\Delta = 30000$ Volt beträgt.

$$C = \frac{2\Delta}{v_1 Z_1} \cdot \frac{E}{e_\Delta} = \frac{2 \cdot 1}{3 \cdot 10^5 \cdot 500} \cdot \frac{60000}{30000} = 0{,}027\ \mu\text{F}.$$

Für Maschinenwicklungen ist besonders der zeitliche Verlauf des Spannungsanstieges an der Wellenspitze bedeutungsvoll, da er die größte Spannungsdifferenz benachbarter Spulenwindungen bestimmt. Ist die

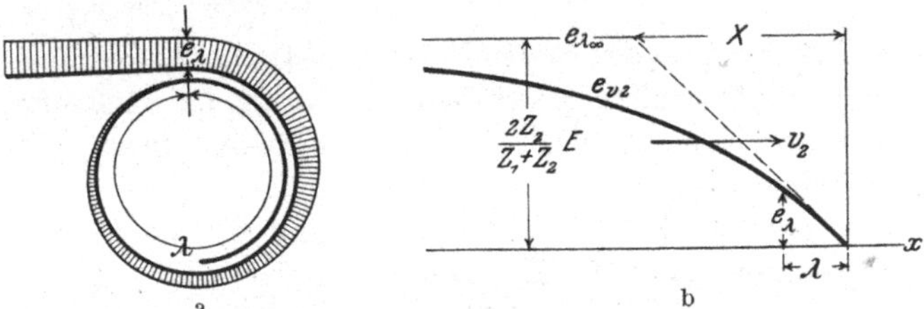

Abb. 222. Ermittlung der Windungsspannung beim Auftreffen von Wanderwellen auf Maschinenwicklungen.

Länge einer Windung λ, dann ist die gefährlichste Spannungsbeanspruchung nach Abb. 222 e_λ. Dieser Wert wird nach einer Zeit $t_\lambda = \frac{\lambda}{v_2}$ erreicht und kann aus der Gleichung für e_{v_2} unter gewissen Vernachlässigungen leicht berechnet werden.

$$e_\lambda = \frac{E}{C} \cdot \frac{2\lambda}{v_2 Z_1}.$$

Bei kleinen Kapazitäten muß man demnach hohe Windungsspannungen in Kauf nehmen oder bei schwacher Windungsisolation Schutzkondensatoren mit hohen Kapazitäten anordnen.

Überspannungen können selbstverständlich nicht nur an Maschinen und Transformatorwicklungen Schaden anrichten, sondern auch alle übrigen Anlagenteile, wie Durchführungen, Stützer, Endverschlüsse usw., gefährden. Der Kondensator wird jedoch sowohl wegen seiner Gestehungskosten wie wegen seiner besonderen Eigenschaften vorwiegend als Schutzorgan für Wicklungen herangezogen. Um den Einfluß des Kondensators als Schutzorgan für beliebige Anlagenteile zu untersuchen, ist lediglich die Kenntnis der Wellenform und der Wellenwiderstände erforderlich. Will man beispielsweise das Ende einer offenen Freileitung gegen übermäßige Spannungsbeanspruchungen schützen, dann kann man die Umbildung, die ein einfallender Wellenzug erfährt, errechnen, wenn man in die früheren Gleichungen den Wellenwiderstand $Z_2 = \infty$ setzt. Man wird im allgemeinen feststellen, daß man für den Schutz von offenen Freileitungen, also für Kopfstationen höhere Kapazitäten benötigt, also für den Schutz von Maschinenwicklungen.

Da es im allgemeinen nicht möglich ist, die Größe von Schutzkondensatoren mit hoher Genauigkeit zu berechnen, hat der VDE. in seinen Leitsätzen gewisse Kapazitätswerte in Vorschlag gebracht.

Für Sprungwellenschutz werden 10—20 nF je Leiter, in Verbindung mit Drosselspulen von 0,4—0,1 mH empfohlen. Als Schutz gegen Gewitterüberspannungen sollen folgende Kapazitäten Verwendung finden:

60 bis 80 nF je Leiter bei 10 kV Betriebsspannung,
40 bis 60 nF je Leiter bei 20 kV Betriebsspannung,
30 bis 40 nF je Leiter bei 30 kV Betriebsspannung.

Neuere Untersuchungen, die sich auf praktische Erfahrungen stützen, und denen umfangreiche Ermittlungen über die bei atmosphärischen Störungen auftretenden Spannungswellen zugrunde liegen, haben folgende Richtlinien ergeben.

Als Sprungwellenschutz für Maschinen und Transformatorenwicklungen genügen normalerweise Kondensatoren für 35 nF. Als Gewitterschutz wird man größere Kapazitäten vorsehen, besonders in Freiluft- und Kopfstationen. Es werden folgende Kapazitäten empfohlen:

	Freiluftstationen	Innenraumstationen
Durchgangsstationen	75 nF	35 nF
Kopfstationen	150 nF	100 nF

Die Schutzwirkung von Kondensatoren ist seit langem bekannt. Einer ausgedehnten Verwendung von Schutzkondensatoren stand jedoch vielfach der verhältnismäßig hohe Preis entgegen. Die stürmische Entwicklung auf dem Gebiet des Leistungsfaktorkondensators hat jedoch auch dem Schutzkondensator zu erhöhter Bedeutung verholfen. Die wichtigsten Konkurrenten des Schutzkondensators sind Drosselspulen, Funkenstrecken und Kathodenfallableiter. Kondensatoren und Drosselspulen haben bei gewissen Schaltungen vollkommen gleiche Schutzwirkung, bei anderen Schaltungen, wenn Drossel oder Kondensator am Ende einer Leitung liegen, bestehen zwischen Strom- und Spannungsverlauf reziproke Beziehungen. Häufig verwendet man auch Kombinationen von Kondensatoren und Drosseln. Schon sehr frühzeitig hat man zum Schutz von Leitungen Hörnerfunkenstrecken mit Erdungswiderständen verwendet. Eine Vervollkommnung derartiger Schutzeinrichtungen stellt der sog. Kathodenfallableiter dar, der seinen Widerstand mit der Spannung ändert. Der Kathodenfallableiter hat bei hohen Spannungen kleinen, bei tiefen Spannungen hohen Widerstand. Hörnerschutz und Kathodenfallableiter lassen jedoch die steile Spannungsstirn teilweise hindurchtreten; bei Hörnerableitern wird die Schutzwirkung durch den Entladeverzug weiterhin beeinträchtigt. Abb. 223 zeigt die charakteristischen Eigenschaften dieser 4 Schutzorgane. Kondensator

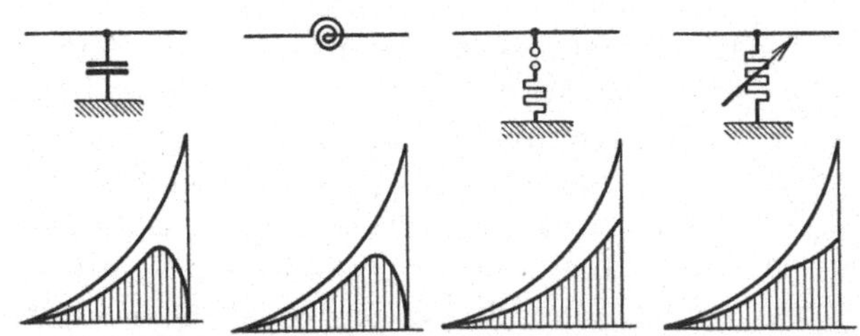

Abb. 223. Umbildung von Wanderwellen durch verschiedene Schutzorgane.

und Drossel brechen den Wellenkopf und liefern einen allmählichen Spannungsanstieg, Widerstandsableiter lassen die steile Spannungsstirn hindurchtreten, sie reduzieren im wesentlichen nur die Höhe des Wellenkopfs.

4. Prüfanlagen.

Schaltvorgänge, Kurzschlüsse, atmosphärische Entladungen und andere Störungen, die in Starkstromanlagen häufig vorkommen, beanspruchen die betreffenden Maschinen und Apparate mit hochfrequenten Wechselspannungen oder steilen Spannungswellen, die ein hohes Vielfaches der betriebsmäßigen Beanspruchungen darstellen können. Man beschränkt sich deshalb bei der Prüfung von Starkstromanlagen nicht allein auf Prüfungen, die mit Betriebsfrequenz ausgeführt werden, sondern untersucht das Verhalten der Prüfobjekte auch unter der Einwirkung steiler Spannungsstöße oder rasch verlaufender Wanderwellen.

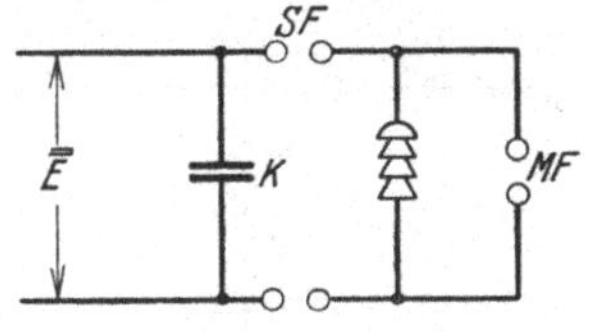

Abb. 224. Erzeugung von Spannungsstößen durch Kondensatoren und Funkenstrecken.

Zur Erzeugung der notwendigen Prüfspannungen können verschiedene Wege eingeschlagen werden. Verhältnismäßig einfache und billige Prüfanlagen können durch Verwendung von Kondensatoren erhalten werden (Abb. 224). Ein Kondensator K entsprechender Kapazität und Spannungsfestigkeit wird über Schaltfunkenstrecken SF mit dem Prüfobjekt verbunden. Die Meßfunkenstrecke MF gestattet eine Kontrolle der wirksamen Prüfspannungen. Beim langsamen Steigern der Spannung an den Kondensatorklemmen wird bei einem bestimmten Spannungswert die Schaltfunkenstrecke durchschlagen und das Prüfobjekt unter Spannung gesetzt.

Nur in seltenen Fällen wird man eine geeignete Gleichstromquelle zur Ladung des Kondensators zur Verfügung haben. Die Prüfanlagen arbeiten deshalb fast ausnahmslos mit mechanischen Gleichrichtern oder Glühkathodenventilen. Man verwendet ferner Kunstschaltungen, die eine Vervielfachung der natürlichen Spannungshöhe ergeben. Bei der sog. Doppelschaltung liegt der Verbraucher an den Klemmen des Kondensators, die Sekundärseite des Transformators ist in der Mitte angezapft und mit dem Kondensator verbunden, während die freien Wicklungsenden an die Ventile angeschlossen sind (Abb. 225). Ist die Transformatorspannung E, so erhält man am Kondensator und Verbraucher $E/2$, während die Ventile mit der vollen Spannung E in der Sperrichtung beansprucht sind.

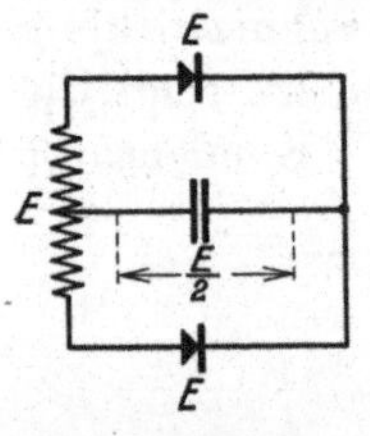

Abb. 225. Gleichrichter in Doppelschaltung zur Erzeugung hoher Gleichspannungen.

Bei der Delonschaltung (Abb. 226) sind 2 Kondensatoren notwendig, jeder ist für die volle Transformatorspannung zu bemessen. Die Beanspruchung der Ventile ist gleich der Betriebsspannung, also $2E$. Diese Schaltungen werden häufig in Anlagen verwendet, bei denen Prüfeinrichtungen für hohe Gleichspannungen gebraucht werden. Zum Teil handelt es sich hier um Isolations- und Werkstoffprüfungen, zum Teil um die Prüfung von Kabeln oder Kondensatoren. Zur Erzeugung von Stoßspannungen, wie man sie für die Prüfung an Durchführungen, Stützern und Isolatoren benötigt, wendet man Vervielfachungsschaltungen an (Abb. 227), die den Vorzug haben, daß man bei kleiner Ladespannung außerordentlich hohe Spannungsstöße erzeugen kann. Kondensatoren speichern elektrische Ladungen, so daß man durch Reihenschaltung, ähnlich wie bei Akkumulatorenzellen, nahezu beliebig hohe Summenspannungen erzeugen kann. Als Schaltorgan verwendet man dabei Funkenstrecken, die im geeigneten Augenblick sämtliche Kondensatorelemente, die während der Ladeperiode parallelgeschaltet sind, hintereinanderschalten. Eine derartige Stoßprüfanlage mit 4 Kondensatoren zeigt Abb. 227. Liegt an der Sekundärwicklung des Transformators die Spannung E, dann wird jeder Kondensator bis zur Spannungshöhe E aufgeladen. Die Sperrspannung an den Ventilen beträgt, wie bei der Delonschaltung, $2E$. In die Verbindungsleitungen der Kon-

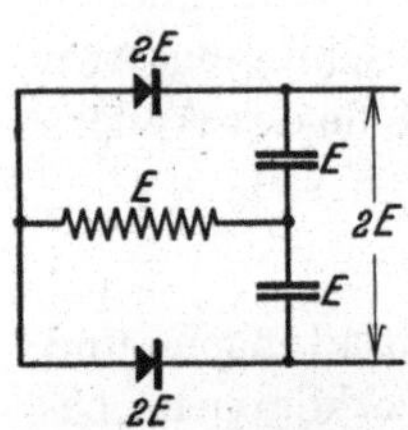

Abb. 226. Gleichrichter in Delon-Schaltung zur Erzeugung hoher Gleichspannungen.

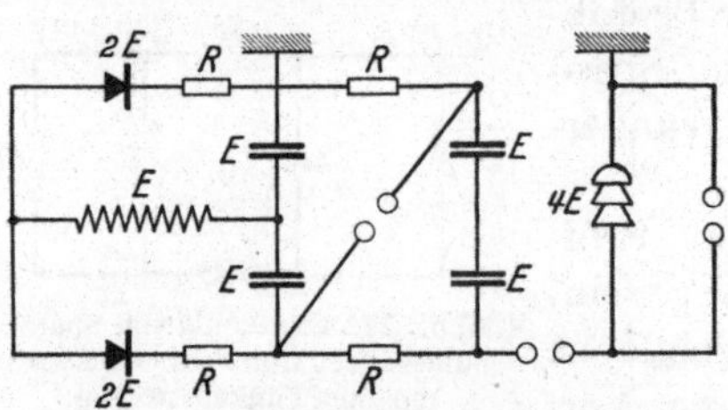

Abb. 227. Vervielfachungsschaltung zur Erzeugung hoher Spannungsstöße.

densatorzweige sind hochohmige Widerstände R geschaltet, die den Ladevorgang der Kondensatoren verzögern, jedoch beim Ansprechen der Zündfunkenstrecke auf den Ablauf des Prüfvorganges praktisch ohne Einfluß sind. Eine vollständige Prüfanlage zur Erzeugung von Stoßspannungen bis 500000 Volt zeigt Abb. 228. Die Transformatorspannung beträgt hierbei etwa 50 bis 60000 Volt. Die Anlage besteht aus 8 Kondensatoren mit 3 Zündfunkenstrecken, einer Kugelmeßfunken-

Abb. 228. Prüfanlage für Stoßspannungen bis 500000 Volt.

strecke und Wasserdämpfungswiderständen. Die Kapazität jedes Kondensators beträgt 0,01 F, so daß durch die Serienschaltung von 8 Einheiten eine Gesamtkapazität von 0,0125 F = 1125 cm entsteht.

5. Kondensatortransformatoren.

Der Kondensator wird bisweilen zum Anschluß von Nieder- und Kleinspannungsgeräten herangezogen und übernimmt dann die Funktion eines Transformators. Bei der Reihenschaltung eines Kondensators mit einem induktionsfreien Widerstand verteilt sich die Netzspannung geometrisch auf die Widerstandskomponenten. Der Konsument erhält nur einen Bruchteil der Netzspannung, die Spannungsreduktion erfolgt dabei praktisch verlustlos. Es wurden ferner von

Boucherot Schaltungen angegeben, die zur Umwandlung einer konstanten Spannung in einen konstanten Strom dienen und unter dem Namen „Kondensatortransformatoren" bekannt wurden.

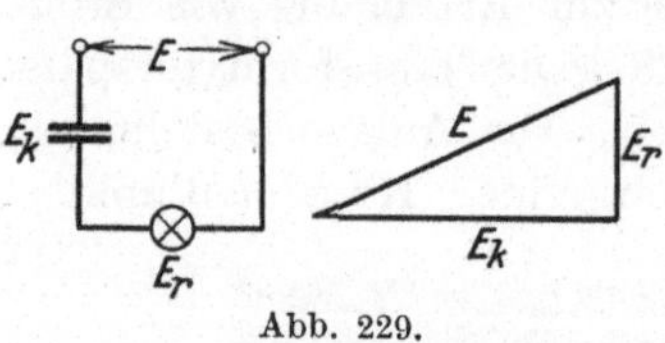

Abb. 229.

Der Kondensator als Vorschaltwiderstand. Bei der Reihenschaltung eines Kondensators mit einer Glühlampe (Abb. 229) beträgt die Konsumentenspannung

$$E_r = \sqrt{E^2 - E_k^2}.$$

Bezeichnet man mit U die gewünschte Spannungsreduktion und mit W_k und W_r die Kondensator- bzw. Lampenleistung, dann ergibt sich folgende Beziehung:

$$W_k = \frac{W_r}{U} \cdot \sqrt{1 - U^2}.$$

Will man beispielsweise eine Lampe für 60 Watt an 220 Volt anschließen, dann ist $U = \frac{60}{220} = 0{,}27$ und damit $W_k = 0{,}19$ kVA.

Es würde also ein Kondensator von etwa 0,2 kVA benötigt. Derartige Kondensatortransformatoren können bei billigen Kleinspannungsapparaten oder in Hochspannungsanlagen, wenn geringe Energiemengen mit niedriger Spannung gebraucht werden, Verwendung finden. Soll beispielsweise bei einem Hochspannungsmast, der eine 10-kV-Leitung trägt, ein Scheinwerfer für 500 Volt und 1000 Watt aufgestellt werden, dann benötigt man folgende Kondensatorleistung:

$$W_k = \frac{1}{0{,}05} \sqrt{1 - 0{,}0025} = 20 \text{ kVA}.$$

Eine andere Verwendungsmöglichkeit dieser Schaltung besteht bei Leistungsfaktorkondensatoren zu Signalzwecken. Hier kommt es nicht selten vor, daß das Netz zu bestimmten Zeiten, insbesondere nachts, unter Oberwellengefahr steht. Man kann in Reihe mit einem der ohnedies vorhandenen Elemente eine Signallampe legen, die beim Nennstrom nur schwach glimmt. Die höheren Harmonischen bringen Stromsteigerungen, die im allgemeinen zwischen 10 und 50% liegen. Die Serienlampe erhält dadurch erhöhte Spannung und wird schon bei kleinen Stromsteigerungen auf die eingetretene Zustandsänderung des Netzes aufmerksam machen.

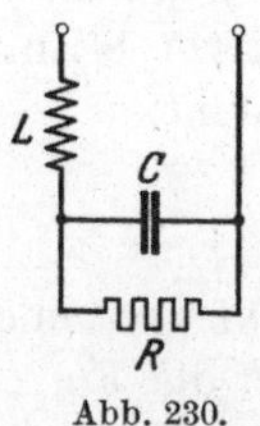

Abb. 230.

Schaltungen von Boucherot. Abb. 230 zeigt einen Stromkreis zur Umwandlung einer konstanten Spannung in einen konstanten Strom. Parallel zum Konsumenten wird ein Kondensator C geschaltet und mit einer Drossel L so abgestimmt, daß für $R = \infty$ Spannungsresonanz besteht. Die rechnerische Untersuchung dieses Stromkreises ist bereits verhältnismäßig verwickelt, während das graphische Verfahren schnell zum Ziel (Abb. 231) führt. Man bildet rechtwinklige Dreiecke mit einer festen Kathete $1/\omega C$ und einer veränderlichen Kathete R. Die Höhen dieser Dreiecke liefern den Scheinwiderstand Z_0 des Parallelzweiges aus Drossel und Kondensator. Der Drosselwiderstand ωL muß gleich $1/\omega C$ sein, aber entgegengesetzte Richtung haben, damit für $R = \infty$ Resonanz besteht. Die Verbindungslinie zwischen den Endpunkten von Z_0 und

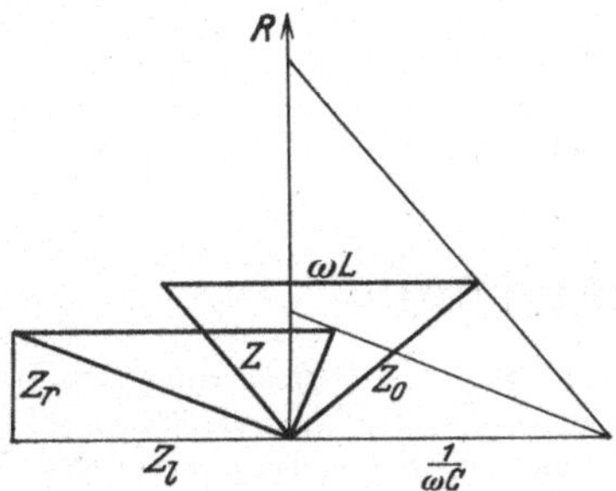

Abb. 231. Graphische Ermittlung der Widerstände bei Kondensator-Transformatoren.

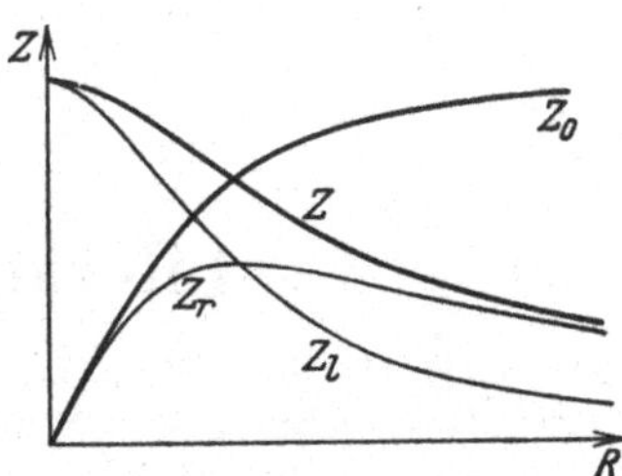

Abb. 232. Verlauf des Blind-, Wirk- und Scheinwiderstandes bei veränderlicher Belastung.

ωL gibt den gesamten Scheinwiderstand Z. Will man die Stromkomponente aufsuchen, dann ist Z in seine Wirkkomponente Z_r und die Blindkomponenten Z_l zu zerlegen.

Im Diagramm (Abb. 232) wurde der Verlauf der Widerstände als Funktion von R aufgetragen. Bei $R = 0$ ist der Kondensator kurzgeschlossen, es ist nur der Blindwiderstand der Drosselspule wirksam. $Z = Z_l = \omega L$.

Mit wachsendem R nimmt der Gesamtwiderstand des Kreises ab und nähert sich asymptotisch dem Wert 0, während Z_0 dem Wert $1/\omega C$ zustrebt. Aus den Widerständen lassen sich die Ströme und Spannungen leicht ermitteln. Der Gesamtstrom $J = \frac{E}{Z}$ wird als reziproke Kurve von Z erhalten. Dieser Strom erzeugt an der Drossel die Spannung $E_1 = J \cdot \omega L$ und am Widerstand $E_r = JZ_0$.

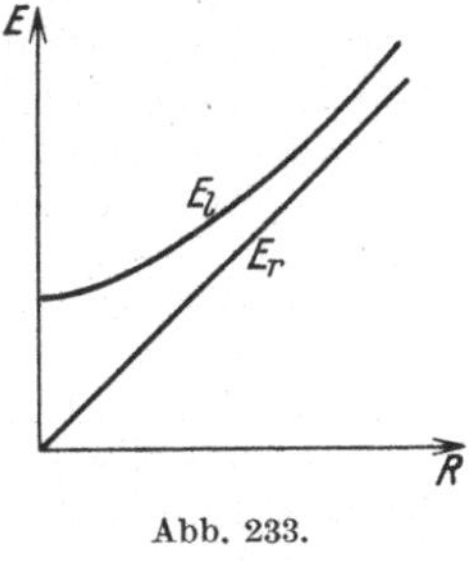

Abb. 233.

Die Spannungswerte sind im Diagramm (Abb. 233) eingezeichnet. Man erkennt, daß E_r proportional mit R anwächst, so daß der Strom

$$J_r = \frac{E_r}{R}$$

einen konstanten Wert annehmen muß.

Eine weitere Schaltung dieser Art zeigt Abb. 234. Auch bei dieser Brückenschaltung von Kondensator und Drosselspule wird der Strom in der Brückendiagonale konstant, also unabhängig von R. Diese Schaltungen sind wohl technisch interessant, jedoch ohne nennenswerte praktische Bedeutung. Wirtschaftliche Anwendungsmöglichkeiten dieser Schaltungen scheitern am hohen Aufwand von Drosseln und Kondensatoren, deren Leistung meistens das 3fache der Konsumentenleistung beträgt.

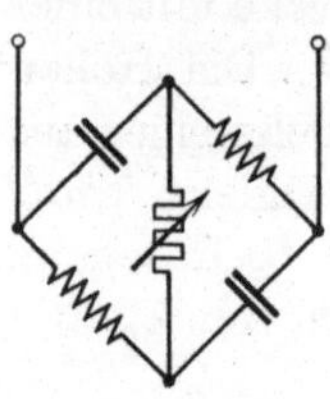

Abb. 234.

Literaturverzeichnis.

1. Allen, E. J., und J. L. Cantwell: The Effect of Series Capacitors Upon Steady-state Stability of Power Systems. Gen. electr. Rev. Bd. 33 Nr. 5 S. 279.
2. Baudisch, K., und H. Kann: Der Kondensator in Industrieanlagen und Verteilungsnetzen. Siemens-Z. 1932 Heft 10.
3. Hoesch, W.: Wirkungsweise, Bau und Verwendung von Elektrolytkondensatoren. Elektrotechn. Z. 52. Jg. (1931) Heft 29 S. 928.
4. Hürbin, M.: Statische Kondensatoren zur Verbesserung des Leistungsfaktors in ihrer Rückwirkung auf das Netz. Bull. schweiz. elektrotechn. Ver. 20. Jg. (1929) Nr. 19 S. 652.
5. Hueter, E.: Über Oberwellen in Hochspannungsnetzen. Elektrizitätswirtschaft. Mitt. Ver. Elektr.-Werke e. V. 30. Jg. (1931) Heft 7 S. 185.
6. Immelen: Eine graphische Methode zur Ermittelung des Strom- und Spannungsverlaufes gleichgerichteter, durch Drossel oder Kondensator beruhigter Wechselströme. Elektrotechn. Z. 52. Jg. (1931) Heft 27 S. 857.
7. Jungmichl, H., und R. Eichacker: Die Glättung der Gleichspannung in Gleichrichteranlagen. Siemens-Z. 1929 Heft 1 S. 39.
8. Mehlhorn, H.: Hochspannungsprüfeinrichtung zur Erzeugung von Gleich- und Stoßspannungen. Siemens-Z. 1927 Heft 8 S. 525.
9. Rengert, H.: Die Phasenkompensation in Drehstromanlagen. München: R. Oldenbourg 1931.
10. Rüdenberg, R.: Elektrische Schaltvorgänge. 3. Aufl. Berlin: Julius Springer 1933.
11. Rüdenberg, R.: Das Verhalten elektrischer Kraftwerke und Netze beim Zusammenschluß. Elektrotechn. Z. 50. Jg. (1929) Heft 27 S. 970.
12. Rukop, H.: Diagramme für die Parallelschaltung beliebiger Scheinwiderstände. Arch. Elektrotechn. Bd. 21 (1929) S. 443.
13. Schunk, W.: Der Kondensator im Rahmen der Blindleistungserzeugung. Siemens-Z. 1931 Heft 1 S. 3.
14. Vieweg, R.: Leitsätze für ruhende elektrische Kondensatoren in Starkstromanlagen. Elektrotechn. Z. 52. Jg. (1931) Heft 18 S. 584.

Sachverzeichnis.

Die Ziffern bedeuten die Seitenzahlen.